环境监测技术与方法优化研究

于宁　尤辰汀　王芳　著

吉林科学技术出版社

图书在版编目（ＣＩＰ）数据

环境监测技术与方法优化研究 ／ 于宁，尤辰汀，王芳著. -- 长春：吉林科学技术出版社，2023.8

ISBN 978-7-5744-0960-6

Ⅰ．①环… Ⅱ．①于… ②尤… ③王… Ⅲ．①环境监测 Ⅳ．①X83

中国国家版本馆CIP数据核字(2023)第200700号

环境监测技术与方法优化研究

著	于 宁 尤辰汀 王 芳	
出 版 人	宛 霞	
责任编辑	靳雅帅	
封面设计	南昌德昭文化传媒有限公司	
制 版	南昌德昭文化传媒有限公司	
幅面尺寸	185mm×260mm	
开 本	16	
字 数	325 千字	
印 张	15.25	
印 数	1-1500 册	
版 次	2023年8月第1版	
印 次	2024年2月第1次印刷	

出 版	吉林科学技术出版社
发 行	吉林科学技术出版社
地 址	长春市福祉大路5788号
邮 编	130118
发行部电话/传真	0431-81629529 81629530 81629531
	81629532 81629533 81629534
储运部电话	0431-86059116
编辑部电话	0431-81629518
印 刷	三河市嵩川印刷有限公司

书 号	ISBN 978-7-5744-0960-6
定 价	84.00元

《环境监测技术与方法优化研究》
编审会

著　　于　宁　　尤辰汀　　王　芳

编　委　　鲍子谷　　方芹丽　　刘霄秋

　　　　　陈会阁　　王艳娜

前　言

　　环境问题不仅关乎人们的身体健康，而且对我国可持续发展战略的实施具有重要影响。近年来，虽然我国经济得到了飞速发展，但是从实际情况来看环境问题却越来越严重。为了响应国家环保号召，在城市发展规划中要平衡生态环境管理工作和城市经济发展工作，提升具体环节的整体水平和质量。相关监督管理部门要充分重视环境监测技术的价值，结合环境保护规划和方案落实相应的内容，促进环境保护工作的全面进步和发展，并且有效建立完整的环境监测体系，从而缓解生态被破坏的情况，打造更加合理的生态控制规范，实现经济效益和环保效益的共赢。因此，对我国环境监测技术进行研究具有现实意义，需要对其给予高度重视，以便对我国环境进行有效改善，促进环境保护工作的全面进步和发展，提高环境质量。

　　本书第一章至第三章介绍了环境以及环境监测的概念、环境监测的相关制度、环境监测质量保证等环境监测的相关基础知识。第四章为水和废水监测技术，内容包括水环境监测概况、金属污染物监测技术、非金属无机污染物监测技术和有机污染物监测技术；第五章为空气和废气监测技术，内容包括环境空气与废气、无机污染物监测技术、有机污染物监测技术、颗粒物监测技术及降水监测技术；第六章为土壤和固体废物监测技术，内容包括土壤及土壤环境质量、土壤质量监测技术、固体废物监测技术；第七章为噪声与放射性物质的检测技术，内容包括噪声污染检测方法、放射性污染检测、电磁辐射污染检测。第八章为现代环境监测技术的方法优化，内容包括超痕量分析技术、遥感监测技术、环境快速监测技术、生态监测技术。第九章为环境污染控制与保护措施，内容包括工业废水处理技术、大气污染控制技术、噪声与振动污染防治。

　　为了确保研究内容的丰富性和多样性，作者在写作过程中参考了大量理论与研究文献，在此向涉及的专家学者们表示衷心的感谢。

　　最后，限于作者水平，加之时间仓促，本书难免存在一些不足之处，在此，恳请读者朋友批评指正！

目 录

第一章　环境监测概述

第一节　环境系统的基础理论

一、环境与环境系统

所谓环境，是指主体（或研究对象）以外，围绕主体、占据一定的空间，构成主体生存条件的各种外界物质实体或社会因素的总和，是生命有机体及人类生产和生活活动的载体。所谓主体，是指被研究的对象，即中心事物。环境总是相对于某项中心事物而言，它因中心事物的不同而不同，随中心事物的变化而变化。中心事物与环境是既相互对立，又相互依存、相互制约、相互作用和相互转化的，在它们之间存在着对立统一的相互关系。在不同的场合，环境的含义会有一些差异。例如，环境法规中所指的环境，往往把应当保护的环境对象称为环境，可以说，直接或间接影响到人类的生存与发展的一切自然形成的物质、能量和自然现象的总体均可理解为环境。但在关注的角度和重点上，不同学科的学者对环境的概念有着不同的理解。对于环境科学来说，中心事物是人类，环境是以人类为主体，与人类密切相关的外部世界，即与人类生存、繁衍所必需的、相适应的环境。这一环境指围绕着人群的空间及其可以直接或间接影响人类生活、生产和发展的各种物质与社会因素、自然因素及其能量的总体。

1

（一）环境的类型

环境是一个非常复杂的体系。在分类时，一般可按环境的主体、性质和范围来划分。

1. 按环境的主体来划分

主要有两种划分体系，一是以人类为主体，其他生命物质和非生命物质都被视为环境要素，此类环境称为人类环境；二是以生物为主体，把生物体以外的所有自然条件都称为环境，亦即生物环境。

2. 按环境的性质来划分

按环境的性质来划分可分为自然环境、人工环境（也称半自然环境）、社会环境三类。在自然环境中，其主要的环境要素可再划分为大气环境、水环境、土壤环境、生物环境和地质环境等；人工环境可再分为城市环境、乡村环境、农业环境、工业环境等；社会环境又可再分为聚落环境、生产环境、交通环境、文化环境、政治环境、医疗休养环境等。

自然环境是人类出现之前就已存在的，赖以生存、生活和生产所必需的自然条件和自然资源的总称，即阳光、温度、气候、地磁、大气、水、岩石、土壤、动植物、微生物，以及地壳的稳定性等自然因素的总和，用一句话概括就是"直接或间接影响到人类的一切自然形成的物质、能量和自然现象的总体"，有时简称为环境。自然环境可以分为宇宙环境、地理环境（含聚落环境）和地质环境三个层次。其中宇宙环境（空间环境）涉及大气层以外的全部空间，人类对它的认识还很不足，是有待于进一步开发和利用的极其广阔的领域。地理环境指的是由大气圈、水圈、岩石圈（含土壤圈）组成的生物圈，是人类日前活动的主要场所，当前环境保护指的就是保护生物圈。生物圈为人类提供大量的生活、生产资料及可再生资源。地质环境指的是地表以下坚硬的地壳层，可以一直延伸到地核内部，它为人类提供丰富的矿产资源（包含不再生资源），对人类的影响将随着生产的发展而与日俱增，所以它在环境保护中是一个不可忽视的重要方面。

按照环境要素可以把自然环境分为大气环境、水体环境、土壤环境、生物环境、空间环境。水体环境，是指江河湖海、地下水、饮用水源地等贮水体，并包括水中的悬浮物、溶解物以及水生物在内的生态系统。土壤环境，是自然环境中的复杂系统，是人类得以存在和发展的基本条件。保护土壤环境，特别是与农作物和动植物生存直接有关的土壤环境，是环境保护的主要方面。生物环境，生物群落是自然生态系统的主体。空间环境，包括噪声、振动、微波以及空间布局、景观等多方面的内容。

按照环境要素的性质，可分为物理环境、化学环境、生物环境。物理环境，既包括气象、水文、地质、地貌等自然条件，也包括地震、海啸等自然灾害，以及人为因素造成的物理性污染和破坏等；化学环境是指环境要素的化学组成和化学变化，以及某些人为的化学污染等；生物环境是指生物群落的组合结构。这是一种抽象的划分方法，对环境质量和综合治理环境是有用处的。

人工环境是指由于人类的活动而形成的环境要素，是人类为了不断提高自己的物质和文化生活质量而创造的环境，包括由人工形成的物质、能量和精神产品，以及人类活动所形成的人与人之间的关系（上层建筑）等。

社会环境是在自然环境的基础上，人类经过长期有意识的社会劳动，加工和改造了的自然物质，创造的物质生产体系，积累的物质文化等所形成的环境体系，指人类的社会制度等上层建筑条件，包括社会的经济基础、城乡结构，以及同各种社会制度相适应的政治、经济、法律、艺术、哲学的观念与机构等。它是人类在长期生存发展的社会劳动中形成的。

根据社会环境所包含的要素的性质也可将其分为：物理社会环境，包括建筑物、道路、工厂等；生物社会环境，包括驯化的动植物等；心理社会环境，包括人的行为、风俗习惯、法律和语言等。

3. 按环境的范围来划分

按环境的范围来划分，可把环境分为宇宙环境、地球环境、区域环境、微环境和内环境。

①宇宙环境。宇宙环境指大气层以外的宇宙空间，由广阔的空间和存在其中的各种天体以及弥漫物质组成，对地球环境产生了深刻的影响。

②地球环境。地球环境指大气圈中的对流层、水圈、土壤—岩石圈和生物圈，又称为全球环境或地理环境。

③区域环境。区域环境指占有某一特定地域空间的自然环境，它是由地球表面的不同地区，五个自然圈相互配合而形成的。不同地区由于其组合不同产生了很大差异，从而形成各不相同的区域环境特点，分布着不同的生物群落。

④微环境。微环境指区域环境中，由于某一个（或几个）圈层的细微变化而产生的环境差异所形成的小环境，如生物群落的镶嵌性就是微环境作用的结果。

⑤内环境。内环境指生物体内组织或细胞间的环境，对生物体的生长发育具有直接的影响，如植物叶片的内部环境等。

（二）环境系统

1. 环境系统概念

环境系统是指由自然环境、社会环境、经济环境组成的一个巨大系统，是一个具备时、空、量、构、序变化特征的，复杂的动态系统和开放系统，各子系统之间、各组分之间以及系统内外存在着相互作用，发生着物质的输入、输出和能量的交换，并构成网络系统，正是这种网络结构保证了环境系统的整体功能，起到协同作用，形成聚集效应，为人类和其他生物的生存与发展提供有益的物质与能量。自然环境系统由资源环境、要素环境和生物群落子系统组成，社会环境系统由政治、文化和人口子系统组成，经济环境系统由生产、流通和服务子系统组成。环境系统这种复杂的构成，决定了它必然具有特定的结构和功能。环境系统结构指的是环境整体（系统）中各组成部分（要素）在数量上的配比、空间位置上的配置关系以及相互间的联系。通俗地说，环境系统结构表示的是环境要素是怎样结成一个整体的。而环境系统功能，是在环境结构运行中发挥出来

3

的作用和技能，是环境系统结构运动和变化的外在表现。

环境系统的接体虽由部分组成，但其整体的功能却不是简单地由各组成部分功能之和来决定，而是由各部分之间通过一定的结构形式所呈现出的状态所决定的。环境系统和环境要素是不可分割地联系在一起的。一方面，当环境系统处于稳定状态时，它的整体性作用就决定并制约着各要素在环境系统中的地位、作用，以及各要素之间的数量比例关系；另一方面，各环境

要素的联系方式和相互作用，又决定了环境系统的总体性质和功能。比如，各环境要素之间处于一种协调、和谐和适配的关系时，环境系统就处于稳定的状态。反之，环境系统就处于不稳定的状态。

环境各个系统之间，具有相互作用、相互联系、互有因果的关系，通过自然再生产、社会再生产、经济再生产进行物质、能量、价值和信息流动。三大系统及其内部各子系统都具有使物质、能量、价值和信息输入、贮存、利用、输出及交换的功能、结构，并表现出一定的影响和效率，这样环境系统就处在不断的运动变化之中。

2. 环境要素

环境要素，又称环境基质，是环境系统的基本环节，环境结构的基本单元。它是指构成人类环境整体的各个独立的、性质不同的而又服从整体演化规律的基本物质组分，包括自然环境要素、人工环境要素和社会环境要素。自然环境要素通常指水、大气、生物、阳光、岩石、土壤等。人工环境要素包括综合生产力、技术进步、人工产品和能量、政治体制、社会行为等。环境要素在形态、组成和性质上各不相同，它们是各自独立的；环境要素之间通过物质转换和能量传递两种方式密切联系，构成环境整体；环境要素有各自的演化规律，同时又共同遵从整体的演化规律。在不同的区域，环境要素的组成可能不同，各环境要素间的配比与布置也不尽相同，因此，环境结构和环境特性也会有程度上的差异。环境要素组成环境结构单元，环境结构单元又组成环境整体或环境系统。例如，由水组成水体，全部水体总称为水圈；由大气组成大气层，整个大气层总称为大气圈；由生物体组成生物群落，全部生物群落构成生物圈。

3. 环境系统结构

（1）环境系统结构的概念

环境系统结构是环境中各个独立组成部分（环境要素）在数量上的配比、空间位置上的配置、相互间的联系内容和方式。它是阐明环境整体性与系统性的一个基本概念。环境系统结构直接制约着环境系统间物质、能量、价值和信息流动的方向、方式和数量，且始终处于不断的运动变化之中，因此不同区域或不同时期的环境，其结构可能不同，由此呈现出不同的状态与不同的宏观特性，从而对人类社会活动的支持作用和制约作用也不同。沙漠地区的环境系统结构基本上是简单的物理学结构，而植被繁茂地区的环境结构，则主要是十分复杂的生态学结构。类似的，陆地和海洋、高原与盆地、城市与农村、水网地区与干旱地区之间的环境结构均有很大的不同。人们关于使人类社会和环境持续协调发展的着眼点，应是以合理、适当的环境系统结构为目标来选择恰当的人类行为。

环境系统结构实质上是环境要素的配置关系，包括自然环境和社会环境的总体环境各个独立组成部分在空间上的配置，是描述总体环境有序性和基本格局的宏观概念。环境的内部结构和相互作用直接制约着环境的物质交换和能量流动的功能，自然环境系统结构：从全球的自然环境看，可分为大气、陆地和海洋三大部分。聚集在地球周围的大气密度、温度、化学组成等都随着距地表的高度而变化。按大气温度随着距地表的高度的分布可分为对流层、平流层、中间层、热层等。对流层与人类的关系极为密切，地球上的天气变化多发生在对流层内。海与洋沟通组成了地球上的四大洋，即太平洋、大西洋、印度洋和北冰洋。社会环境系统结构：可分为城市、工矿区、村落、道路、桥梁、农田、牧场、林场、港口、旅游胜地和其他人工建筑物。

（2）环境系统结构的特点

就地球环境而言，环境系统结构的配置及其相互关系有圈层性、地带性、节律性、等级性、稳定性和变异性的特点。

①圈层性。在垂直方向上，整个地球环境的结构具有同心圆状的圈层性。在地球表面分布着土壤——岩石圈、水圈、生物圈、大气圈。在这种格局的支配下，地球上的环境系统与这种圈层相适应。地球表面是土壤——岩石圈、水圈、大气圈和生物圈的交会处，是无机界和有机界交互作用最集中的区域，它为人类的生存和发展提供了最适宜的环境。

②地带性。在水平方向，从赤道到南极，整个地球表面具有过渡状的分带性。太阳辐射能量到达地球表面，由于球面各处的位置、曲率和方向的不同，造成能量密度在地表分布的差异，因而产生与纬线相平行的地带性结构格局C这种地带性分布的界线是模糊的、过渡性的。

③节律性。在时间上，地球表面任何环境结构都具有谐波状的节律性。地球上的各个环境系统，由于地球形状和运动的固有性质，在随着时间变化的过程中，都具有明显的周期节律性，这是环境结构叠加时间因素的四维空间的表现。

④等级性。在有机界的组成中，依照食物摄取关系，在生物群落的结构中具有阶梯状的等级性。地球表面的绿色植物利用环境中的无机成分，通过复杂的光合作用过程，形成碳水化合物，自身被高一级的消费者草食动物所取食；而草食动物又被更高一级的消费者肉食动物所取食；动植物死亡后，又由数量众多的各类微生物分解成为无机成分，形成一条严格有序的食物链结构。这种结构制约并调节生物的数量和品种，影响生物的进化以及环境结构的形态和组成方式。

⑤稳定性和变异。环境结构具有相对的稳定性、永久的变异性以及有限的调节能力。任何一个地区的环境结构，都处于不断的变化之中，在人类出现之前，只要环境中某一个要素发生变化，整个环境结构就会相应地发生变化，并在一定限度内自行调节，在新条件下达到平衡。人类出现以后，尤其是在现代生产活动日益发展、人口压力急剧增长的条件下，对于环境结构变动的影响，无论在深度、广度上，还是在速度、强度上，都是空前的。环境结构本身虽然具有自发的趋稳性，但是环境系统结构总是处于变化之中。

4. 环境系统功能

环境系统功能是环境要素及由其构成的环境状态对人类生活和生产所承担的职能和作用。对人类和其他生物来说，环境最基本的功能包括三个方面：其一，空间功能，指环境提供了人类和其他生物栖息、生 & 繁衍的场所，且这种场所是适合其生存发展要求的；其二，营养功能，环境提供了人类及其他生物生长、繁衍所必需的各类营养物质及各类资源、能源（后者主要针对人类而言）等；其三，调节功能，如森林具有蓄水、防止水土流失、吸收二氧化碳、放出氧气、调节气候的功能。此外，各类环境要素包括河流、土壤、海洋、大气、森林、草原等皆具有吸收、净化污染物的功能，使受到污染的环境得到调节、恢复的功能。但这种调节功能是有限的，当污染物的数量及强度超过环境的自净能力（阈值）时，环境的调节功能将无法发挥作用。

二、环境容载力理论

（一）环境容载力概念与特点

环境容载力的概念是对环境容量与环境承载力两个概念的结合与统一。环境容量与环境承载力是环境系统的两个方面，它们紧密联系，共同体现和反映出环境系统的结构、功能与特征，但二者各有侧重。通过对环境容载力的评估，可以确定环境容量和环境承载力，建立环境质量的生态调控指标，从而确定区域社会经济与生态环境相适应的发展规模，是生态环境研究的重要理论。

1. 环境容载力的概念

（1）环境容量

环境容量从狭义上理解，其概念可以表述如下：一定时间、空间范围内的环境系统在一定的环境目标下对外加的污染物的最大允许承受量或负荷量。它往往是以环境质量标准为基础的污染物容纳阈值，即指基本环境基准，结合社会经济、技术能力制定的控制环境中各类污染物质浓度水平的限值。而广义的环境容量可以理解为某区域（城市）环境对该区域发展规模及各类活动要素的最大容纳阈值。这些区域环境容量包括自然环境容量（大气环境容量、水环境容量、土地环境容量）、人工环境容量（用地环境容量、工业容量、建筑容量、人口容量、交通容量等）等容量的总和即为整体环境容量。环境容量是环境质量中"量"的方面，是质量的量化表现或定量化表述。一般情况下，环境容量通常可以由绝对值或单位标准值来表示。

从生态系统的角度看，环境可分为大气环境、水环境、土地环境、社会经济环境，其环境容量可分为标准时空容量、污染物极限容量、人口极限容量、生态容量（包括环境占用和资源消耗）四个方面。这四个环境容量相互影响、相互制约。对城市发展来说，环境标准时空容量是 LI 标容量，污染物极限容量和人口极限容量均是控制容量，生态容量是开发利用容量。在生态城市建设过程中，一旦人口或污染物总量超过环境极限容量时，环境承载力就受影响，这需由生态容量来调控，这样才能协调城市发展与环境容量的定量关系，彻底解决城市环境污染、人口增长、资源利用、生态建设之间的矛盾。

（2）环境承载力

环境承载力是指在一定时期、一定的状态或条件下、一定的区域范围内，在维持区域环境系统结构不发生质的变化、环境功能不遭受破坏的前提下，区域环境系统所能承受的人类各种社会经济活动的能力，或者说是区域环境对人类社会发展的支持能力。它包括两个组成部分，即基本环境承载力（或称差值承载力）和环境动态承载力（或称同化承载力），前者可通过拟定的环境质量标准减去环境本底值求得，后者指该环境单元的自净能力。环境承载力是环境质量的"质"的方面，是质量的质化表现或定性概括。

环境承载力也是各个环境要素在一定时期、一定的状态下对社会经济发展的适宜程度，具体包括气候要素（如气候生产指数、气候干旱指数等）、资源要素（如资源丰富度、资源开发强度等）、地形要素（如地形起伏度）等。

环境承载力可分为环境基本承载力、污染承载力、抗逆承载力、动态承载力四个方面，反映的是大气、水、土地环境、社会经济环境的动态和静态变化的水平。要得到环境承载力的结论，一般需要建立数值模拟模型和预测模型，分析大气、水、土地、社会经济环境的动态和静态变化趋势，确定环境承载力指数。

（3）环境容载力

环境容量强调的是区域环境系统对其自然灾害的削减能力和人文活动排污的容纳能力，侧重体现和反映环境系统的自然属性，即内在的自然秉性和特质；环境承载力则强调在区域环境系统正常结构和功能的前提下，环境系统所能承受的人类社会经济活动的能力，侧重体现和反映环境系统的社会属性，即外在的社会秉性和特质，环境系统的结构和功能是其承载力的根源。在区域的发展过程中，环境容量和环境承载力反映的是环境质量的两个方面，前者是环境质量表现的基础，反映的是环境质量的"量化"特征；后者是环境质量的优劣程度，反映的是环境质量的"质化"特征。一般来说，环境容量是以一定的环境质量标准为依据，反映的是环境质量的"量变"特征；而环境承载力是以环境容量和质量标准为基础，反映的是环境质量的"质变"特征。

环境容载力概念的提出主要是源于对环境容量与环境承载力两个概念的有机结合与高度统一，也是环境质量"量化"与"质化"的综合表述。从一定意义上讲，没有环境的容量和质量，就没有环境的承载力，环境的容载力就是环境容量和质量的承载力。因此，环境的容载力定义为：自然环境系统在一定的环境容量和环境质量的支持下，对人类活动所提供的最大的容纳程度和最大的支撑阈值。简言之，环境容载力是指自然环境在一定条件下所支撑的社会经济的最大发展能力。它可看作环境系统结构与社会经济活动相适宜程度的一种表示，环境容载力可以用环境容量分值和环境承载力指数来综合评价。在区域生态环境建设规划中，依据环境容载力评价结果，预测环境容量变动和承载力变动趋势，其结果可作为生态环境功能分区的主要依据。

2. 环境容载力的特点

环境系统是地球上较为复杂的生态系统之一，因而环境容载力涉及的学科及范围极为广泛，它在本质上反映了环境系统的复杂性，资源的价值性、密集性等，具有下述特征。

（1）有限性

在一定的时期及地域范围内，一定的自然条件和社会经济发展规模条件R一定的环境系统结构和功能的条件R区域环境系统对其人口、社会、经济及各项建设活动所提供的，最大的容纳程度和最大的支撑阈值或以最大的环境容量和环境质量支持城市社会经济发展的能力是有限的，即容载力是有限的。尤其是区域的社会经济发展规模、能力和环境系统的功能是决定区域环境容载力的主要因素。

（2）客观性

区域环境容载力本身是一个客观的量，是环境系统客观自然属性的反映，也是环境系统的客观自然属性在"质"的方面的衡量。在一定的区域环境容载力的评价指标体系下，其指标值的大小是固定的，不以人们的意志为转移，即从"质"的角度来讲，其"质"的量化的大小是固定的。

（3）稳定性

在一定的时期及地域范围内，一定的自然条件和社会经济发展规模条件下，一定的环境系统功能的条件下，区域环境的容载力具有相对的稳定性。如果把处于一定条件下的环境容载力看成一些数值，这些数值将是在一个有限的范围内上下波动，而不会产生大的变化。

（4）变动性

由于区域自然条件和社会经济发展规模、环境系统本身的结构和功能随城市发展总是处于不停的变动之中，这些变化一方面与环境系统自身的运动变化有关，另一方面与区域的发展对环境施加的影响有关。这些变化反映到区域环境容载力上，就是环境容载力在"质"与"量"这两种规定性上的变动。在"质"的规定性上的变动，表现为环境容载力评价指标体系的变动；在"量"的规定性上的变动，表现为环境容载力评价指标值大小上的变动。

（5）可调控性

区域环境容载力具有可调控性，这种可调控性表现为人类在掌握环境系统运动变化规律的基础上，根据自身的需求对环境系统进行有目的的改造，从而提高环境容载力。如城市通过保持适度的人口容量和适度的社会经济增长速度，从而提高环境的容载力。

（二）环境容载力的结构和功能

1. 环境容载力的结构

具有复杂结构的区域环境系统所反映出的环境容载力，是联系区域社会经济活动与生态环境的纽带和中介，反映区域社会经济活动和环境结构与功能的协调程度。从结构上可分为总量和分量两部分，其中分量指大气、水、土壤、生物等环境（要素）的容量和水、土地、矿产资源（要素）的承载力，总量指环境的整体容量和自然资源的整体承载力。按照系统论的观点，系统整体的功能不小于各子系统功能之和，因此，环境整体容载力大于各个要素容载力的综合。

环境容载力的结构决定了环境容载力的功能，如果环境容载力结构合理，则容载力总量与分量相对较大，相应容载力的功能就强；而容载力的功能体现了容载力的结构。

2. 环境容载力的功能

环境容载力的功能，从外延上讲，主要包括对环境系统的保护和恢复；从内涵上讲，主要包括服务、制约、维护、净化、调节等多种功能。

（1）服务功能

服务功能是指环境系统以其有限的环境容载力直接或间接为区域生态系统的生存和活动服务的职能。在区域发展过程中，环境容载力的服务功能是多元化和全方位的，其服务对象是区域整体的一切活动，服务范围达至区域所有作用腹地并外延到区域周围地区。环境容载力通过其服务功能体现出环境系统资源价值性、维护性和效益性等特征。

（2）制约功能

制约功能是指环境系统以其有限的环境容载力限制区域生态系统发展规模的职能。环境容量的限制要求在区域发展过程中必须实行可持续发展，要进行环境保护和维护生态平衡；环境承载力的限制要求区域发展必须有序、有节制地进行，要不断提高环境资源的利用效率，注重利用技术的改度与创新。环境容载力制约着区域的社会进步、经济发展和生态环境恢复。

（3）净化功能

净化功能是指区域环境系统以其有限的环境容载力，通过各种自然环境作用及社会经济活动作用达到净化和美化 X 域的职能。X 域要实现可持续发展，首先，必须实现生态环境的良性发展，造就一个优美适宜的生存环境；其次，由此改善社会和经济环境，造就一个良好、永续发展的环境，从而进一步提高区域的集聚能力并推动其进化发展。

（4）调节功能

调节功能是指区域环境系统以其有限的环境容载力在其环境受到外界干扰时做出指示和反应来进行自我调节的职能。当环境容载力超过其阈值时，环境系统就会立即做出反馈指示或报复反应，从而迫使自然和人文系统进行自律调节。自然系统会通过自然选择和优胜劣汰调节其生物总量，而人文系统则会发挥主观能动性，通过计划规划、布局调整和技术提高等进行调节。

（5）输送功能

输送功能是指环境系统以其有限的环境容载力，通过各种基础设施为区域生态系统提供必要的物质和能量保障的职能。若区域环境系统的容载力容量大、承载力强、结构好、性能优，便可积聚众多的生物流、物质流、能量流和信息流等，从而保证区域整体的正常运转。

（6）维护功能

维护功能是指环境系统以其有限的环境容载力，以上述特定的功能区设施条件维护区域自然环境系统、社会经济系统正常运行的职能。若区域环境系统的容载力容量大、承载力强、结构好、性能优，则有利于维护区域的生态平衡，加强抵御各种灾害、伤害的能力，保证区域的正常发展。

（7）效益功能

效益功能是指区域环境系统以其有限的环境容载力，通过生物流、物质流、能量流和信息流等途径产生环境、社会和经济综合效益的职能。环境容载力可产生直接的或间接的环境、社会和经济的综合效益，其中更多的是产生间接的社会和经济效益。

显然，环境容载力是联系区域社会经济活动与生态环境的纽带和中介，反映区域社会经济活动与环境结构及功能的协调程度。区域环境容载力功能的大小与环境系统功能的强弱成对应的正相关，即环境系统功能是通过其容载力来体现和反映，而环境容载力则是其功能在"质"与"量"上的综合衡量。

三、可持续发展理论

（一）可持续发展的基本观点

1. 可持续发展的概念及其含义

自里约世界环境与发展大会提出可持续发展的思想以后，在世界范围内兴起了研究可持续发展的热潮。可持续发展的概念自提出以来，它的定义至少有 70 多种，但最广泛使用的还是世界环境与发展委员会在《我们共同的未来》中提出的定义："可持续发展是既能满足当代人的需要，而又不对后代人满足其需要的能力构成危害的发展"。这个定义鲜明地表达了三重含义：

一是公平性。即满足当代人和后代人的基本需要，强调的是人的理性逻辑维。

二是可持续性。即实现长期、稳定的经济持续增长，使之建立在保护地球环境的基础之上，它侧重于发展的时间维（纵向性）。

三是和谐性。即实现社会、经济与环境的协调发展，侧重于发展的空间维（横向性）。这样一来，可以将可持续发展理解为，它是以公平性为准则的可持续性和和谐性发展或理性逻辑维、时间维和空间维的统一。

另外，从《21世纪议程》看，可持续发展对一个城市或者区域来说，从理论上包括三个相互联系的重要方面。

一是社会可持续发展：通过教育、居民消费和社会服务，提高人口的整体素质和健康水平，实现人口的再生产。通过可持续发展政策，消除贫困，改善居住环境，提高人口的生活质量，为经济环境的可持续发展奠定良好的社会基础。

二是经济可持续发展。内容包括农业、工业及第三产业的可持续发展，调整产业结构，优化经济发展机制，以相对少的资金投入，实现较高的产出，最终达到经济长期的持续增长。

三是环境资源的可持续利用。建立环境资源法规体系，控制生态危机和环境恶化局势，提高自然环境资源的综合利用率。

由此可见，首先发展是可持续发展的基本前提，而可持续发展则是发展的最高境界。

对一个区域或者城市来说，可持续发展也是一个涉及经济、社会、科技及环境的综合性概念，更是一个动态概念，它包括经济的持续增长、社会的进步和环境的保护三个方面。从可持续发展的内涵而言，它包括：一是以自然资源的合理利用和良好的生态环境为基础；二是以经济发展及其集聚效益为前提；三是以人口、经济与环境协调发展为核心；四是以满足人口、社会多种发展需求为目标。一个区域或城市只要在发展过程中每一个时段内都能保持人口、经济同环境的协调，那么，这个区域或城市的发展就符合可持续发展的要求。

其次，发展是可持续发展的主体。发展是指经济的增长能不断满足持续人口增长的需求，即高于人口增长的经济增长速度，以保证人口的生存需求、受教育需求、自身发展需求。经济发展、人口增长与环境资源保护之间的协调，是可持续发展的先决条件。只有在协调发展的基础上，才有可能持续发展。而协调发展有其不同的层次和规模。在社会生产层次上，指产业部门和产品结构的合理、共同发展；在社会动态发展层次上，指社会在任意时段，只要保持资源、经济、环境、人口的协调，那么这个社会的发展就符合可持续发展原则；在社会关系层次上，强调人与自然的和谐统一，人类应遵循自然规律，按适度原则干预自然，合理利用自然界给予人类的一切，最终实现人与自然的共同发展，为整个社会的可持续发展创造条件。

2. 可持续发展的类型

关于可持续发展的类型问题，有一种观点将其分为一般可持续发展（全球或区域）和部门可持续发展两种。从可持续发展的内涵来看，可将其分为自然区域可持续发展、行政区域可持续发展、环境资源可持续发展和部门可持续发展四大类，其中部门可持续发展又分为社会可持续发展、经济可持续发展。

3. 可持续发展模式与基本原则

可持续发展模式是对传统发展模式的彻底否定。传统发展模式基本上是一种"工业化实现模式"，它以工业增长作为衡量发展的唯一标志，把一个国家的工业化和由此产生的工业文明当作一个国家实现现代化的标志。但这种单纯片面追求增长的发展模式带来了严重后果：环境急剧恶化，资源日趋短缺，人民的实际福利水平下降。问题的症结在于，这样的经济增长没有建立在环境的可承载能力基础之上，没有确保支持经济长期增长的资源和环境基础受到保护和发展，相反，有的甚至以牺牲环境为代价谋求经济发展，其结果导致生态系统失衡乃至崩溃，经济发展因失去健全的生态基础而难以持续。

与传统发展模式相比，可持续发展模式具有极为深刻的哲理和丰富的内涵。其基本原则主要表现在突出强调发展的主题，坚持公平性、持续性原则，追求目标多元化下新的价值观和整体性，摒弃传统的生产消费方式和自然观念等方面。

（二）环境与发展综合决策

1. 建立环境与发展综合决策机制，保证可持续发展战略的实施

实施可持续发展战略是人类历史上一次根本性的转变，需要对"人与自然""环境

与发展"的辩证关系有正确的认识，并对这些组合起来的大系统进行全过程调控，使人与自然相和谐、环境与发展相协调，这就必须从综合决策做起。

实行环境与发展综合决策，是市场经济条件下完善决策机制、提高决策科学水平的重要组成部分。人们所谓到的环境问题，相当一部分是因为当初在做经济技术决策时没有考虑环境原则（生态要求）而造成的。究其原因是由于决策层对环境与发展的辩证关系缺乏认识，环境保护没有进入经济技术决策的综合平衡。一代人的决策失误要几代人来补偿，这个代价实在太大了。所以，要提高对建立环境与发展综合决策制度必要性与紧迫性的认识，尽快建立综合决策制度，确保可持续发展战略的实施。

2. 加快建立和完善环境与发展综合决策的各项制度

实行环境与发展综合决策，事关经济和社会可持续发展的全局，必须按照法律、法规的要求，从制度上进行规范，采取相应的保障措施，尽快建立和完善相关的制度。

（1）建立重大决策环境影响评价制度

广义的环境影响评价，是指对人类在"人类——环境"系统中的所有经济活动和社会行为所造成的环境影响，以及对这个系统可能造成的冲击进行预测和评价。为适应环境与发展综合决策的要求，应对重大经济技术政策的制定、区域国土整治和资源开发战略、流域开发、城镇建设及工农业发展战略等重大决策事项，进行环境影响评价。

（2）建立环境与发展科学咨询制度

应成立由多学科专家组成的环境与发展科学咨询委员会，负责研究重大决策项目的环境影响评价和采取相应措施消除不良影响的可能性。特别是要研究重大决策和区域发展战略的环境与发展协调度，进行协调因子分析，提出战略对策，为领导决策提供科学依据。

（3）建立有利于可持续发展的资金保障制度

要将环境与发展重大项目纳入国民经济和社会发展计划，并在基本建设、技术改造、城市建设、水利开发等方面优先保证环境建设资金需求。尽快建立环境资源有偿使用机制，试行把环境因素纳入国民经济核算体系，使有关统计指标和市场价格能较准确地反映经济活动所造成的资源和环境变化；制定相应的政策，引导污染者、开发者成为防治污染和保护生态环境的投资主体；广泛运用多种形式拓宽环保投资渠道，尽可能多地为环境保护提供资金支持。

（4）建立环境与发展综合决策公众参与制度

对直接涉及群众切身利益的环境与发展综合决策，要通过召开公众听证会等形式，广泛听取各方面的意见，自觉接受社会公众的监督。要建立起相应的程序与机制，使广大群众能够及时了解环境与发展综合决策的内容，充分表达自己的意见和建议，并通过立法手段得以参与，得到法律保障。

（5）建立重大决策监督与追究责任制度

对环境与发展中的重大决策事项，要主动接受人大、政协和舆论的监督。依法建立重大决策责任追究制度，对因决策失误造成重大环境问题或发生重大环境污染事故的，要追究有关领导的责任；构成犯罪的，要追究其刑事责任。

（6）建立环境与发展综合决策教育培训制度

要将提高决策层的环境与发展综合决策能力列入教育培训计划。党校（行政学院）要开设环境与发展综合决策课程，组织专家讲授可持续发展理论，并将掌握相关理论知识的情况纳入领导干部工作考核的内容中。

第二节　环境监测的含义

一、环境监测的目的、分类、原则及特点

环境监测是指运用化学、生物学、物理学及公共卫生学等方法，间断或连续地测定代表环境质量的指标数据，研究环境污染物的检测技术，监视环境质量变化的过程。

环境监测是环境科学的一个分支学科，是随环境问题的日益突出及科学技术的进步而产生和发展起来的，并逐步形成系统的、完整的环境监测体系。

随着工业和科学的发展，环境监测的内容也由工业污染源监测，逐步发展到对大环境的监测，监测对象不仅是影响环境质量的污染因子，还包括对生物、生态变化的监测。

为了全面、确切地表明环境污染对人群、生物的生存和生态平衡的影响程度，做出正确的环境质量评价，现代环境监测不仅要监测环境污染物的成分和含量，往往还要对其形态、结构和分布规律进行监测。

（一）环境监测的目的

环境监测的目的是准确、及时、全面地反映环境质量现状及发展趋势，为环境管理、污染源控制、环境规划等提供科学依据。具体可归纳如下：①根据环境质量标准，评价环境质量。②根据污染分布情况，追踪寻找污染源，为实现监督管理、控制污染提供依据。③收集本地数据，积累长期监测资料，为研究环境容量，实施总量控制、目标管理、预测预报环境质量提供数据。④为保护人类健康、保护环境、合理使用自然资源，制定环境法规、标准、规划等服务。

（二）环境监测的分类

环境监测可按其监测对象、监测性质、监测目的等进行分类。

1. 按监测对象分类

按监测对象主要可分为水质监测、空气和废气监测、土壤监测、固体废物监测、生物污染监测、声环境监测和辐射监测等。

（1）水质监测

水质监测是指对水环境（包括地表水、地下水和近海海水）、工农业生产废水和生

活污水等的水质状况进行监测。

（2）空气和废气监测

空气监测是指对环境空气质量（包括室外环境空气和室内环境空气）进行的监测。废气监测是指对大气污染源（包括固定污染源和移动污染源）排放废气进行的监测。

（3）土壤监测

土壤监测包括土壤质量现状监测、土壤污染事故监测、场地监测、土壤背景值调查等。

（4）固体废物监测

固体废物监测是指对工业产生的有害固体废物、城市垃圾和农业废物中的有毒有害物质进行监测，内容包括危险废物的特性鉴别、毒性物质含量分析和固体废物处理过程中的污染控制分析。

（5）生物污染监测

生物污染监测主要是对生物体内的污染物质进行的监测。

（6）声环境监测

声环境监测是指对城市区域环境噪声、社会生活环境噪声、工业企业厂界环境噪声以及交通噪声的监测。

（7）辐射监测

辐射监测包括辐射环境质量监测、辐射污染源监测、放射性物质安全运输监测以及辐射设施退役、废物处理和辐射事故应急监测等。

2．按监测性质分类

按监测性质可分为环境质量监测和污染源监测。

（1）环境质量监测

环境质量监测主要是监测环境中污染物的浓度大小和分布情况，以确定环境的质量状况，包括水质监测、环境空气质量监测、土壤质量监测和声环境质量监测等。

（2）污染源监测

污染源监测是指对各种污染源排放口的污染物种类和排放浓度进行的监测，包括各种污水和废水监测，固定污染源废气监测和移动污染源排气监测，固体废物的产生、贮存、处置、利用排放点的监测以及防治污染设施运行效果监测等。

3．按监测目的分类

（1）监视性监测

监视性监测又叫常规监测或例行监测，是对各环境要素进行定期的经常性的监测。其主要目的是确定环境质量及污染状况，评价控制措施的效果，衡量环境标准实施情况，积累监测数据。其一般包括环境质量的监视性监测和污染源的监督监测，目前我国已建成了各级监视性监测网站。

（2）特定目的监测

特定目的监测又叫特例监测，具体可分为污染事故监测、仲裁监测、考核验证监测和咨询服务监测等。

①污染事故监测。污染事故发生时，及时进行现场追踪监测，确定污染程度、危害范围和大小、污染物种类、扩散方向和速度，查明污染发生的原因，为控制污染提供科学依据。

②仲裁监测。主要解决污染事故纠纷，对执行环境法规过程中产生的矛盾进行裁定。纠纷仲裁监测由国家指定的具有权威的监测部门进行，以提供具有法律效力的数据作为仲裁凭据。

③考核验证监测。主要是为环境管理制度和措施实施考核。其包括人员考核、方法验证、新建项目的环境考核评价、污染治理后的验收监测等。

④咨询服务监测。主要是为环境管理、工程治理等部门提供服务，以满足社会各部门、科研机构和生产单位的需要。

（3）研究性监测

研究性监测又称科研监测，属于高层次、高水平、技术比较复杂的一种监测，通常由多个部门、多个学科协作共同完成。其任务是研究污染物或新污染物自污染源排出后，迁移变化的趋势和规律，以及污染物对人体和生物体的危害及影响程度，包括标准方法研制监测、污染规律研究监测、背景调查监测以及综合评价监测等。

此外，按监测方法的原理又可分为化学监测、物理监测、生态监测等；按监测技术的手段可以分为手工监测和自动监测等；按专业部门分类可以分为气象监测、卫生监测、资源监测等。

（三）环境监测的原则

在环境监测中，由于人力、监测手段、经济条件、仪器设备等限制，不可能无选择地监测分析所有的污染物，应根据需要和可能，坚持以下原则。

1. 选择监测对象的原则

①在实地调查的基础上，针对污染物的性质（如物化性质、毒性、扩散性等），选择那些毒性大、危害严重、影响范围广的污染物。②对选择的污染物必须有可靠的测试手段和有效的分析方法，从而保证能获得准确、可靠、有代表性的数据。③对监测数据能做出正确的解释和判断。如果该监测数据既无标准可循，又不能了解对人体健康和生物的影响，会使监测工作陷入盲目的地步。

2. 优先监测的原则

需要监测的项目往往很多，但不可能同时进行，必须坚持优先监测的原则。对影响范围广的污染物要优先监测，燃煤污染、汽车尾气污染是全世界的问题，许多公害事件就是由它们造成的。因此，目前在大气中要优先监测的项目有二氧化硫、氮氧化物、一氧化碳、臭氧、飘尘及其组分、降尘等。水质监测可根据水体功能的不同，确定优先监测项目，如饮用水源要根据饮用水标准列出的项目安排监测。对于那些具有潜在危险，并且污染趋势有可能上升的项目，也应列入优先监测。

（四）环境监测的特点

环境监测涉及的知识面、专业面宽，它不仅需要有坚实的化学分析基础，而且还需要有足够的物理学、生物学、生态学和工程学等多方面的知识。在做环境质量调查或鉴定时，环境监测也不能回避社会性问题，必须考虑一定的社会评价因素。因此，环境监测具有多学科性、边缘性、综合性和社会性等特征。

1．环境监测的综合性

环境监测主体包括对水体、土壤、固体废物、生物体中污染指标的监测，其中污染物种类繁多、成分复杂；监测分析则涉及化学、物理、生物、水文气象和地理学等多方面。

而实施环境监测得到的数据，不只是一个个简单的孤立数据，其中还包含着大量可探究、可追踪的丰富信息，通过数据的科学处理和综合分析，可以掌握污染物的变化规律以及多种污染物之间的相互影响。因此，环境监测的综合性就体现在监测方法、监测对象以及监测数据等综合性方面。判断环境质量仅对目标污染物进行某一地点、某一时间的分析测试

是不够的，必须对相关污染因素、环境要素在一定范围、时间和空间内进行多元素、全方位的测定，综合分析数据信息的"源"与"汇"，这样才能对环境质量做出确切、可靠的评价。

2．环境监测的持续性

环境监测数据具有空间和时间的可比性和历史积累价值，只有在具有代表性的监测点位上持续监测才有可能揭示环境污染的发展趋势和发展轨迹。因此，在环境监测方案的制订、实施和管理过程中应尽可能实施持续监测，并逐步布设监测网络，合理分布空间，提高标准化、自动化水平，积累监测数据构建数据信息库。

3．环境监测的追踪性

环境监测数据是实施环境监管的依据，为保证监测数据的有效性，必须严格规范地制订监测方案，准确无误地实施，并全面科学地进行数据综合分析，即对环境监测全过程实施质量控制和质量保证，构建起完整的环境监测质量保证体系。

二、环境监测的方法、内容与含义

（一）环境监测的方法与内容

环境监测的方法与技术包括采样技术、样品前处理技术、理化分析测试技术、生物监测技术、自动监测与遥感技术、数据处理技术、质量保证与质量控制技术等。它们是环境监测的基础，以根表示。环境监测的对象与内容包括水污染监测、大气污染监测、土壤污染监测、生物体污染监测、固体废物污染监测、噪声污染监测、放射性污染监测等。每一个监测对象又有各自若干监测指标及监测方法，以树枝和分枝表示。

（二）环境监测技术的含义

1. 常用的环境监测技术

一般来说，环境监测技术包括采样技术、测试技术和数据处理技术。按照测试技术的不同，可将环境监测技术分为现场快速监测技术、采样后实验室分析监测技术、连续自动监测技术和遥感监测技术；按照采样技术的不同，可以将环境监测技术分为手工采样实验室分析技术、自动采样实验室分析技术和被动式采样—实验室分析技术；按照监测技术原理的不同，可以将环境监测技术分为物理监测、化学监测、生物监测和生态监测等。

（1）实验室分析技术

目前，实验室对污染物的成分、结构与形态分析主要采用化学分析法和仪器分析法。经典的化学分析法主要有容量法和重量法两类，其中容量法包括酸碱滴定法、氧化还原滴定法、配位滴定法和沉淀滴定法。化学分析法因其准确度高、所需仪器设备简单、分析成本低，所以仍被广泛采用。仪器分析法是以物理和物理化学分析法为基础的分析方法，主要分为光谱分析、电化学分析、色谱分析、质谱法、核磁共振波谱法、流动注射分析以及分析仪器联用技术。光谱分析法常见的有可见分光光度法、紫外分光光度法、红外分光光度法、原子吸收光谱法、原子发射光谱法、原子荧光光谱法、X 射线荧光光谱法和化学发光法等；电化学分析法常见的有电导分析法、电位分析法、电解分析法、极谱法、库仑法等；色谱分析法包括气相色谱（GC）法、高效液相色谱（HPLC）法、离子色谱（IC）、超临界流体色谱（SFC）法以及薄层色谱（TLC）法等；分析仪器联用技术常见的有气相色谱 – 质谱（GC ~ MS）联用技术、液相色谱 – 质谱（LC ~ MS）联用技术等。

（2）现场快速监测技术

现场快速监测技术主要有试纸法、速测管法、化学测试组件法及便携式分析仪器测试法等。现场快速监测技术主要用来进行污染事故的应急监测。

（3）连续自动监测技术

连续自动监测技术是以在线自动分析仪器为核心，运用自动采样、自动测量、自动控制、数据处理和传输等现代技术，对环境质量或污染源进行 24 小时连续监测。目前，其应用于地表水水质连续自动监测、污水连续自动监测、环境空气质量连续自动监测、固定污染源烟气排放连续自动监测、大气酸沉降连续自动监测、沙尘暴连续自动监测等。

（4）生物监测技术

生物监测技术就是利用植物、动物在污染环境中产生的反应信息来判断环境质量的方法。其常采用的手段包括：生物体污染物含量的测定，观察生物体在环境中的受害症状，生物的生理生化反应，生物群落结构和种类变化，等等。

2. 环境监测技术的发展

早期的环境监测技术主要是以化学分析为主要手段，对测定对象进行间断、定时、定点、局部的分析。这种分析结果不可能适应及时、准确、全面地反映环境质量动态和污染源动态变化的要求。随着科学技术的进步，环境监测技术迅速发展，仪器分析、计算机控制等现代化手段在环境监测中得到了广泛应用。环境监测从单一的环境分析发展到物理监测、生物监测、生态监测、遥感及卫星监测，从间断性监测逐步过渡到自动连续监测。监测范围从一个点或面发展到一个城市，从一个城市发展到一个区域。一个以环境分析为基础，以物理测定为主导，以生物监测为补充的环境监测技术体系已初步形成。

进入 21 世纪以来，随着科技进步和环境监测的需要，环境监测在传统的化学分析技术基础上，发展高精密度、高灵敏度、痕量、超痕量分析的新仪器、新设备，同时研发了适用于特定任务的专属分析仪器。计算机在监测系统中的普遍使用，使监测结果得到了快速处理和传递，多机联用技术的广泛采用，扩大了仪器的使用效率和应用价值。

今后一段时间，在发展大型、连续自动监测系统的同时，发展小型便携式仪器和现场快速监测技术将是环境监测技术的重要发展方向。广泛采用遥测遥控技术，以逐步实现监测技术的信息化、自动化和连续化。

第二章 环境监测的相关制度

第一节 环境监测制度建设

一、环境监测制度目的

环境监测是环境管理的"耳目",是环境保护的基本手段和信息基础。环境监测活动按监测制度可分为:例行监测、专项监测;按监测类型可分为:区域(流域)监测、企业监测、社会监测、认证监测;按监测任务可分为:环境质量监测、污染源监测、生态环境监测、污染应急监测、服务性监测;按环境要素可分为:室内外环境空气监测、水环境监测、声与振动环境监测、辐射环境监测、土壤环境与废物监测、水(陆)域生物监测、绿色产品监测、大气低空探测、水文观测、卫星地面遥测、环境模拟实验;按自动化程度可分为:24 小时环境质量自动监测、24 小时污染源在线监控、便携式自动实验室装置、人工与自动采样实验室分析等。

环境监测是一项十分复杂的系统工程,大多数情况下,监测区域(流域)面积较大、监测内容与监测项目较多,必须执行相关标准规范和监测分析方法,遵循规定的监测程序、操作规程和工作制度,各类专业技术人员相互协作、密切配合。同时,环境监测又是一项调查研究环境质量状况的工作,它在环境调查的基础上,通过测量、检测获取各类环境数据资料,全面、系统、准确、及时地反映区域(流域)环境质量状况及其变化趋势。

环境监测涉及面广，技术性强，是一项非常严肃而又复杂的工作，所得环境数据资料对于指导当前和未来的环境保护工作都具有十分重要的作用。各类环境要素随时间、空间、区域（流域）不断变化，一般来说，不可能也不需要实施区域（流域）环境总体监测，仅以具有代表性样品或样本监测结果推断区域（流域）总体环境质量状况；同时，环境监测的人力、物力、时间、资金耗费可观，监测布点和采样水平反映采样的完整性和样品的代表性，样品保存、分析测试质量控制反映监测结果的准确性和精密性；必须实施环境监测范围与项目、采样点位与数量、监测时间与方法、样品采集与分析、数据处理、技术报告编制等全过程质量管理，保障取得有效的环境监测数据。

鉴于上述，环境监测制度目的是：通过全面的环境监测制度化建设，确保环境监测数据的准确性、精密性、完整性、代表性、可比性以及环境监测为环境决策与管理服务的及时性、针对性、准确性、系统性。

二、环境监测制度作用

实践经验证明：环境监测基本职能是为环境决策提供技术支持，为环境执法实施技术监督，为城市或地区经济社会发展提供技术服务。环境监测基本任务，是全面掌握环境质量状况及其发展变化趋势，为各级人民政府制定环境保护方针、政策，加强环境管理，采取综合防治对策提供科学依据。"环境管理必须依靠环境监测、环境监测必须为环境管理服务"是我国环境监测的基本方针，亦即，环境监测在为管理决策服务，为改善环境质量服务，为依法裁决服务等方面具有技术支持和技术保障作用。这个基本作用是通过监测取得代表区域（流域）环境质量状况的数据资料。

环境监测数据是环境监测工作的基本"产品"。环境监测工作的首要问题是环境监测数据的可靠性、代表性如何，能否真实地反映区域（流域）环境质量状况。

影响环境监测数据代表性的因素很多，有效控制各类环境与人为的影响因素，首先，需要正确认识环境污染物的基本属性；其次，尽可能详细地了解环境污染物的特定分布及其变化规律；再次，因地制宜地科学合理选择环境监测点位和采样时间；最后，必须正确采集和分析环境样品。

由环境监测的基本职能、任务、方针、作用所决定，环境监测制度的主要作用是：通过建立和实施一系列环境监测业务技术和行政管理、工作职责、监测人员培训和继续教育等项制度，并严格考核，努力建设一支业务技术精湛、提供优质服务的正规化环境监测队伍，实现环境监测工作的标准化、规范化。

第二节　环境监测程序制度

一、环境监测综合管理程序

（一）监测工作通用程序

1. 例行环境监测

凡省、自治区、直辖市环境监测业务主管部门和市环境保护行政主管部门下达的环境监测任务，列入地级市（自治州）和直辖市所辖区（县）环境监测机构年度监测工作计划的均视为例行环境监测工作。

根据上级业务或行政主管部门要求和环境监测中长期规划，地级市环境监测机构综合技术部门编制年度监测工作计划，并结合上级安排的临时性监测任务编制月度监测工作计划，经站长办公会研究，由站长签发下达执行；现场监测部门依据月度监测工作计划，负责环境样品采集和现场测试工作；分析化验部门负责各类环境样品的分析测试工作；质量保证部门负责编制年度环境监测质量管理计划，经质量负责人审定后下达各业务技术部门，按计划

要求定期实施质量控制检查，检查结果上报质量负责人，通报受检业务部门，质量不符合要求的执行相关控制—纠正—预防措施程序。

环境质量监测数据按规定时间，统一由综合技术部门传输至环境监测信息管理部门报送。一般来说，环境空气质量日报每日 14 时前，环境空气质量预报每日 16 时前由环境监控管理部门传输至地级市有关媒体发布；地表（下）集中式饮用水水源地水质监测数据每月上、中、下旬由环境监测信息管理部门按时发布；所有环境监测技术报告（表）经复核与审核后，由授权签字人签发，由综合技术部门或环境监测信息管理部门搜集、整理后移交业务技术档案管理部门存档。

2. 委托环境监测

一般来说，社会各界的委托监测任务由地级市环境监测机构综合技术部门负责洽谈，重大委托监测合同、协议由站长或站长委托的分管副站长签订。委托监测和区域（流域）环境评价监测工作受理后，综合技术部门编制或依据委托单位提供的"环境监测方案"呈报分管副站长下达"环境监测任务通知单"，现场监测部门依据"环境监测方案"中监测点位和监测项目要求，现场监测和分析化验部门专业技术人员严格按采样程序、作业指导书、报告程序操作，及时测试、分析环境样品，将测试、分析数据报质量保证部门。

质量保证部门按年度环境监测质量管理计划定期和随机抽查质量控制结果，发现问题，及时通报受查业务技术部门，汇总月质量控制表，呈报质量负责人；环境监测数据经本业务技术部门复核后，呈报质量保证部门审核；经审核合格的环境监测数据，呈报综合技术部门编制环境监测技术报告（表），由授权签字人签发；综合技术部门负责搜集、整理环境监测计划、委托书、合同书、协议书、环境监测方案、环境监测任务单、环境监测报告（表）等文件资料，并及时移交业务技术档案管理部门存档。

3. 环境应急监测

地级市环境监测机构接到相关环境应急监测任务后，应急监测部门或应急监测小组迅速组织有关专业技术人员赶赴事发现场，现场组成员须在 1 小时内到达现场，监测分析组成员于分析化验部门待命，同时做好分析化验准备工作。

进入事发现场后，应急监测部门或应急监测小组现场组负责人组织调查，制定监测方案，实施布点采样或现场测试。现场组依据现场初步调查情况，及时通知监测分析组，做好有关分析化验项目准备工作。

环境应急监测人员严格按采样、测试、报告程序操作，分析化验数据经复核、审核后，在 20 小时内编制"突发环境事件应急监测报告"，呈报综合技术部门审核；经审核合格的应急监测报告呈报站长签发，综合技术部门 24 小时内向上级业务和同级相关行政主管部门呈报应急监测报告，并及时移交业务技术档案管理部门存档。

应急监测部门或应急监测小组负责跟踪监测，直至突发环境事件影响消除；涉及监测偏离时，允许先偏离，后补办手续，但须遵循"监测工作偏离的例外许可程序"要求。

4. 监测工作考核

地级市环境监测机构依据年度环境监测目标分解任务完成情况，实施各业务技术和行政管理部门业绩和工作质量考核。一般来说，综合技术部门负责各业务技术部门监测任务完成情况考核，质量保证部门负责环境监测数据质量控制措施与效果考核，行政管理部门负责除业务技术以外的任务完成情况考核；环境监测目标任务完成情况，实行年度、季度、月考核，每月、季、年末 5 日前汇总各项环境监测目标任务完成考核情况，分别呈报质量负责人和技术负责人。

（二）监测分包控制程序

地级市环境监测机构业务技术部门因监测能力限制或监测工作量过大，经站长批准，可将监测工作的部分内容或项目委托外单位承担，综合技术部门组织有关专业技术人员研究并确定分包单位。

环境监测部分内容或项目分包前，地级市环境监测机构专业委员会应组织相关专业技术人员，依据分包单位计量认证和实验室认可及其分包监测项目是否其认可项目或计量认证项目，评审分包单位承检能力，确认分包方案是否符合地级市环境监测机构实验室认可细则相关要求，能否完成分包任务；再由综合技术部门负责人填写"分包单位环境监测能力评审报告"，呈报站长或站长委托的分管副站长审定。

综合技术部门负责人依据分包监测内容或项目要求，与分包单位签订"环境监测分包协议书"，呈报站长审批。协议书须明确：双方责任和义务、分包人员名单、仪器设备、测试项目、分析记录、报告编制要求与测试费用等。相关业务技术部门按协议书规定，将样品送至分包单位测试，测试结果及其相关文件资料及时移交业务技术档案管理部门存档；监测报告需注明由分包实验室完成的测试项目。

客户或法定行政管理机构指定分包单位的情况，地级市环境监测机构业务技术档案管理部门应保存其全部或相应的客观证据。地级市环境监测机构就分包单位检测质量保证情况对客户负责（不含客户或法定行政管理机构指定分包单位的情况），质量保证部门委派有关专业技术人员检查分包单位测试工作质量，必要时采取纠正措施或更换分包单位。

综合技术部门应建立"环境监测合格分包单位名录"，获取并保存其环境监测资质和相关监测能力的证明材料副本，例如：分包单位计量认证和实验室认可证书、认可监测项目清单、分包单位工作质量调查结果等；同时，地级市环境监测机构应定期组织相关业务技术部门评审分包单位专业技术能力，及时更新名录。

（三）监测合同评审程序

1. 业务受理与实施分类

（1）送样委托分析

①委托分析合同金额小于 1.0 万元，相关业务技术部门或综合技术部门指导客户填写"客户委托监测项目书"，必要时与客户进一步交流，综合技术部门填写"XX 市环境监测站科技服务合同书"并呈报分管业务副站长（授权签字人）签名盖章后生效；将委托信息传递分析化验部门，实施样品分析，完成客户委托监测任务且数据经本业务技术部门复核后，呈报质量保证部门审核；经审核合格的监测数据，呈报综合技术部门编制监测报告（表）。

②委托分析合同金额 1.0 ~ 2.0 万元，相关业务技术部门或综合技术部门指导客户填写"客户委托监测项目书"，与客户进一步交流，综合技术部门填写"XX 市环境监测站科技服务合同书"和评审并呈报分管业务副站长（授权签字人）签名盖章后生效；将委托信息传递分析化验部门，实施样品分析，完成客户委托监测任务且数据经本业务技术部门复核后，呈报质量保证部门审核；经审核合格的监测数据，呈报综合技术部门编制监测报告（表）。

③委托分析合同金额大于 2.0 万元，相关业务技术部门或综合技术部门指导客户填写"客户委托监测项目书"，与客户进一步交流，综合技术部门填写"XX 市环境监测站科技服务合同书"和初评并呈报分管业务副站长评审，再报站长签名盖章后生效；将委托信息传递分析化验部门，实施样品分析，完成客户委托监测任务且数据经本业务技术部门复核后，呈报质量保证部门审核；经审核合格的监测数据，呈报综合技术部门编制监测报告（表）。

（2）委托采样分析

①委托分析合同金额小于1.0万元，相关业务技术部门了解客户委托需求，综合技术部门填写"客户委托监测项目书"，与客户进一步交流，填写"XX市环境监测站科技服务合同书"并呈报分管业务副站长（授权签字人）签名盖章后生效；将委托信息传递相关业务技术部门，实施样品采集和分析，完成客户委托监测任务且数据经本业务技术部门复核后，呈报质量保证部门审核；经审核合格的监测数据，呈报综合技术部门编制监测报告（表）。

②委托分析合同金额1.0～2.0万元，相关业务技术部门了解客户委托需求，综合技术部门填写"客户委托监测项目书"，与客户进一步交流，填写"XX市环境监测站科技服务合同书"和评审并呈报分管业务副站长（授权签字人）签名盖章后生效；将委托信息传递相关业务技术部门，实施样品采集与分析，完成客户委托监测任务且数据经本业务技术部门复核后，呈报质量保证部门审核；经审核合格的监测数据，呈报综合技术部门编制监测报告（表）。

③委托分析合同金额大于2.0万元，相关业务技术部门了解客户委托需求，综合技术部门填写"客户委托监测项目书"，与客户进一步交流，填写"XX市环境监测站科技服务合同书"和初评并呈报分管业务副站长评审，再报站长签名盖章后生效；将委托信息传递相关业务技术部门，实施样品采集与分析，完成客户委托监测任务且数据经本业务技术部门复核后，呈报质量保证部门审核；经审核合格的监测数据，呈报综合技术部门编制监测报告（表）。

（3）例行监测任务

凡省、自治区、直辖市环境监测业务主管部门和市环境保护行政主管部门下达的例行环境监测任务，综合技术部门负责受理，分解至相关业务技术部门实施；相关业务技术实施部门，负责按时、按质、按量地完成上级下达的监测任务。

（4）专项监测任务

凡省、自治区、直辖市环境监测业务主管部门和市环境保护行政主管部门下达的专项监测任务（含科研课题），由综合技术部门负责受理，并经监测信息分解、传递至相关业务技术部门实施；各相关业务技术部门负责按时、按质、按量地完成上级下达的专项监测任务。

2. 业务受理与实施要求

（1）委托业务受理

地级市环境监测机构综合技术部门，负责委托监测业务的受理工作。在受理委托监测时，必须了解和记录客户名称、委托监测内容和要求、联系人、联系方式等基本信息，同时，尽可能多地了解委托样品信息与客户需求，向客户明确本环境监测机构的业务范围。

（2）委托任务安排

综合技术部门应及时将受理信息传递至分析化验部门、仪器分析部门室或现场监测部门，相关业务技术部门接到综合技术部门传递的受理信息后，及时安排项目负责人负责该项监测工作。

（3）委托合同编制

相关业务技术部门项目负责人负责与客户进一步交流，根据委托任务类型和监测费用数额，必要时指导客户填写"客户委托监测项目书"，综合技术部门填写"XX市环境监测站科技服务合同书"并呈报分管业务副站长（授权签字人）签名盖章后生效；合同书应准确描述客户委托监测目的、委托监测内容和要求（含监测方法描述），如果客户对合同形式有具体要求，在本环境监测机构具备监测能力的前提下，一般尽量满足客户要求。

（4）委托合同评审

相关业务技术部门项目负责人所在部门负责人或分管业务副站长评审协议书或合同书可行性，主要考虑国家和地方政策法规、业务技术能力、财务部门职能履行和监测时间等方面内容，必要时包括分包单位工作内容，合同评审应形成相应文字记录。合格的委托监测服务合同应满足：①客户监测目的和要求（含监测方法）在合同中合理、明确、完整的描述；②合同内容应符合《合同法》与"XX省环境监测服务收费管理办法（标准）"相关规定；③本环境监测机构可利用的监测能力（含可选合格分包单位监测能力）可覆盖合同工作内容；④监测内容涉及分包单位时，分包监测应征得客户同意，并尽可能获得客户书面确认；⑤合同履行期与本环境监测机构专业技术人员、资源配置相适应。

委托合同评审结论有两种情况：一是合同评审合格时，综合技术部门负责人及时将合同评审结论通知客户，与客户签订委托合同；二是合同评审不合格时，将不符合原因通知项目负责人，并由综合技术部门负责修改委托合同，委托合同修改至符合要求呈报合同评审人员评审，站长批准后，通知客户。

（5）委托合同签订

"XX市环境监测站科技服务合同书"经站长和客户签名、确认并加盖公章后生效。合同金额不低于1.0万元的委托监测项目，综合技术部门呈报分管业务副站长（授权签字人）签名盖章（合同评审）后生效。一般来说，委托书、协议书、合同书一式三份，签名盖章生效后，甲乙双方各执一份，其中乙方合同由综合技术部门保存，年末移交业务技术档案管理部门存档；另一份由本环境监测机构财务部门备案。

（6）委托合同履行

分管业务副站长通知相关业务技术部门项目负责人，组织实施客户委托监测任务。若委托合同履行工程中发现工作有偏离，项目负责人及时报告该业务技术部门负责人并转告综合技术部门，综合技术部门负责通知客户；若客户要求修改委托合同书，综合技术部门应与客户共同协商修订环境监测方案，由合同评审人员实施合同再评审，综合技术部门及时将修订的环境监测方案内容通知项目负责人和相关监测人员，防止造成失误。合同书履行期间，综合技术部门应保存就客户要求或监测结果与客户协商内容的记录。

（7）客户要求满足的确认

委托合同履行结束后，综合技术部门应及时将合同书（含合同评审记录、修改合同的再评审记录）、合同书履行期间与客户协商的记录、监测报告及其相关文件资料移交业务技术档案管理部门存档。

凡省、自治区、直辖市环境监测业务主管部门和市环境保护行政主管部门下达的例行环境监测任务，综合技术部门应及时将监测报告、任务下达文件移交业务技术档案管理部门存档。综合技术部门通过检查监测报告审核、签发记录等方式，确认是否满足客户或上级业务和行政主管部门要求；满足要求的监测报告呈报分管业务副站长（授权签字人）签发，未满足客户或上级业务和行政主管部门要求的，应及时报告该项任务相关业务技术部门分管副站长，采取补救措施。

（四）为用户保密和保护所有权程序

1. 保密制度执行

地级市环境监测机构的所有工作人员必须严守国家保密法规制度，凡绝密、机密、保密技术文件，按规定范围传阅，不得随意扩大传阅范围；环境监测机构的重要技术和研究中课题，重大事故报告和处理记录，各类保密技术资料，不得随意查阅、外借；环境监测规划（计划）、监测方案、监测报告（表）、原始数据记录、监测成果、地质、气象、水文及其他技术文献资料正式公开前，未经同级环境保护行政主管部门许可，不得以任何形式泄露；凡客户提供的产品（商品）技术资料、工程设计和工艺技术文件等，不得向外公布或转让、个人发表论文、单位经济开发。

环境监测机构的分析化验场所谢绝无关人员参观访问，分析化验人员应妥善保管分析项目原始记录；采用计算机或自动监测仪器设备采集、处置、记录、存贮、报告或检索监测数据时，应建立网络计算机访问权限，防止非授权人接触或修改记录；环境监测报告（表）编制和报告审核人员应对报告内容保密。

当委托单位要求使用固定和移动电话、明传电报、图文传真或其他电子和电磁设备传递环境监测结果时，应保证相关业务技术部门工作人员遵守国家保密制度规定，并为委托单位保密；当外单位需要索取环境监测数据时，应遵守保密原则，经同级环境保护行政主管部门同意并呈报站长批准后，方可提供；任何单位和个人不得以任何名义或变相形式公开发表原始监测数据、监测成果资料，否则，依法追究相关直接责任人的责任。

2. 失密处理程序

地级市环境监测机构业务技术档案管理部门负有委托单位的监测数据、报告（表）、技术资料保密责任，任何个人不得以任何理由和方式向外泄露或转让，若发生此类事件，业务技术档案管理部门负责追究直接责任人的责任，填写"失密事件处理记录单"，呈报站长批准后依法追究责任。

环境监测失密直接责任人处理可分为：批评教育、警告、留党察看、停职检查、开除公职等五种形式，记入个人业务技术或行政档案，并作为年终考核内容之一。党政或行政管理部门负责向受损失单位书面致歉，妥善处理赔偿事宜。

（五）客户投诉处理程序

1. 客户投诉受理

一般来说，客户对测试结果如有异议，可在接到测试报告后 10 日内以书面形式提出申诉，详细说明申诉理由和相关依据，并填写相关抱怨登记表。地级市环境监测机构指定的相关业务技术部门或综合技术部门负责受理申诉，填写"抱怨受理登记表"，及时报告质量负责人，质量负责人主持处理。

2. 投诉调查处理

（1）一般事务投诉调查处理

一般来说，地级市环境监测机构指定相关业务技术部门或综合技术部门负责人负责调查处理客户对相关部门的投诉，分析投诉原因，采取必要处理措施，并将处理结果记录在"客户投诉处理登记表"和"投诉受理登记表"中，呈报综合技术部门并转报业务技术档案管理部门存档。

相关业务技术部门负责人对本部门难以调查处理的客户投诉，在"客户投诉处理登记表"中记录，呈报综合技术部门；综合技术部门组织相关业务技术责任部门和专业技术人员对满意度调查发现的及其他部门难以处理的客户投诉进行调查处理，必要时可成立专题调查小组。相关业务技术责任部门负责调查事实真相，分析投诉原因，采取必要处理措施，并将处理结果在"客户投诉处理登记表"中记录。

（2）监测数据投诉调查处理

综合技术部门组织相关业务技术部门和监测人员查看原始数据记录、相关仪器设备，实施测试全过程回顾检查，提出初步处理意见，呈报质量负责人审批。若需复检，由质量保证部门将样品密码编号，执行"环境监测质量控制程序"。

复检样品以原样品为准；若属于采样、运输、保存过程等有误，一般来说，须按程序文件"样品采集程序"和"样品管理（处置）程序"重新采集样品。复检时，应由 2 名分析人员同时测试；复检结果在受理后 15 日内以书面形式通知申诉人，紧急申诉应在 3 个工作日内答复。当证实原分析化验结果正确无误时，维持原监测报告；原检验结果确实有误，呈报授权签字人批准，由综合技术部门收回原监测报告，加盖"作废"印章，出具正确的监测报告并加盖更改（G）标识，并将结果填写于"抱怨受理登记表"中"处理结果"栏。

3. 投诉处理结果反馈

如果客户投诉不合理，即本环境监测机构无过错，投诉处理部门应以书面形式有礼貌地向客户说明，解释清楚；如果投诉合理，被投诉业务技术部门和专业技术人员在采取处理措施后，应以书面形式及时通知客户。

投诉处理部门应以书面形式征求客户意见，请客户填写"投诉处理结果客户反馈意见登记表"，若客户对处理结果不满意，相关业务技术责任部门应重新调查处理该投诉，直至客户满意；客户投诉处理涉及的内容不符合时，一般应执行"不符合环境监测工作控制程序"和"纠正措施程序";客户合理投诉事项给其造成的经济损失,一般来说,应由地级市环境监测机构站长委托的分管副站长或指定其相关部门负责人,代表本环境监测机构与客户协商相关赔偿事宜。

地级市环境监测机构业务技术档案管理部门负责将与投诉处理有关的所有数据与文字记录,按环境监测科技档案管理要求,定期移交业务技术档案管理部门的档案管理员存档。

(六)文件控制与维持程序

1. 文件与资料分类

地级市环境监测机构质量体系文件和资料,主要有三个方面的内容:一是《质量手册》、《程序文件》、作业指导书、操作维护规程、技术记录、质量记录;二是国家相关环境标准、地方相关环境标准、行业相关环境标准;三是国家、省(自治区、直辖市)、行业环境监测技术规范、技术规定、分析方法手册等。

2. 文件编审与施行

一般来说,地级市环境监测机构质量负责人负责组织《质量手册》和《程序文件》编写与修改,质量保证部门负责具体编写工作,编写、修改后的《质量手册》和《程序文件》,经本环境监测机构质量管理小组讨论后,呈报质量负责人审核,再呈报站长批准施行;技术负责人及时组织作业指导书、操作维护规程、技术记录、质量记录编写、修改、审批,质量负责人负责组织《质量手册》会审和相关新环境标准、技术规范、技术规定等宣传贯彻,相关业务技术部门负责人负责组织编写、补充、修改本部门业务内作业指导书、仪器操作维护规程、技术记录、质量记录,编写和修改后的文件,经本部门负责人初审后,呈报技术负责人审批。

3. 标准/规范确认与控制

地级市环境监测机构应严格贯彻执行国家相关环境标准、地方相关环境标准、行业相关环境标准,国家与省级各类环境监测技术规范、技术规定、分析方法手册。

地级市环境监测机构指定的相关业务技术部门或综合技术部门负责及时与上级业务技术主管部门联系,及时订购新颁发的相关新环境标准、技术规范、技术规定、分析方法,登记编号移交业务技术档案管理部门存档,并复印转发相关业务技术部门;同时,通知专业技术人员启用新环境标准、技术规范、技术规定、分析方法,收回已停用的旧环境标准、技术规范、技术规定、分析方法。当国家、地方、行业相关环境标准、技术规范、技术规定、分析方法不明确或未作规定时,必须制定相应的详细作业指导书。

国家相关环境标准、地方相关环境标准、行业相关环境标准,国家、省(自治区、直辖市)、行业各类环境监测技术规范、技术规定、分析方法等的确认、控制、管理工作,一般由地级市环境监测机构指定的相关业务技术部门或综合技术部门全面负责;根据相关环境标准、环境监测技术规范、技术规定、分析方法确认结果,定期编制"在用环境监测方法标准清单",经技术负责人审核后,发至各相关业务技术部门执行。原有清单作废收回，并加盖"作废"印章，做好相应记录，即"质量体系文件发放（回收）记录"。

技术负责人负责组织相关新环境标准、技术规范、技术规定、分析方法的集中学习与培训，但亦可由质量负责人负责组织集中学习或培训；集中学习与培训应执行"环境监测人员培训和使用程序"。

4. 质量体系文件发放管理

一般来说，地级市环境监测机构的综合技术部门协同业务技术档案管理部门负责《质量手册》和《程序文件》（含作业指导书、操作维护规程、技术记录、质量记录）各类文件的发放、登记、日常管理工作。

质量体系文件发放范围由质量负责人确定，综合技术部门协同业务技术档案管理部门负责质量体系文件编号、修改、登记、发放、存档，保证相关专业技术人员及时获得最新版本的质量体系文件。

质量体系文件是环境监测机构的监测工作规范，一般不得外借，相关业务技术部门向有关单位或个人提供本环境监测机构质量体系文件时，须经站长批准并办理登记后方可借阅；质量体系文件持有者必须妥善保管，若意外丢失，应及时向所在业务技术部门负责人报告并说明情况，经质量负责人核实后补发；当使用人员在调离本岗位或办理退休手续时，须及时收回相关质量体系文件。

5. 质量体系文件宣贯管理

质量负责人负责制定质量体系文件宣传贯彻计划，并定期组织专业技术人员宣传贯彻。新进入环境监测机构的专业技术人员，上岗培训内容应包括《质量手册》、《程序文件》。环境监测机构的质量体系文件一经站长批准施行，必须及时组织专业技术人员集中学习培训和宣传贯彻。

6. 质量体系文件修改

修订文件，主要是质量手册、程序文件、作业指导书；一般情况下，每年修订一次质量体系文件，《质量手册》每5年换版一次；质量体系文件修订方式主要有：一是手工修改，当少量改动质量体系文件内容时，由质量负责人指定专人手工修改，并加盖"修改"印章；二是换页，当部分修改质量体系文件时，实行换页修改，新换质量体系页的文头页亦须作相应修改；三是换版，当质量体系文件改动较大时，应作换版处理。

质量保证部门对手工修改、换页等修订内容，应填报"质量体系文件修订记录"，并移交业务技术档案管理部门存档。质量体系文件内容修订后，更改页或版本发放的同时须收回原页或版本，同时，填写"质量体系文件发放（回收）记录"；作废的质量体系文件或相关内容，应加盖"作废"印章。

一般来说，地级市环境监测机构质量体系文件的执行情况检查，执行"质量体系内部审核程序"；检查中发现的问题及其处理方式，执行"不符合工作控制与纠正和预防措施程序"。

二、环境监测业务管理程序

（一）样品管理与处置程序

1. 样品采集和运输

现场监测部门采样人员，依据环境监测相关技术规范和"样品采集程序"规定采集环境样品，并做好样品唯一性标识。环境样品采集后，采样人员负责及时移交分析化验部门，运输途中妥善保存环境样品，做到样品不漏、不渗、不变质，样品唯一性标识不损毁、不沾污。

2. 客户送样交接

综合技术部门在接收客户送检样品时，应协同分析化验部门按客户检测需求，查看外来样品状况；综合技术部门负责在"客户委托监测项目书"中填写样品状态信息。主要查看内容包括：样品类型和数量，样品完整性，样品性质和状况是否适应检测要求，样品采用的包装物或容器是否可能造成样品特性变异。

综合技术部门的样品接收人，在接收客户送检样品时，若对送检样品是否适应检测有疑问，可在监测之前，协同分析化验部门询问客户，得到进一步说明，并记录询问结果；若发现样品不符合检测要求，应向客户说明不宜检测的理由；若客户仍要求检测，应建议综合技术部门在监测报告中予以详细说明。

综合技术部门的样品接收人应对客户送检样品及时加贴标签，做好唯一性标识；接收客户送检样品后，应及时将样品和"客户委托监测项目书"等资料移交分析化验部门样品管理员；样品管理员接收综合技术部门移交的客户送检样品时，应核实样品状态与"客户委托监测项目书"中记录信息的一致性。

3. 采集样品交接

现场监测部门采样人员，应将环境样品移交分析化验部门样品室；在检查样品数量、状态无误后，应将现场采样相关信息与现场测试项目记录输入"环境监测站业务管理系统"采样单元中，输出送检单和三级审核单，将样品移交分析化验部门样品管理员并签名；同时，将现场原始记录及其相关资料移交质量保证部门质量管理员。质量保证部门质量管理员核对环境样品后，适时对各类样品实施随机质量控制（含加标）措施，若某样品的某个待测项目要求低温保存或其他特殊要求，例如立即分析等，分析化验部门样品管理员须送冰箱保存或即时分析，保证分析要求和监测质量。

"环境监测任务通知单"下达后，分析人员应在规定时间内完成样品分析工作；分析人员取样分析后，应在"环境监测任务通知单"相应项目位置作好记录；待本批次样品全部报出数据并经三审确认无误后，分析化验部门样品管理员应及时通知现场监测部门安排处置无需留存样品，清洁采样桶或器皿，并符合"安全处置有毒有害物质程序"；需要留存的环境样品应作显著标记，注明留存时间，放置分析化验部门样品室保留区或冰箱中，填写"留存样品登记表"。

环境样品存放、测试、传递过程中应采取必要的防护措施，防止遗失、交叉污染或损毁，且须在样品保存期内完成测试，否则，必须在原始记录中注明；存放的已测环境样品，保留时间最长不超过1个月；有争议环境样品、仲裁环境样品、严重超标环境样品延长储存期至3个月；需储存或处理的样品，由质量保证部门质量管理员建立登记台账；质量负责人应不定期检查样品管理程序执行情况。

（二）环境条件控制程序

1. 实验室内部管理

地级市环境监测机构应根据程序文件要求，搞好分析化验部门内部管理，使分析化验场所始终处于光线充足、清洁整齐、安全有序的良好受控状态；分析化验场所样品保管和存放区域、分析化验区域与办公场所应适当有效隔离，防止产生监测工作质量不利影响；分析化验部门应根据监测项目分析测试方法技术要求，合理布局各类监测项目分析测试场所，有效隔离不相容监测活动的毗邻区域，防止交叉污染。

2. 实验设施与环境控制

分析化验场所各辅助设施和环境条件，必须满足分析测试环境条件需要和仪器设备使用维护环境要求；不同分析化验场所应结合其特定情况，确定环境控制范围；有温度与湿度要求的分析化验场所应安装空气调节器，配置干湿度温度计，并由专人定期检查，填写"实验室环境监控记录表"。

环境监测仪器设备，应按其说明书要求设置与安装；分析天平应安装在专用实验台上，并配有防尘罩，天平室内应安装空气调节器和去湿机，避免阳光直射，并监控、记录天平室内温湿度；微生物实验室、无菌室应备有灭菌设备、紫外灭菌灯或空气过滤装置，安装空气调节器，定期检查灭菌效果并记录；五日生化培养恒温室应安装温度控制设备，并有专人管理，记录每日温度，严格控制室温；痕量分析实验室环境条件应符合痕量分析方法和监测仪器环境要求，保证监测结果有效性和准确度；样品制备、前处理间应保持清洁、无灰尘，不得存放对样品可能造成污染的挥发性化学试剂。

环境样品制备中，尤其注意不得造成样品损失和被污染；药品库房须按有关规定，采取相应通风防火安全措施。

分析测试过程中，应严格执行"实验室安全和人员健康程序"和"安全处置有毒有害物质程序"中保障分析人员身体健康与仪器设备安全措施和设施规定；产生废气的场所须安装集中通风设施，酸碱溶液制备、挥发性有机溶剂蒸馏和分析均应在通风橱中进行，控制废气无组织排放影响。

分析化验场所必须保持环境整洁和安静，进入室内的分析人员必须穿专用工作服，必要时使用专用劳保用品；禁止一切与检测工作无关的物品和个人生活用品进入，严禁吸烟、喝水或进食，外来人员未经授权不得入内；配备专用废物桶，分析测试过程中产生的废液，按"安全处置有毒有害物质程序"和"样品管理（处置）程序"要求分类收集储存桶内，行政管理部门负责将监测活动中产生的危险废物移送有资质的单位集中处置，不得直接排入外环境。

3. 现场监测环境控制

实施现场采样监测时，应考虑现场环境可能对监测结果的影响，严格按现场监测技术规范操作；大气和水质现场监测采样时，采样点位（断面）布设和变动应严格执行国家相关技术规范，规避周围环境影响，结合现场环境调查，开展可行性研究，在此基础上，编制监测点位（断面）实施方案，并考虑采样点的代表性；环境噪声监测应选择无雨、无雪、风力小于 4 级（5.5m/s）的天气，规避环境噪声测量影响因素；污染源监测的采样和测试，必须考虑周边污染源影响。

4. 部门设施与环境监管

环境监测人员应实施本部门设施和环境条件日常监控，发现设施和环境条件不能满足监测工作要求时，应在环境监测技术规范允许情况下，临时调整或停止监测工作，记录并报告部门负责人的当时设施和环境条件；质量监督员负责定期开展本部门相关设施和环境条件符合性监督检查，发现不符合要求情况时，及时提出纠正和整改要求，必要时责成相关分析人员终止分析化验；设施若有损坏应及时修复，对此期间出具的监测数据有效性作分析和判断处理；质量保证部门负责定期核查分析化验设施和环境条件，发现问题及时组织纠正。

（三）偏离例外许可程序

各级环境监测机构的监测人员与管理人员在环境监测质量活动中出现特殊情况，需要偏离质量管理程序、环境标准、技术规范、标准分析方法时，一般应填写"监测工作偏离的例外许可申请审批表"，详尽陈述其偏离的理由。

应当注意：同一监测项目仅能申请一种偏离，且允许偏离限度须控制在不影响环境监测质量限度内。允许偏离的限制：不允许偏离保护委托单位机密和所有权；降低监测结果质量，影响本环境监测机构权威性；违反国家和地方相关政策法规；损害委托单位的利益。

若特殊情况或紧急状态下，无法及时申请批准偏离时，须在事后补办允许偏离手续；质量监督员应跟踪其后果，执行"环境监测工作质量控制程序"相关规定；若发现处理结果将造成较大偏差，影响监测数据结果时，应按"不符合工作控制与纠正和预防措施程序"处理。

委托监测时，若因监测条件限制，无法使用环境监测技术规范或标准分析方法时，由相关业务技术部门提交偏离申请，同时，技术负责人告知委托单位，征得委托单位同意，且与其签订书面协议后，方可使用；若委托单位要求使用其指定的非监测技术规范或非标准分析方法时，经综合技术部门与委托单位协商达成一致意见，并形成书面协议后，通知各相关业务技术部门按委托单位指定方法准备；若为新环境监测项目，应执行"新开项目准备、评审、批准程序"。

地级市环境监测机构相关业务技术部门，尤其分析化验部门，必须优先使用国家颁布的最新环境监测技术规范、技术规定、分析方法，若缺乏国家最新环境监测技术规范、技术规定、分析方法，应采用地方、行业颁布的最新环境监测技术规范、技术规定、分析方法，或国际标准化组织颁布的最新环境监测技术规范、技术规定、分析方法，或国内外有关科技文献、期刊公布的技术规范、技术规定、分析方法，或设备制造商指定的技术规范、技术规定、分析方法；若新开展的环境监测项目缺乏环境监测技术规范或标准分析方法时，相关业务技术部门需制定非技术规范或非标准分析方法，并执行"非标准监测方法编审程序"。

综合技术部门负责"监测工作偏离的例外许可申请审批表"的收集、整理，并移交业务技术档案管理部门存档；同时，必须安排监测能力验证，以验证偏离后的环境监测质量活动是否与预期结果一致。

（四）实验室内部沟通程序

地级市环境监测机构的站长，应定期或不定期地通过管理层例会、全员会议等方式保持与全体分析人员的沟通，解决分析化验部门（实验室）技术管理、质量管理、行政管理中出现的涉及职能分配和资源配置等方面问题，促进该部门与分析人员之间相互了解各自岗位的工作情况，提高工作质量和效率。

质量负责人应有直接渠道保持与站长接触，负责定期、不定期监督检查或内部评审管理体系有效性，将发现的问题及时向站长汇报，质量体系文件性不符合或实施性不符合采取纠正措施；业务技术管理层，应将分管部门的监测任务与质量管理等项工作完成情况定期向站长汇报，若监测工作难以达到预期效果，应及时与站长沟通；综合技术部门负责与客户的良好沟通，掌握各项委托任务的履行情况并及时与客户沟通；各相关业务技术部门之间与各专业技术人员之间需要沟通的事宜，可通过信息交流表、电话、Email、各类工作或体系运行报告、口头交流等多种形式沟通，若存在沟通后无法解决的问题，可呈报分管副站长或站长研究解决。

（五）现场监测质量保证程序

1. 现场监测基本要求

①地级市环境监测机构开展建设项目竣工环境保护验收（"三同时"）监测、建设项目和规划（区域）环境影响评价监测、环境保护技改项目验收监测、专项调查和规划区划（含科研课题）监测前，必须依据有关规定或技术要求，制定"环境监测方案"或专题"环境调查监测实施方案"（含质量保证措施）。

②地级市环境监测机构开发新监测领域项目时，必须制定"新监测项目实施方案"，包含现场监测质量保证措施。

③地级市环境监测机构新上岗的分析化验人员培训、现场监测人员培训的持证上岗考核与专业继续教育，应执行"环境监测人员培训程序"。

2. 现场监测前准备

地级市环境监测机构现场监测应配备足够的监测人员，应有明确的任务分工，指定负责人；监测前应实地现场勘查，掌握企业生产工艺设备运行工况与监测现场环境，确定是否满足环境监测（含验收监测，下同）工作要求；检查核对使用的监测仪器设备、备品备件、消耗性材料，检查和校准监测仪器，并做好记录，确保满足监测工作需要。

3. 现场监测实施

带至现场的监测仪器设备应确保运输途中不被损坏，使用前检查其是否处于正常状态；实施监测工作前，应检查企业生产工艺设备运行工况与环境条件是否满足监测工作需要，并做好生产设备运行工况和环境现场条件记录；现场监测时，应严格遵循相关环境标准、操作规范（作业指导书）规定，并做好测试记录；现场监测负责人负责监督现场监测质量，发现问题，及时填写"环境监测质量督查表"。

现场监测工作，应严格执行标准监测方法和"环境监测方案"中质量控制规定，不得降低要求；现场监测工作结束后，监测人员应迅速将现场记录和样品移交分析化验部门，并办理相应交接手续。

（六）监测质量控制程序

1. 质量管理体系落实

地级市环境监测机构的质量体系文件，用以规范环境监测质量活动。一般来说，质量体系文件的执行情况，由质量管理小组定期组织考核。质量负责人负责组织制定全年质量管理工作计划，每年一季度前下达各业务技术部门，组织全体监测人员学习和贯彻落实；综合技术部门应根据工作需要，每年一季度前补充和修订"环境监测质量保证工作细则"，并组织本部门专业技术人员学习。

2. 环境监测质量控制

在重大环境监测工作中，质量保证部门接到任务后，及时制订环境监测质量控制措施，呈报质量负责人审批；现场监测采样工作，执行"环境监测采样程序"；环境样品采集后的交接与管理工作，执行"样品管理（处置）程序"；现场测试项目，执行"现场监测质量保证程序"。

分析人员在环境样品分析过程中应严格按标准分析方法要求操作，做好分析过程质量控制工作，包括：空白值、平行双样、加标回收等，并认真填写原始记录和"环境监测分析质量报表"，经本部门质量监督人员复核后，由该部门负责人审核；每年使用有证标准物质实施一次分析人员考核，并作出相应评价。

质量监督员对站质量管理小组负责，实施环境监测工作全过程质量监督，并填写"质量监督记录"；发现异常情况，及时反馈环境样品分析责任人，及时采取相应补救措施；环境样品分析过程中发现重大异常情况，及时呈报质量负责人，责成有关人员查找原因，并执行"不符合工作控制与纠正和预防措施程序"；地级市环境监测机构质量管理小组实施质量监督员工作的监督管理，定期检查、通报质量监督员的工作业绩。

当环境监测工作中使用非监测技术规范或非标准分析方法时，执行"非标准监测方法编审程序"；质量保证部门应定期填写"监测分析质量统计表"，必要时，按"比对和能力验证程序"实施质量考核和能力验证。

地级市环境监测机构各类环境监测报告（表），均需执行"环境监测报告管理程序"；

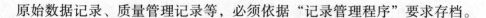

原始数据记录、质量管理记录等，必须依据"记录管理程序"要求存档。

（七）监测报告管理程序

1. 报告（表）分类与要求

（1）环境监测报告单

地级市环境监测机构现场监测部门、分析化验部门的环境监测报告（表）内容为各类原始监测数据，仅供环境监测机构内部使用；原始监测数据需经三重校核，即分析者、复核者、审核者签名。

（2）例行监测报告（表）

①环境质量例行监测报表：地级市环境监测机构向上级业务技术和行政主管部门报送的例行环境监测报表，主要内容包括：监测日期、监测点位、监测结果、复核者、审核者签名等。

②环境监督监测报告（表）：地级市环境监测机构向上级业务技术和行政主管部门报送的用于执法监督的环境监测报告（表），主要内容包括：企业名称、监测点位、样品状态（必要时）、监测依据、监测结果、排放标准、报告编制者、复核者、审核者署名等。

③环境综合分析报告（文字型）：上级业务技术和行政主管部门下达的例行环境监测任务，一般有环境质量日报、周报、月报、季报、年报、快报、环境质量报告（书）、报告编制者、复核者、审核者签名等。

（3）委托监测报告（表）

地级市人民政府、社会各界和公众等客户的委托监测报告（表），主要有：委托环境监测、委托验收监测、委托监测分析项目等。

①委托监测报告（表）内容包括监测分析方法，监测过程中采样有关因素（监测点位、采样方法、样品状态等）和分析有关因素（仪器设备与型号、分析人员、分析结果、评价标准等），以及复核者、审核者签名等；

②验收监测报告（表）主要内容、编写格式，必须符合国家建设项目竣工环境保护验收、环境保护技措技改项目验收、专项调查和规划区划（含科研课题）等技术规范要求，以及报告编制者、复核者、审核者签名等；

③委托分析报告（表）应说明仅对来样负责，报告主要内容包括：监测日期、样品状态、分析标准、测试结果和结论，以及分析仪器、分析者、复核者、审核者签名等。

（4）应急监测报告（文字型）

地级市境内突发性环境污染与破坏事件经监测后，向上级业务技术与行政主管部门出具的快速调查监测报告。

2. 报告（表）编制审核与发送

（1）环境监测报告内容

一般情况下，环境监测报告（表）至少应包括下列 11 项信息：

①环境监测报告（表）规范性标题名称；

②环境监测机构名称、通讯地址、电话号码；

③环境监测报告（表）唯一性标识、页码标识，以及表明环境监测报告（表）结束的清晰标识；

④客户名称、通讯地址、电话号码；

⑤采用的环境监测（分析）方法标识；

⑥环境监测样品描述、状态、标识；

⑦采（送）样日期、分析日期、报告日期；

⑧必要时，注明环境监测方案或环境采集计划及其程序说明；

⑨环境监测结果，采用的测量法定计量单位；

⑩报告（表）批准人姓名、职务、签名或等同标识；

⑪必要时，注明"监测结果仅对来样负责"。

当必须解释环境监测结果时，环境监测报告（表）还应包括以下5项附加信息：

①监测（分析）方法偏离、增加或删除、特殊监测条件，例如：环境条件信息；

②需要时，注明符合或不符合某项环境标准或技术规范要求的声明；

③适用时，可给出测量不确定度声明；当不确定度与检测结果有效性或应用有关，或客户提出特殊要求，或当不确定度对技术规范限度的符合性时，应给出测量不确定度信息；

④适用和需要时，对结果应提出意见和解释；应将提出意见和解释依据制订成文件，在环境监测报告（表）中"意见和解释"应与监测结果明显区别，"意见和解释"可包括：结果符合或不符合要求的声明、合同要求的履行、如何使用结果的建议，以及用于改进的指导意见等；

⑤特定监测（分析）方法、客户特殊要求的附加信息。

有采样过程的环境监测报告（表），当需要对结果做出解释时，还应包括采样过程的5个方面内容：

①采集环境样品的清晰标识；

②采样地点，包括简图、草图或照片；

③环境监测方案或环境采集计划说明；

④环境样品采集过程中，可能影响环境监测结果的环境条件解释；

⑤环境监测技术规范和标准采样方法，以及技术规范的偏离、增添或删除。

必要时，环境监测报告（表）中有可溯源证据、检出限声明、监测结果意见和解释；当监测结果包含分包单位出具的监测结果时，这些结果应与本环境监测机构监测结果明显区分，防止混淆；可依据客户指定内容或协商内容，编制环境监测报告（表）；在上级业务技术和行政主管部门监测任务或与客户有书面协议情况下，可用简化方式报告监测结果；内部使用的环境监测报告（表），至少包含客户名称、采样日期、分析日期、监测结果；环境监测报告（表）应用范围、内容、编写要求、格式，应严格执行"统一环境监测报告格式"和"XX省（市）环境监测报告编制规范"规定。

（2）环境监测报告单

地级市环境监测机构的现场监测部门、分析化验部门应设专人负责将原始监测数据汇总编制，移交质量保证是复核后呈报综合技术部门编制环境监测报告（表）。

（3）例行监测报告（表）

①环境质量例行监测报表由综合技术部门专人负责，依据现场监测部门、分析化验部门提供并经质量保证部门复核的环境监测报单（表）编制，经综合技术部门负责人审核，呈报授权签字人审定签发，再由综合技术部门登记并上报上级业务技术与行政主管部门。

②环境监督监测报告（表）由综合技术部门专人负责，依据现场监测部门、分析化验部门提供并经质量保证部门复核的环境监测报单（表）编制，经综合技术部门负责人审核，呈报授权签字人审定签发，再由综合技术部门登记并上报上级业务技术与行政主管部门或对外发放。

③环境综合分析报告（文字型），由综合技术部门依据现场调查监测结果综合分析并编制分析报告，经该部门负责人审核后，呈报授权签字人审定、站长审批，再由综合技术部门登记并上报上级业务技术与行政主管部门。

（4）委托监测报告（表）

综合技术部门依据现场调查监测情况和委托单位提供的相关文献材料，以及监测分析结果编制委托监测报告（表），经该部门负责人审核后，呈报授权签字人签发，再由综合技术部门负责对外发放。

（5）应急监测报告（文字型）

一般来说，由地级市环境监测机构应急监测小组成员依据现场调查和监测结果编制，经应急监测小组长复核后，呈报授权签字人签发，由综合技术部门上报上级行政主管部门。

当使用电话、传真、Email 或其他电子方式传输环境监测报告（表）或数据时，应满足"电子文件保护程序"要求。

3. 监测报告（表）审核内容

（1）环境监测结果复核

①环境监测分析方法是否现行、有效；

②环境监测过程是否满足质量控制要求；

③监测数据与原始记录一致性（100% 复核）；

④监测数据处理正确与否，填报是否规范；

⑤异常监测数据是否进行统计检验；

⑥监测数据特殊性是否作出说明；

⑦环境标准引用是否正确，监测结论无误。

（2）综合技术部门审核

①环境监测分析方法是否现行、有效；

②测试分析人员是否持证上岗；

③质量抽查结果与监测过程是否规范，监测结果有无异常；

④监测数据处理正确与否，填报是否规范；

⑤异常监测数据是否进行统计检验；

⑥监测数据的特殊性是否作出说明；

⑦环境标准引用是否现行有效，监测结论是否正确3

⑧环境监测报告的时效性。

（3）授权签字人审定

①环境标准引用是否现行有效，监测结论是否正确；

②监测数据有无异常及其合理性。

4. 环境监测报告分发

地级市环境监测机构的环境监测报告（表）签发后，由综合技术部门登记、加盖印章、分发。

5. 环境监测报告存档

地级市环境监测机构综合技术部门将留存的环境监测报告、原始记录等文献资料一并移交业务技术档案管理部门档案管理员存档。所有环境监测数据、环境监测报告一经入库存档，无正当理由并经站长批准，任何人不得随意更改。

6. 环境监测问题处理

地级市环境监测机构环境监测信息管理部门信息传输人员发现上报的环境监测数据异常和出现错误时，及时向技术负责人汇报，逐级查找原因，必要时，执行"不符合监测工作控制程序"、"纠正措施程序"、"预防措施程序"。

①通过异常值检查后，输出环境监测数据报表，综合技术部门审核确认无误后，呈报授权签字人签发。

②环境监测报告（表）审核人、授权签字人审核监测报告（表）中发现问题，应填写"环境监测报告（表）审核记录"，指出存在的问题，提出修改要求，将环境监测报告（表）反馈综合技术部门，综合技术部门的环境监测报告（表）编写人员应按要求及时修改，并将修改结果填入"环境监测报告（表）审核记录"中。

③发出的错误环境监测报告更改时，需填写"监测报告更改申请表"，呈报授权签字人批准，发布全新的环境监测报告（表）应加盖唯一性标识号并注明替代的原环境监测报告（表）编号，及时将更改后环境监测报告（表）呈报环境监测任务下达部门或送达委托监测单位，声明原环境监测报告（表）作废并收回；

④各类环境监测报告（表）管理，以及委托单位或合作单位对环境监测报告（表）疑问，均应执行"服务客户程序"。

三、环境监测行政管理制度

（一）分析化验管理制度

①分析化验部门是环境监测样品分析检定的特定工作场所，为保证环境清洁、安静，不经允许，一般外来人员和无关人员不得随意出入；

②严禁在分析化验场所内吸烟、饮水（食）、会客、大声喧哗，不得晾晒衣服和放置与分析化验无关的一切物品；

③经常打扫分析化验场所地面、清洁实验操作台，保持实验操作台及其抽屉内无灰尘，试剂瓶、实验器具、仪器架柜、通风橱内整齐、规范有序，标志（标签）清晰；

④做好各分析化验场所安全保卫工作，定期检查、妥善管理各类安全设施和消防器材，保证随时可供使用，注意分析化验场所用电用水安全，定期检查电器和供水线路，室内用电与自来水管网应安全、规范，不得随意拉线取电（水）；

⑤分析化验人员进入分析化验场所必须身着白大褂，遵守各项规章制度和安全操作规程，认真执行承担的分析项目操作技术规范，集中精力工作，严禁玩忽职守；

⑥分析化验人员使用相关分析实验仪器设备时，必须遵守相应安全操作规程；

⑦分析化验场所内所有药品、试剂标签清楚，存放整齐；分类保管各类玻璃器皿，使用后须及时清洗干净，放回原处，摆放整齐；

⑧凡属易燃、易爆、剧毒物品，必须专人负责保管，认真履行使用程序；分析化验场所内不得随意存放易燃、易爆、剧毒物品；

⑨分析化验完毕，及时整理仪器设备和清洗实验用相关器皿，正确处理废弃物，及时切断电源、气源、火源、水源，下班前检查水、电、气、门窗安全后，方可离去。

（二）仪器设备管理制度

1. 仪器设备购置

①根据环境监测工作需要，地级市环境监测机构各业务技术部门拟定仪器设备购置计划呈报行政管理部门；

②行政管理部门依据相关业务技术部门购置计划，在调查研究的基础上，拟定地级市环境监测机构仪器设备购置计划，呈报站长审批；

③环境监测仪器设备购置计划经站长审批后，由行政管理部门组织（招标）采购；

a.环境监测仪器设备，尤其大型、精密进口仪器设备购置，相关使用业务技术部门必须做好选型调研，填写《仪器设备购置调研报告》；呈报技术负责人签署意见后，填写《仪器设备购置申请单》；

b.《仪器设备购置申请单》分别由行政管理部门、分管业务副站长签署意见，呈报站长批准；

c.属政府采购目录范围的环境监测仪器设备，由行政管理部门呈报市环境保护行政主管部门，市政府采购中心采购；

d.非政府采购目录范围的环境监测仪器设备，由行政管理部门负责调研供应商资格和仪器设备询价，依据《仪器设备购置申请单》与供应商签订购货合同或协议；

④质量保证部门的仪器设备管理员，负责建立仪器设备供应商台账及其质量档案，保管有关技术资料；按环境监测科技档案管理要求，定期移交业务技术档案管理部门的档案管理员存档。

2. 验收／安装／调试／领用

①采购的环境监测仪器设备，到达地级市环境监测机构后，由质量保证部门组织开箱验收；

②验收内容：依据装箱单和订购合同，检查仪器设备名称、规格、型号、数量、生产厂家、附件等与购置申请单是否相符，有无缺损；验收不合格的，由行政管理部门负责退换或要求索赔；

③相关业务技术部门仪器设备保管人员对其各种单据、手续查验无误后，填写《仪器设备开箱验收单》，参加验收人员签名，凭《仪器设备开箱验收单》办理入库手续；

④仪器设备安装调试以相关使用部门为主，若需完成仪器设备调试报告、操作规程、维护与保养方法、检定与校验比对规程、大型监测仪器校验报告编制等内容，应呈报质量保证部门初审，技术负责人审定；

⑤仪器设备调试合格后，由相关使用部门办理领用手续，填写《仪器设备领用单》；检测质量有重大影响的仪器设备，必须与供货商签订售后服务合同，保证仪器设备未来正常运行不受影响；质量保证部门须做好仪器设备登记台账及其相关检定、校验计划；

⑥质量保证部门仪器设备管理员，负责收集保管《仪器设备购置申请单》、《仪器设备开箱验收单》和随箱技术文件资料，相关技术资料复印送达仪券设备使用部门备用；按环境监测科技档案管理要求，定期移交业务技术档案管理部门的档索管理员存档。

3. 登记与状态标识

①质量保证部门负责建立《仪器设备总台账》，主要内容包括：名称、规格、型号、生产厂家、出厂编号、购置日期、使用业务技术部门、保管人、站内编号，总台账应及时反映最新购置或报废仪器设备情况，每年修订1次；

②相关业务技术部门领用某台仪器设备后，行政管理部门协同质量保证部门负责统一编号，并及时将编号标识固定在仪器设备明显处，状态标识如下：

a. 合格证（绿色）：计量检定（含自检）合格者，设备不必检定、检查其功能正常者，例如：计算机、打印机，设备无法检定、对比或检定适用者；

b. 准用证（黄色）：多功能检测仪器设备、某些功能已丧失、但检测所用功能正常且校准合格者，测试仪器设备某一量程精度不合格、但检验所用量程合格者，降级使用者；

c. 停用证（红色）：检测仪器设备损坏者，检测仪器设备性能无法确定者，检测仪器设备计量检定不合格者，检测仪器设备超过检定周期者。

4. 使用与维护保养

①环境监测仪器设备操作人员须经技术培训，大型仪器设备操作人员由生产厂家或

供货商培训，一般仪器设备由相关业务技术部门组织培训；

②仪器设备操作人员，必须遵守该仪器设备操作规程，正确使用仪器设备；

③检测仪器使用部门领用《仪器使用记录》，一机一本，操作人员须详细记录仪器异常情况、维护保养、维修等，《仪器使用记录》至末页，使用部门应按环境监测科技档案管理要求，及时移交业务技术档案管理部门档案管理员存档；

④仪器设备使用部门应指定相关责任人负责仪器设备维护保养，保持仪器设备正常运行所需工作环境，保管好仪器设备附件及其器具；

⑤大型仪器设备应制定严密的操作、维护规程，填写《大型仪器设备技术档案》。

5. 仪器设备检查

质量保证部门应定期组织环境监测仪器设备及其管理制度执行情况检查，检查内容包括：仪器设备调试、使用、维护、保养、校准、检定、状态记录以及纠正措施的落实；《仪器使用记录》登记情况。

6. 仪器设备维修

①环境监测仪器设备发生故障或运行不正常，检定不合格仪器设备，相关使用部门必须及时填写《仪器设备维修申请单》，呈报行政管理部门报修；

②行政管理部门赴现场检查该仪器设备故障，提出维修方案，相关使用部门呈报技术负责人审核、站长审批；

③行政管理部门组织维修，质量保证部门建立健全仪器设备维修台账，相关使用部门协助及时填写《仪器设备维修记录》；仪器设备维修记录包括：维修日期、故障原因、更换零部件名称、数量、费用、质量保证期限、维修单位等，并按环境监测科技档案管理要求，定期移交业务技术档案管理部门的档案管理员存档；

④仪器设备修复后，经检定或校验合格后使用，相关使用部门签署《仪器设备维修申请单》验收意见；仪器设备使用责任人，及时将维修情况记录于《仪器使用记录》。

7. 仪器设备调拨与封存

①质量保证部门协同行政管理部门有关人员，定期确认暂未使用或多余仪器设备作调拨或封存处理；相关使用部门填写《仪器设备调配移交单》或《仪器设备封存申请单》，经质量保证部门审核与站长批准后，行政管理部门负责办理相关仪器设备调拨或封存手续。

②被封存的仪器设备，由质量保证部门的质量管理员定期检查，未经站长同意，不得擅自启封。

③仪器设备封存情况，由相关业务技术部门记入仪器设备档案，并按环境监测科技档案管理要求，定期移交业务技术档案管理部门的档案管理员存档。

8. 仪器设备报废

①地级市环境监测机构环境监测仪器设备报废，执行国家环境保护行政主管部门相关固定资产折旧、报废规定。

②相关使用部门依据国家环境监测仪器设备报废规定，定期提出并填写《仪器设备

报废申请单》，呈报行政管理部门，大型仪器设备报废，同时呈报技术负责人。

③行政管理部门对申请报废的仪器设备组织技术鉴定，呈报技术负责人；经站长同意后，呈报市环境保护行政主管部门处理。

④质量保证部门的仪器设备管理员，办理报废仪器设备的注销及其相关技术资料报废、转移手续，并按环境监测科技档案管理要求，定期移交业务技术档案管理部门的档案管理员存档。

9. 仪器设备检定

①质量保证部门的仪器设备管理员，负责地级市环境监测机构主要检定仪器设备登记造册，及时填写《计量器具登记台账》。

②质量保证部门年初制定仪器设备年检计划（含所有送检和自检仪器），填写《计量器具周期检定计划表》，呈报技术负责人审核，站长批准。

③各相关业务技术部门和行政管理部门密切配合质量保证部门，组织实施仪器设备定期检定工作。

④送检与自检：国家规定强制检定仪器，送质量监督管理部门指定的检定机构实施周期检定；非强制检定范围内仪器，定期送有关检定机构检定；不具备检定条件的仪器，相关使用部门负责编制校验规程，组织自检。

⑤质量保证部门组织相关业务技术部门，实施新购仪器设备使用前校准或检定。

⑥仪器设备测量部分出现故障，经维修后，质量保证部门组织相关业务技术部门校准或检定。

⑦仪器检定合格后，由检定部门出具检定合格证书；证书取回后，复印件移交仪器使用部门，原件按环境监测科技档案管理要求，定期移交业务技术档案管理部门的档案管理员存档。

⑧收到仪器设备检定证书一周内，质量保证部门组织《仪器使用记录》检定登记，同时更新仪器检定标识。

⑨仪器设备检定工作结束后一月内，质量保证部门须完成《年度计量器具检定表》登记工作。

⑩仪器设备运行状况检查，执行《设备检查程序》。

（三）监测人员培训制度

1. 培训内容分类

地级市环境监测机构专业继续教育培训分为三类，即：站级培训、部门培训、临时性培训。

（1）站级培训

一般来说，地级市环境监测机构专业继续教育培训主要内容包括：基础理论、最新动态、学术交流，新颁政策法规、标准规范、监测方法，质量手册、程序文件，上岗人员基本理论、专业知识、操作技能培训，安全防护知识教育；

（2）部门培训

一般来说，地级市环境监测机构各业务技术部门培训主要内容包括：专业知识、基本操作技能、仪器设备维护保养，环境监测标准、规范、方法；作业指导书；

（3）临时性培训

一般来说，地级市环境监测机构派员外出培训主要内容包括：学术交流、专项技术培训，为较好地完成临时性监测任务的针对性专项技术培训。

2. 培训审批程序

①一般来说，地级市环境监测机构技术负责人负责制订站级专业继续教育培训计划和临时性培训计划，各业务技术部门负责人制订部门培训计划并填写《专业技术人员培训计划表》；

②部门培训和站级培训计划，由技术负责人审批；若培训所需资源超出技术负责人权限，呈报站长批准；

③临时性培训，由技术负责人签署意见，站长审批。

3. 培训计划实施

①各类专业继续教育培训计划经批准后，由综合技术部门负责组织实施和督促落实；

②站级培训计划实施过程中，由综合技术部门负责填写《XX市环境监测站业务技术学习（培训）记录》，收集整理培训资料（含电子课件）；

③部门培训计划实施过程中，由各部门负责人填写《XX市环境监测站业务技术学习（培训）记录》，在备注栏中注明"部门"字样，综合技术部门定期检查；

④临时性培训实施后，参训人员应将培训资料上交综合技术部门，并按环境监测科技档案管理要求，及时移交业务技术档案管理部门的档案管理员存档。

4. 培训验证记录

①综合技术部门定期检查专业继续教育培训执行情况，通过查勘合格证书、考试考核成绩、座谈会等形式验证培训效果，检查结果形成台账，及时将相关信息输入个人技术档案；

②质量保证部门依据培训记录与培训内容，填写《环境监测人员上岗考核（考试）记录》、《外出参加专业会议与培训记录》、《专业（综合）继续教育考试成绩登记表》，记入继续教育台账，定期存档，年终填写《XX市环境监测站专业继续教育培训合格人员汇总表》；

③行政管理部门负责专业技术人员业绩档案登记工作，内容包括：学历证书、专业技术职务资格证书、专业技术职务聘任证书、获奖证书复印件，以及个人履历、继续教育、培训考核、持证上岗情况、持证项目、标样考核等。

（四）安全健康控制制度

1. 现场监测安全保护

（1）水质监测现场

①样品采集须有两人以上人员参加，上船采样时，船上应备有通讯设备、消防设备、救生设备；

②有毒废水监测现场须穿防护服、防护鞋，避免毒物通过皮肤进入体内，引起中毒；

③采集医院污水时，必须戴手套，事后及时洗手和消毒。

（2）废气监测现场

①烟尘测试前，现场负责人须确认测量平台和支架强度，3人以上参与测试，戴头盔，穿防护服，避免灼伤；

②废气采样负责人须事先了解废气是否有毒、毒物种类，判断其毒性危害程度，必要时戴防毒面具，在现场上风向作业，避免毒物通过呼吸道进入体内，引起中毒。

（3）噪声监测现场

在高噪声监测现场，监测人员应防止自身听力损害，必要时佩戴耳塞防护；夜间监测时，必须有两人参加作业，防止意外事故发生。

2. 实验室安全防护

①实验室分析人员必须确立"安全第一"意识，严格遵守实验室规章制度，规范分析项目的实验操作；

②分析人员操作时，同一实验室内应至少有两人在场，以确保人身安全，客户、外来学习、实习人员、新上岗人员必须接受安全教育后，方可进入分析化验区域；

③行政管理部门负责在分析化验场地安装各类必备的安全设施，例如：通风橱、万向抽气罩、试剂柜、消防器材等，组织安全防火教育，保证每人都能正确使用各类消防器材；

④消防器材必须放置固定、醒目、易取位置，不得随意移动，分析化验部门安全员应协助行政管理部门仪器设备管理员，定期检查消防器材有效期，保证随时可用；

⑤分析化验场所内各类仪器设备均应绝缘良好，应按要求放置固定处所，不得任意移动；发现问题，分析化验部门负责人必须及时报告行政管理部门维修；

⑥行政管理部门与分析化验部门应加强剧毒、易燃、易爆物品管理，了解其物理化学性质和应急控制办法，遵守相关操作规定；危险品必须专人保管，剧毒药品或试剂应贮存保险柜中，保险柜钥匙和密码由两人分别掌管，实行双人双锁制，严格领用手续，控制领用量并做好记录，分析化验场所剧毒试剂和溶液应加锁保管；

⑦有强刺激、毒害、易挥发试剂、溶液应在通风橱中操作，头部不得伸入通风橱内，避免吸入有害气体，造成危害；移取腐蚀性液体试剂时，应尤其小心，防止打翻或溅出；

⑧有易燃易爆和类似危险性实验，必须限定场所或规定区域，采取有效隔离和明显警示措施；危险性实验，特定区域辅助设施亦应安全隔离；

⑨药品库房须按规定与周围建（构）筑物、电源、火源、水源间隔一定距离，并采

取有效的安全措施；

⑩蒸馏、干燥、水浴、有流等加热或易爆操作时，操作人员不得离开现场，操作结束后及时切断电源，严禁将腐蚀品、易燃易爆物品置于干燥箱内烘烤，保证用电安全；发生意外事故时，应迅速切断电源或气源、火源、水源，立即采取有效措施处理，并报告本部门负责人和分管副站长；

⑪使用气瓶时，应严格遵守操作规程，缓慢开启压力表阀，气流不可太快，以防仪器被冲坏或引起爆炸、火灾；

⑫实验废物，应严格遵循《安全处置有毒有害物质程序》，及时回收或处理；

⑬下班前，分析人员应检查实验室门、窗、水、电、气等，除必须保留的恒温设备外，须切断水源、电源、气源，关闭门窗，保证实验室安全；

⑭分析化验场所内严禁吸烟、饮水、进食、存放与分析化验工作无关的一切物品，分析人员应掌握必要的实验室安全和意外事故急救知识；

⑮分析化验场所必须配置紧急处理意外伤害的设备和常用药品，例如：洗眼器、清洗液、消毒液、包扎用品等，以便发生意外外伤事故时，进行现场应急处理；

⑯地级市环境监测机构每年应组织一次健康体检，及时了解专业技术人员的身体健康状况。

（五）有毒有害物质安全处置制度

1. 废物收集与储存

①易产生废气的分析化验必须在通风橱中操作，防止废气无组织排放、危害人体健康、污染室内环境与设施；

②环境监测活动产生的各类废物，按《国家危险废物名录》规定，分为一般废物和危险废物；环境监测活动产生的废物大都是危险废物，分析化验过程中产生的废液分为有机废液、无机废液、重金属废液、剧毒废液，环境监测人员应将监测活动中产生的各类废物分类收集于废液（废物）桶中，加盖密闭储存，并加明显标识。

2. 废物集中处置

①行政管理部门负责管理分析化验场所废气排放系统管理和维护，使其正常运行；

②环境监测活动中产生的危险废物（废液、废渣），行政管理部门负责集中转移至有相应资质的单位处置，记录废物种类和处置量；

③行政管理部门负责委托市环境卫生管理部门收集、处置环境监测活动中产生的一般废物。

3. 废物处置监督

①各业务技术部门的质量监督员，负责本部门废物处置管理情况日常监督检查；

②行政管理部门负责危险废物处置单位定期监督检查，形成记录；发现问题，要求及时解决或更换处置单位。

第三节　环境监测岗位职责

一、监测机构领导职责

（一）站长职责

①带领全体职工认真学习和贯彻落实党的路线、方针、政策，严明组织纪律，思想上和行动上与党中央保持一致；

②负责全面工作，接受上级下达的各项任务，确定质量方针和质量目标，批准发布《质量手册》；

③建立健全内部组织机构和规章制度，明确各业务技术和行政管理部门及其管理人员责、权、利；

④任命技术负责人、质量保证负责人、监测报告授权签字人，提请上级行政主管部门任命内部机构负责人；

⑤组织《质量手册》宣传贯彻，使质量方针和质量目标得到贯彻落实、质量体系得以正常运行；

⑥负责按时、按质、按量地全面完成上级业务和行政主管部门下达的各项环境监测及其相关工作任务；

⑦负责各项环境监测与管理的工作质量，以及各类专业技术人员的业务技术培训与使用；

⑧组织编制和实施中长期环境监测规划和环境监测科研规划、年度环境监测计划和环境监测科研计划；

⑨负责确定环境监测及其相关技术文献资料的保存期限和销毁事项审批；

⑩环境监测工作中出现的重大偏差、失误造成的后果，负责承担相应责任。

（二）技术负责人职责

①负责环境监测全面技术工作；

②负责解决环境监测标准方法、技术规范等执行过程的疑难问题，指导环境监测业务技术工作；

③批准实验室比对试验和能力验证计划；

④负责环境监测技术报告、文件等签发，保证监测结果的可靠性和公正性；

⑤负责审核《质量手册》，监督检查《质量手册》执行情况；

⑥批准发布《程序文件》和《作业指导书》；

⑦协助编制中长期环境监测规划和环境监测科研规划、年度环境监测计划和环境监测科研计划；

⑧负责专业技术人员继续教育培训，组织专业技术人员外出学习；

⑨因领导不力或责任心不强、管理不善，致使环境监测工作出现重大技术问题而造成的严重损失负责；

⑩当质量负责人因公因事离岗时，代行质量负责人职责。

（三）质量负责人职责

①负责环境监测质量管理工作；

②负责环境监测质量保证，审核质量控制数据，抽查环境监测报告（表）质量；

③组织编制《质量手册》、《程序文件》、《作业指导书》，负责贯彻执行；

④负责审核"客户抱怨"处理结果；

⑤负责审核新增环境监测项目认证申请；

⑥负责环境监测工作中不规范行为，提出批评和处理意见；

⑦组织内部质量体系审核，制订质量管理评审计划；

⑧因领导不力或责任心不强、管理不善，造成环境监测工作质量失控负责；

⑨当技术负责人因公因事离岗时，代行技术负责人职责。

二、主要业务部门职责

（一）分析化验室职责

①负责编制本部门年度工作计划、物资需求计划、专业技术人员培训计划、工作总结；

②负责环境空气、地表（下）水、土壤、声环境等要素例行环境监测和污染源监测样品分析化验；

③负责环境监测样品分析结果数据填报，接受质量控制样品、业务技术考核、专业技术培训安排；

④负责制订和实施本部门规章制度、作业指导书；

⑤负责检测仪器设备日常维护与保养，以及计量仪器设备送检任务；

⑥做好环境记录、仪器设备使用记录、检测项目原始记录；

⑦负责环境监测分析方法研究、改进和新方法建立工作。

（二）质量保证室职责

①负责编制《质量手册》、《程序文件》、《作业指导书》，协助质量负责人贯彻执行；

②负责环境监测质量保证工作，制订和组织实施质量保证计划、内部质量体系审核工作；

③组织制订和落实质量保证工作规章制度，定期向质量负责人、站长汇报质量控制

工作；

④组织环境监测人员参加上级业务技术主管部门的持证考核，接受其质量控制监督检查；

⑤组织环境监测专业技术人员持证上岗考核培训和实验室评比；

⑥组织环境监测质量考核，定期开展实验室比对试验和能力验证工作；

⑦负责环境监测仪器设备管理与维护、计量检定、校验和量值溯源。

（三）综合技术室职责

①负责编制和组织实施中长期环境监测规划和环境监测科研规划、年度环境监测计划和环境监测科研计划；

②负责环境监测统计报表、环境监测报告、综合技术报告、环境质量报告书、环境监测年鉴等编制和管理；

③协助质量负责人，实施本部门质量体系有效运行；

④负责处理"客户抱怨"和环境监测报告（表）失误事故；

⑤负责委托监测工作接待，编制环境监测阶段任务表，上报和发放环境监测报告（表）；

⑥负责统计环境监测计划完成情况和环境监测报告（表）延误率；

⑦负责环境监测科技档案管理工作。

三、主要部门负责人职责

（一）分析化验室负责人职责

①负责本部门全面管理工作，协调分析化验人员分工，安排落实环境监测分析实验任务；

②负责审核分析项目原始记录和环境监测报告单，对分析项目数据质量负责；

③组织实施本部门环境监测质量控制、专业技术培训和持证上岗考核培训；

④组织环境监测实施细则、操作规程编制和实验室安全、卫生、事故查处；

⑤负责本部门仪器设备验收、检定、安装、调试和日常使用、维护管理；

⑥组织编制仪器设备、标准物质、玻璃器皿、化学试剂等物资需求计划；

⑦组织研究、验证环境监测技术与分析方法，负责开展实验室内部与实验室间比对试验；

⑧完成站长交办的其他临时性任务。

（二）质量保证室负责人职责

①组织编制《质量手册》、《程序文件》、《作业指导书》，搜集整理执行中相关问题，提出修订意见；

②负责开展环境监测质量保证工作，制订和组织实施例行监测、污染源监测、委托监测等质量控制方案；

③组织制订和实施质量保证工作计划和内部质量体系审核，定期向质量负责人、站长汇报质量控制工作；

④组织环境监测人员参加上级业务技术主管部门的持证考核及其质量控制监督检查；

⑤组织环境监测专业技术人员持证上岗考核培训和实验室评比工作；

⑥组织环境监测质量考核，定期开展实验室比对试验和能力验证工作；

⑦负责环境监测仪器设备管理与维护、计量检定、校验和量值溯源，审核环境监测报告单及其质量控制数据；

⑧完成站长交办的其他临时性任务。

（三）综合技术室负责人职责

①负责编制和落实中长期环境监测规划和环境监测科研规划、年度环境监测计划和环境监测科研计划目标和任务；

②组织环境监测统计报表、环境监测报告、综合技术报告、环境质量报告书、环境监测年鉴编制，落实管理措施；

③组织受理客户委托监测，处理环境监测报告（表）失误事故和客户申诉；

④协助质量负责人，组织实施本部门质量体系有效运行；

⑤组织编制环境监测阶段计划任务表，上报和发放环境监测报告（表）；

⑥负责统计环境监测计划完成情况和环境监测报告（表）延误率检查；

⑦负责环境监测科技档案管理工作；

⑧完成站长交办的其他临时性任务。

四、专职人员职责

（一）监测人员职责

①经考核合格后持证上岗，正确熟练地掌握本岗位监测分析技术和相关仪器设备使用与维护技能；

②严格执行环境监测技术规范和操作规程，正确使用计量器具和填写原始记录，按时报送分析项目检测结果；

③严格执行环境监测质量控制相关规定，监测前做好各项准备，严格控制监测过程中准确度和精确度，发现异常，及时汇报，主动提出合理建议，对个人出具的监测数据负责，测试结束后及时整理、清洗器具；

④做好仪器设备维护保养，认真填写使用记录，不得使用未经检定合格或超迟检定周期的计量器具检测样品；

⑤坚持原则，忠于职守，保证环境监测数据的科学性、准确性、公正性，自觉遵守保密制度，维护客户权益；

⑥刻苦钻研环境监测业务技术知识，不断搜集和掌握国内外环境监测前沿技术，不

断提高监测能力和服务水平；

⑦遵守劳动纪律和规章制度，节约水电、试剂，保证室内清洁整齐，维护公共场所卫生，时刻注意环境安全。

（二）校核员职责

①认真负责校核各项环境监测原始记录；

②校核环境监测工作程序、检测方法与规定方法符合性；

③校核环境监测原始记录填写规范性、记录原始性和完整性、数据处理正确性；

④全面审核环境监测报告单。

（三）监督员职责

①监督检查环境监测质量方针和质量目标贯彻执行情况；

②监督检查环境监测工作质量，决定停（复）检违反操作规程和标准方法的监测人员，呈报质量负责人；

③熟悉每个项目检测目的，掌握监测方法与程序，有效监督监测人员工作行为是否规范；

④监督检查环境监测数据、环境监测报告，及时指出并协助纠正存在问题，保证环境监测工作质量；

⑤监督检查环境监测质量问题、质量事故和"客户抱怨"处理。

（四）样品管理员职责

①负责采样人员采集的环境样品检查、接收、编号、登记；

②按正确方法保存接受的环境样品，防止变质，影响监测结果；

③及时将环境样品与分析化验人员交接；

④负责环境样品室环境条件维护、记录；

⑤负责环境监测结果解码，将现场调查监测原始记录与环境监测报告单呈报质量负责人审核，审核合格的原始记录与环境监测报告单移交综合技术部门报告编写人员。

（五）报告编写人员职责

①负责中长期环境监测与科研规划、年度环境监测与科研计划、各类环境监测统计报表、环境监测报告、综合技术报告、环境质量报告书、环境监测年鉴编制；

②熟练掌握国家、行业、地方环境政策法规、行政规章、环境标准、技术规范，报告（表）编写过程中运用得当；

③依据环境监测结果，结合现场环境调查、观测、测量、测试记录和搜集的相关技术文献资料，有针对性地编写各类环境监测规划、计划、报告（表）；

④将编制的环境监测规划、计划、报告（表）初稿呈报本部门复核、技术负责人审核，审核合格的环境监测规划、计划、报告（表）呈报站长或委托签字人签发。

（六）档案管理员职责

①负责地级市环境监测机构的所有环境监测及其相关为献资料（含电子文件，下同）、环境监测人员技术档案管理；

②按环境监测科技档案管理制度要求，建立健全环境监测原始记录、监测报告（表）、专题报告、任务书、协议书、合同书、工作计划、工作总结、监测方案、规章制度、质量手册、程序文件、作业指导书、会议记录、上级发文、本级发文、综合技术报告、环境科技论文、环境科技专著、仪器设备使用说明书和安装调试记录、环境监测人员技术档案；

③负责环境监测及其相关文献资料鉴定、分类、登记、建档、借阅，明确保存期限，做好档案室防火、防蛀、防霉、防盗工作，保证档案信息安全；

④环境监测及其相关文献资料若需修改，须经站长批准，并在修改处签名；环境监测及其相关文献资料档案局若需销毁，提出销毁过期档案申请，经站长批准后销毁，并保存被销毁材料清单；

⑤严格遵守档案保密制度，不得随意外借环境监测科技档案或向任何单位和个人泄漏相关档案内容；

⑥负责搜集国内外相关最新环境政策法规、行政规章、环境标准、技术规范，保证承检环境样品的有效性；

⑦负责向相关业务技术部门发放现行有效的环境政策法规、行政规章、环境标准、技术规范，收回作废的环境政策法规、行政规章、环境标准、技术规范。

（七）仪器设备管理员职责

①负责职责范围内的环境监测仪器设备日常维护和保养；

②负责环境监测仪器设备到期检定申请，并报送质量监督管理部门指定检定机构检定；

③环境监测仪器设备损坏，应及时提出维修或降级申请。

（八）授权签字人职责

①负责各类环境监测报告（表）签发；

②对签发的环境监测报告（表）准确性、可靠性、公正性负责；

③承担签发的环境监测报告（表）质量受到疑义时的相关责任。

（九）内审员职责

①参加相关环境监测质量内审工作；

②负责填写《内审检查表》和《纠正措施表》相关内容；

③负责编制相关环境监测质量《审核报告》；

④授权签字人赋予的相关职责。

（十）授权代理人职责

①站长因公因事离岗时，分管副站长代行其职责；

②技术负责人和质量负责人互为代理；技术负责人和质量负责人均不在岗时，由分管副站长代行其职责。

（十一）危险行为准则

①所有环境监测实验药总、标准样品、溶液应有标签，严禁在容器内盛装与标签不符的物品，禁用实验器皿充当茶具和食物器皿或使用茶具、食物器皿盛装实验药品；

②稀释硫酸时，必须在硬质耐热烧杯、锥形瓶中进行；只能将浓硫酸缓慢注入水中，边倒边搅拌；当温度过高时，应待冷却或降温后再继续进行，严禁将水倒入硫酸；

③开启易挥发液体试剂前，首先将试剂平放在自来水中冷却若干分钟，不得对人开启；

④必须在水浴或沙浴锅中加热易燃溶剂，必须由操作者清洗盛装强腐蚀性、可燃性、剧毒物品的器皿；

⑤移动开启大瓶液体物品时，不得将瓶直接接触水泥板，最好用橡皮布或草垫铺垫；若为石膏包装的可用水，待浸泡后打开；严禁锤击，以防破裂；

⑥取下正在沸腾的溶液时应使用瓶夹，首先轻轻摇动，然后取下；插入或拔出玻璃棒、玻璃管、温度计胶塞、胶管时应垫置棉布，切不可强行插入或拔出，以免伤人；

⑦缓慢开启高压瓶，高压瓶口不得对人；关气时，首先关闭高压瓶阀门，放尽减压阀中气体，再松开高压阀螺杆；

⑧严禁使用火焰寻找易燃易爆管道漏气点，必须使用肥皂沫检查漏气点；必须在通风橱内配制实验药品或进行实验中弛放有毒有害和腐蚀性气体的操作；

⑨遵守安全用电规程，实验室须备急救药品、消防器材、劳保用品，下班前检查水、电、气、门、窗，确保安全。

五、专业技术人员职责

（一）高级工程师职责

①高级工程师，尤其正高级工程师（教授级）必须是地级市环境监测机构业务技术工作的顶级骨干，是专业技术带头人，具有解决复杂技术问题的能力，独立承担本专业、本行业、全市性技术工作。

②在地级市环境监测机构各项业务技术工作中，必须作为项目负责人独立承担难度最大的环境调查、监测、评价、规划、设计、科研项目，并对项目工作量、完成质量、时间进度等全面负责。

③具备指导一项以上省部级或地市级环境专业技术工作的能力和职责。

（二）工程师职责

①工程师必须是地级市环境监测机构业务技术工作的主要骨干，是专业技术工作的

中坚，具有解决较大技术问题的能力，协助高级工程师（含正高级工程师，下同）承担本专业、本行业、全市性技术工作。

②在地级市环境监测机构相关业务技术工作中，作为项目负责人独立承担难度较大的环境调查、监测、评价、规划、设计、科研项目，并对项目工作量、完成质量、时间进度等全面负责；或者协助高级工程师承担复杂的技术项目。

③具备指导一项以上地级市环境监测机构专业技术工作的能力和职责。

（三）助理工程师职责

①助理工程师必须具有解决本岗位一般技术问题的能力，协助工程师承担本专业的业务技术工作。

②在地级市环境监测机构相关业务技术工作中，能够独立承担一般的环境调查、监测、评价项目，并对项目工作量、完成质量、时间进度等全面负责；或者协助工程师承担难度较大的相关业务技术项目。

③具备一项以上地级市环境监测机构专业技术工作的能力和职责。

（四）技术员职责

①技术员必须具有独立完成本岗位指定具体业务技术工作的能力，协助助理工程师承担本专业的业务技术工作。

②在地级市环境监测机构相关业务技术工作中，参与一般的环境调查、监测、评价项目。

③具备一项以上地级市环境监测机构专业技术工作的能力和职责。

第四节　环境监测持证制度

一、基本要求

《持证考核制度》要求，监测人员必须经考核合格后持证上岗。持有合格证的人员（以下称"持证人员"），方能从事相应环境监测工作；未取得合格证者，必须在持证人员指导下开展环境监测工作，环境监测质量由持证人员负责。

二、考核管理职责

《持证考核制度》规定，持证上岗考核工作实行分级管理。国家环境保护行政主管部门负责国家级和省级环境监测机构监测人员持证上岗考核的管理工作，其中：国家级环境监测机构监测人员的持证上岗考核工作由国家环境保护行政主管部门组织实施，省级环境监测和辐射环境监测机构监测人员的持证上岗考核由国家环境保护行政主管部门委托国家环境监测机构和国家辐射环境监测机构组织实施；省级环境保护行政主管部门负责本辖区内环境监测机构监测人员持证上岗考核的管理工作，省级环境监测机构在省级环境保护行政主管部门的指导下组织实施；各环境监测机构负责组织本机构环境监测人员的岗前技术培训，保证监测人员具有相应的监测工作能力。

《持证考核制度》要求，申请持证上岗考核的单位（以下称"被考核单位"）向负责对其考核的单位（以下称"主考单位"）提出考核申请，并填报《持证上岗考核申请表》；被考核单位在持证上岗考核组（以下称"考核组"）进入现场考核前，按考核组要求做好考核准备，提供必需的工作条件；主考单位依据被垮核单位申请制订考核计划，组建考核组，负责指导和监督考核组按计划实施考核，审核考核方案和《监测人员持证上岗考核报告》（以下称"考核报告"），并负责将考核结果上报合格证颁发部门审批；考核组负责考核工作具体实施，包括命题与制定参考答案、确定被考人员的考核项目和考核方式、实施考核与阅卷评分、向主考单位提交考核报告；考核组工作由考核组组长负责。

三、考核内容与方法

《持证考核制度》规定的考核内容，包括基本理论、基本技能和样品分析；根据被考核人员的工作性质和岗位要求，确定考核内容，主要有三项：

①基本理论考核内容，主要包括：环境保护基本知识、环境监测基础理论知识、环境保护标准、环境监测技术规范、质量保证和质量控制知识、常用数理统计知识、环境样品采集方法、环境样品预处理方法、分析测试方法、数据处理和评价模式等；

②基本技能考核内容，主要包括：环境监测布点、环境样品采集、实验试剂配制、常用分析仪器的规范化操作、仪器校准、质量保证和质量控制措施、监测数据记录和处理、校准曲线制作、环境样品测试、监测数据审核程序等；

③环境样品分析考核内容，指按规定的操作程序，分析测试发放的考核样品。

《持证考核制度》规定的考核方法是：基本理论考核方式为笔试，原则采取闭卷考试形式。

基本技能和环境样品分析考核，采取现场操作演示与样品测试相结合方式，考核项目的确定以具有代表性、尽量保证覆盖被考核人实际能力为原则，一般考核项目不少于被考核人申请项目30%；有标准样品的项目，原则实施标准样品测试考核；无标准样品的项目，可采取实际样品测定、现场加标、留样复测、现场操作演示、提问、人员比对和仪器比对等考核方式；考核组依据测定结果、实际操作规范程度、回答问题正确程度，评定考核结果。

基本技能和样品分析中无考核的项目，由被考核单位自行考核认定（以下称"自认定"）；自认定情况，经被考核单位核签后呈报考核组，随考核报告一并呈报主考单位；考核组在现场考核时，抽查自认定情况，抽查比例不低于5%；以现场考核日期为基准年，同年度和上一年度参加国家和省级能力验证并考核合格者、参加标准样品定值并被采纳者，均可认为自认定合格。

四、合格证管理

《持证考核制度》规定，国家级环境监测机构监测人员的合格证，由国家环境保护行政主管部门颁发；省级环境监测机构监测人员的合格证，由国家环境保护行政主管部门委托的国家环境监测机构和国家辐射环境监测机构颁发；其他环境监测机构监测人员的合格证，由各省级环境保护行政主管部门颁发；合格证有效期为五年。

环境监测人员取得合格证后，有下列情况之一者，即取消持证资格，收回或注销合格证：

①违反操作规程，造成重大安全和质量事故者；

②编造环境监测数据、弄虚作假者；

③调离环境保护系统的环境监测机构者。

第三章 环境监测的质量保证

第一节　监测质量保证基础

一、质量保证的意义

环境监测工作的成果就是监测数据。然而，由于环境监测所面对的环境要素极为广泛，既有固态的土壤、废渣、废料，也有气态的空气和废气，还有液态的水和污水，更有物理的以及生物的诸多要素。可想而知，环境样品的成分往往是极为复杂的，随机变化明显，浓度范围宽，而且具有极强的时间和空间特性。同一个样品往往涉及一个较大的区域范围，又由于受人类生产和生活活动的影响，待测物的浓度也表现着时间分布上的变化。在许多情况下，对于同一个环境样品常常需要众多实验室按规定和计划，同时进行监测。如果没有一个科学的环境监测质量保证程序，由于人员的技术水平、仪器设备、地域等差异，难免出现调查资料互相矛盾、数据不能利用的现象，造成大量人力、物力和财力的浪费。错误的数据必然导致错误的判断和错误的决策，它的后果将是十分严重的。因此，人们常说：错误的数据比没有数据更可怕。为此，必须在环境监测的各个环节中开展质量保证工作，这是实现监测数据具有准确性、精密性和可比性的重要基础。只有取得合乎质量要求的监测结果，才能正确地指导人们认识环境、评价环境、管理环境和治理环境，这就是实施环境监测质量保证的根本意义。

二、质量保证和质量控制

（一）质量保证

质量保证是一个比较大的概念，它是指对整个监测过程的全面质量管理或质量控制。因此，质量保证也就必然体现在环境监测过程的每一个工作环节中。通常一项完整的监测大致可以分解为几个步骤，如图 3-1 所示。

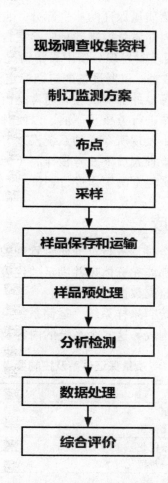

图 3-1　环境监测工作流程流程

这些工作通常是由许多人来分别完成的，这其中任何一项工作的失误都可能导致最终结果的失败。因此如何保证每一个步骤都准确无误，一旦出现错误又能及时发现并予以纠正，这就是一个管理者应当重视和考虑的问题。

质量保证的目的就在于确保分析数据达到预定的准确度和精密度。为达到这一目的所应采取的措施和工作步骤都应当是事先规划好的，并通过一系列的规约予以确定，并要求有关工作人员按规约执行，由此使整个监测工作处于受检状态。

质量保证的具体措施有：①根据需要和可能确定监测指标及数据的质量要求；②规定相应的分析监测系统。其内容包括采样、样品预处理、储存、运输、实验室供应，仪器设备、器皿的选择和校准，试剂、溶剂和基准物质的选用，统一监测方法，质量控制程序，数据的记录和整理，各类人员的要求和技术培训，实验室的清洁度和安全，以及编写有关的文件、指南和手册等。

（二）质量控制

环境监测质量控制是环境监测质量保证的一个部分，它包括实验室内部质量控制和外部质量控制两个部分。实验室内部质量控制，是实验室自我控制质量的常规程序，它能反映分析质量稳定性如何，以便及时发现分析中异常情况，随时采取相应的校正措施。其内容包括空白试验、校准曲线核查、仪器设备的定期标定、平行样分析、加标样分析、密码样品分析和编制质量控制图等；外部质量控制通常是由上级监测站或环境管理部门委派有经验的人员对监测站的工作进行考核及评估，以便对数据质量进行流程流程

独立评价，各实验室可以从中发现所存在的系统误差等问题，以便及时校正、提高监测质量，通常采用的方法是由检查人员下发考核样品（标准样品或密码样品），由受检查的监测站进行分析，以此对实验室的工作进行评价。

三、质量保证体系构成

质量保证体系是对环境监测全过程进行全面质量管理的一个大的系统，其功能就是要使监测工作的各个环节和步骤都能充分体现并满足"代表性、完整性、可比性、准确性、精密性"的要求，从而保证监测数据的可靠性。

质量保证体系主要由布点系统、采样系统、运储系统、分析测试系统、数据处理系统和综合评价系统6个关键系统构成。这6个系统的内容及其控制要点见表3-1。

表 3-1　质量保证体系及控制要点

质量保证体系	内容	控制要点
布点系统	①监测目标系统的控制 ②监测点位点数的优化控制	控制空间代表性及可比性
采样系统	①采样次数和采样频率优化 ②采集工具方法的统一规范化	控制时间代表性及可比性
运储系统	①样品的运输过程控制 ②样品固定保存控制	控制可靠性及代表性
分析测试系统	①分析方法准确度、精密度、检测范围控制 ②分析人员素质及实验室间质意的控制	控制准确性、精密性、可靠性及可比性
数据处理系统	①数据整理、处理及精度检验控制 ②数据分布、分类管理制度的控制	控制可靠性、可比性、完整性及科学性
综合评价系统	①信息质的控制 ②成果表达控制 ③结论完整性、透彻性及对策控制	控制真实性、完整性、科学性及适用性

质量保证体系是环境监测管理的核心，是对监测工作全过程进行科学管理和监督的有力保障。质量保证体系是在长期的监测工作实践中从无数成功的经验和失败的教训中不断总结发展而形成的，它的实施为环境监测质量保证奠定了坚实的基础。

第二节　数据处理的质量保证

一、基本概念

（一）真值

在某一时刻、某一位置或状态下，某量的效应体现出的客观值或实际值称为真值。真值分为理论真值、约定真值和相对真值三种。

①理论真值由理论推导或验证所得到的数值即为理论真值。例如三角形内角之和等于 180°。

②约定真值由国际计量大会定义的国际单位制（包括基本单位、辅助单位和导出单位）所定义的真值称为约定真值。如长度单位——米（m），是光在真空中于 1/299792458s 的时间间隔内的运行距离。

③相对真值标准器（包括标准物质）给出的数值为相对真值。高一级标准器的误差为低一级标准器或普通计量仪器误差的 1/5（或 1/20～1/3）时，即可认为前者给出的数值对后者是相对真值。

（二）误差

环境监测常使用各种测试方法来完成。由于被测量：的数值形式通常不能以有限位数表示，或由于认识能力的不足和科学技术水平的限制，测量值与真值并不完全一致，表现在数值上的这种差异即为误差。任何测量结果都具有误差，误差存在于一切测量的全过程中。

误差按其产生的原因和性质可分为系统误差、随机误差和过失误差。误差有两种表示方法——绝对误差和相对误差。

（三）偏差

个别测量值（x_i）与多次测量平均值（$\bar{x}$）的偏离称为偏差。偏差分为绝对偏差、相对偏差、平均偏差、相对平均偏差、标准偏差、相对标准偏差和方差等。

（四）极差

极差为一组测量值内最大值与最小值之差，以 R 表示。

$$R = x_{max} - x_{min}$$

$$\text{(3-1)}$$

（五）总体和个体

研究对象的全体称为总体，而其中的某个元素就称为个体。

（六）样本和样本容量

总体中的一部分称为样本，样本中含有个体的数量称为此样本的容量，记作行。

（七）平均数

平均数代表一组测量值的平均水平。当对样本进行测量时，大多数测量值都靠近平均数。最常用的平均数（简称均数）是算术均数，其定义为：

样本均数 $\bar{x} = \dfrac{\sum x}{n}$

$$\text{(3-2)}$$

总体均数 $\mu = \dfrac{\sum x_i}{n}$ （ $n \to \infty$ ）

$$\text{(3-3)}$$

（八）有效数字

在环境监测工作中需要对大量的数据进行记录、运算、统计、分析。分析实验中实际能测量得到的数字称为有效数字，它包括确定的数字和一位不确定的数字。有效数字不仅表示出数量的大小，同时反映了测量的精确程度。

有效数字的修约规则是"四舍六入五考虑；五后非零则进一，五后皆零视奇偶，五前为偶应舍去，五前为奇则进一"。

二、可疑值的取舍

对于一次测量的数据常会遇到这样一些情况，如一组分析数据，有个别值与其他数据相差较大；多组分析数据，有个别组数据的平均值与其他组的平均值相差较大，把这种与其他数据有明显差别的数据称为可疑数据。这些可疑数据的存在往往会显著地影响分析结果，当测定数据不多时，影响尤为明显。因为正常数据具有一定的分散性，所以对于这种数据，不能轻易保留，也不能随意舍弃，应对它进行检验，常用的判别方法有以下两种。

（一）Q 检验法

Q 检验法（Dixon 检验法）常用于检验一组测定值的一致性，剔除可疑值。其具体步骤如下。

①将测定结果按从小到大的顺序排列：x_1、x_2、x_3、…、x_n。其中 x_1 和 x_n 分别为最小可疑值和最大可疑值。

②根据测定次数起计算 Q 值，计算公式见表 3-2。

③再在表 3-2 中查得临界值（Q_x）。

④将计算值 Q 与临界值 Q_x 比较，若 $Q \leqslant Q_{0.05}$，则可疑值为正常值，应保留；若 $Q_{0,05} < Q \leqslant Q_{0,01}$，则可疑值为偏离值，可以保留；若 $Q > Q_{0.01}$，则可疑值应予剔除。

表 3-2 Q 检验的统计量计算公式与临界值

统计量	n	显著性水平 a		统计量	n	显著性水平 a	
		0.01	0.05			0.01	0.05
$Q = \dfrac{x_n - x_n - 1}{x_n - x_1}$（检验 x_n） $Q = \dfrac{x_2 - x_1}{x_n - x_1}$（检验 x_1）	3	0.988	0.941	$Q = \dfrac{x_m - x_{m-2}}{x_n - x_3}$ （检验 x_n） $Q = \dfrac{x_3 - x_1}{x_{k-2} - x_1}$ （检验 x_1）	14	0.641	0.546
	4	0.889	0.765		15	0.616	0.525
	5	0.780	0.642		16	0.595	0.507
	6	0.698	0.560		17	0.577	0.490
	7	0.637	0.507		18	0.561	0.475
$Q = \dfrac{x_2 - x_1}{x_{n-1} - x_1}$（检验 x_1） $Q = \dfrac{x_n - x_{n-1}}{x_n - x_2}$（检验 x_n）	8	0.683	0.554		19	C.517	0.462
	9	0.635	0.512		20	0.535	0.450
	10	0.597	0.477		21	0.524	0.440
$Q = \dfrac{x_n - x_{n-2}}{x_n - x_2}$（检验 x_n） $Q = \dfrac{x_3 - x_1}{x_{n-1} - x_1}$（检验 x_1）	11	0.679	0.576		22	0.511	0.430
	12	0.642	0.546		23	0.505	0.421
	13	0.615	0.521		24	0.497	0.413
					25	0.489	0.406

Q 检验的缺点是没有充分利用测定数据，仅将可疑值与相邻数据比较，可靠性差。在测定次数少时，如 3～5 次测定，误将可疑值判为正常值的可能性较大。Q 检验可以重复检验至无其他可疑值为止。但要注意 Q 检验法检验公式，随行不同略有差异，在使用时应予注意。

（二）T 验法

T 检验法（Grubbs 检验法）常用于检验多组测定值的平均值的一致性，也可以用它来检验同组测定中各测定值的一致性。以同一组测定值中数据一致性的检验为例，来介绍它的检验步骤。

①将各数据按大小顺序排列：x_1、x_2、x_3、…、x_n。求出算术平均值 $\bar{x}$ 和标准偏差 s。将最大值记为 $x_{\max}$，最小值记为 $x_{\min}$，这两个值是否可疑，则需计算 T 值。

②计算 T 值可以使用式（3-4）。

$$T = \frac{\overline{x} - x_{\min}}{s} \ \text{或} \ T = \frac{x_{\max} - \overline{x}}{s}$$

（3-4）

③ T 检验临界值见表 3-3（不做特别说明时，a 取 0.05），查该表得 T 的临界值 T 的临界值 T（a，n）。

表 3-3　T 检验临界值

次数 n 组数	自由度 n-1	置信度 a		次数 n 组数	自由度 n-1	置信度 a	
1		0.05	0.01	1		0.05	0.01
3	2	1.153	1.155	14	13	2.371	2.659
4	3	1.463	1.492	15	14	2.409	2.705
5	4	1.672	1.749	16	15	2.443	2.747
6	5	1.822	1.944	17	16	2.475	2.785
7	6	1.938	2.097	18	17	2.504	2.821
8	7	2.032	2.221	19	18	2.532	2.854
9	8	2.110	2.323	20	19	2.557	2.884
10	9	2.176	2.410	21	29	2.580	2.912
11	10	2.234	2.485	31	30	2.759	3.119
12	11	2.285	2.550	51	50	2.963	3.344
13	12	2.331	2.607	101	100	3.211	3.604

④如果 $T \geq T（a，n）$，则所怀疑的数据 x_1 或 x_n 是异常的，应予剔除；反之应予保留。新计算 $\overline{x}$ 和 s，求出新的 T 值，再次检验，依次类推，直到无异常的数据为止。

⑤在第一个异常数据剔除舍弃后，如果仍有可疑数据需要判别时，则应重对多组测定值的检验，只要把平均值作为一个数据用以上相同步骤进行计算与检验。

三、测量结果的统计检验和结果表述

（一）均数置信区间和"t"值

考察样本测量平均数（$\overline{x}$）与总体平均数（μ）之间的关系称为均数置信区间。用它来考察以样本平均数代表总体平均数的可靠程度。

若测定值 x 遵从正态分布，则样本测定平均值 $\overline{x}$ 也遵从正态分布。如一组测定样本的平均值为 $\overline{x}$，标准偏差为 s，则用统计学可以推导出有限次数的平均值 $\overline{x}$ 与总体平均值 μ 的关系：

$$\mu = \overline{x} \pm t \frac{s}{\sqrt{n}}$$

（3-5）

式中，t 为在一定置信度（在特定条件下出现的概率）（1-a）与自由度 f=n-1 下的置信系数。式（3-5）具有明确的概率意义，它表明真值 μ 落在置信区间（$\mu = \overline{x} - t \dfrac{s}{\sqrt{n}}$，

$\mu = \overline{x} + t\dfrac{s}{\sqrt{n}}$ ）的置信概率为 $P=1-\alpha$。在分析中如果不做特别注明，一般指置信度为 95%。

（二）测量结果的统计检验（t 检验法）

①平均值与标准值的比较检查分析方法或操作过程是否存在较大系统误差，可对标样进行若干次分析，再利用 t 检验法比较分析结果 $\overline{x}$ 与标准值 μ 是否存在显著性差异。若有显著性差异，则存在系统误差，否则这个差异是由偶然误差引起的。

a. 按式（3-6）计算 $t_{计}$ 值。

$$t_{计} = \frac{|\overline{x} - \mu|}{s}\sqrt{n}$$

（3-6）

式中 $\overline{x}$ —— 标样测定的均值；

μ —— 标样的标准值；

s —— 标样测定的标准偏差；

n —— 标样的测定次数。

b. 根据自由度 f 与置信度 P 得 t 值，将 t 与 $t_{计}$ 进行比较，若 $t_{计} > t$ 则存在显著性差异，反之则不存在显著性差异。环境监测中，置信度一般取 95%（即 a=0.05）。

②两组平均值的比较在环境监测中，由不同的人、不同的方法或不同的仪器对同一种试样进行分析时，所得均值一般不会相等。这时如何判断两组平均值之间是否存在显著性差异呢。假设两组数据如下，且这两组数据的方差没有明显差异。

$$n_1 \quad s_1 \quad \overline{x}_1$$
$$n_2 \quad s_2 \quad \overline{x}_2$$

则可按下面的两个步骤来进行显著性差异的比较。

a. 先按式（3-7）计算 $t_{计}$ 值。

$$t_{it} = \frac{|\overline{x}_1 - \overline{x}_2|}{s_计}\sqrt{\frac{n_1 n_2}{n_1 + n_2}}$$

（3-7）

$$s_计 = \sqrt{\frac{(n_1 - 1)s_2^2 + (n_2 - 1)s_2^2}{n_1 + n_2 - 2}}$$

（3-8）

式中 $\overline{x}_1$ —— 第一组数据均值；

$\bar{x}_2$ —— 第二组数据均值；

$s_合$ —— 合并方差；

n —— 测定次数。

b. 用 $P=95\%$（即 $a=0.05$），$f=n_1+n_2-2$ 的值得 t 值，若 $t_计 > t$ 则存在显著性差异，反之则不存在显著性差异。

（三）监测结果表述

对试样某一指标的测定，由于真实值很难测定，所以常用有限次的监测数值来反映真实值，其结果表达方式一般有如下几种。

①用算术均值代表集中趋势测定过程中排除了系统误差后，只存在随机误差，所测得的数据常呈正态分布，其计算均值（$\bar{x}$）虽不是总体平均值（μ），但它反映了数据的集中趋势，因此，监测结果是有相当可靠性的，也是表达监测结果最常用的方式。

②用算术均值和标准偏差表示测定结果的精密度算术均值代表集中趋势，标准偏差表示离散程度。算术均值代表性的大小与标准偏差的大小有关，即标准偏差大，算术均值代表性小，反之亦然，故而监测结果常以（$\bar{x} \pm s$）表示。

③用标准偏差及变异系数表示结果标准偏差的大小还与所测均值水平或测量单位有关。不同水平或单位的测定结果之间，其标准偏差是无法进行比较的，而变异系数是相对值，故可在一定范围内用来比较不同水平或单位测定结果之间的变异程度，其结果可（$\bar{x} \pm s$，C_N）表示。

此外，监测结果还可以用测量值和不确定度表示。可查阅《测量不确定度评定与表示》。

（四）环境监测报告

环境监测报告是环境监测工作的终端产品，报告的质量优劣、完成报告的及时程度，都直接影响环境监测工作效益的发挥。环境监测报告有多种形式。

①根据报告表达形式分类，环境监测报告分为数据型和文字型两种。

②根据报告的时效性和内容分类，环境监测报告分为快报、简报、日报、周报、月报、季报、年报、环境质量报告书、污染源监测报告和验收监测报告等。

③根据监测类别分类，环境监测报告分为例行监测报告、应急监测报告和专题监测报告等。

数据型报告是指根据监测原始数据编制的各种报表，这类报告大部分是例行监测报告，是环境保护管理部门数据管理的重要形式。此类报告有固定的表格形式，原始数据经过规范处理后，由经过专门培训的人员填写，然后录入计算机，经过相关技术人员核对、审核无误后，在上级规定期限内通过专门的有线或无线通讯网络传给上级主管部门。因此，无论是填写、录入、核对还是审核，都要认真、细致、及时、规范，防止错录、漏录和拖延，以保证数据的准确性、完整性、时效性。

文字型报告是指依据各种监测数据及综合计算结果进行以文字表述为主的报告，无论是例行监测报告、应急监测报告还是专题监测报告都有文字型报告。

各类文字型监测报告有其基本的格式，包含以下内容。

①报告名称；

②报告编制单位名称与地址；

③报告的唯一性标识、页码和总页数；

④被监测点情况；

⑤报告内容；

⑥报告内容负责人的职务和签名；

⑦报告签发日期；

⑧编写监测报告的单位公章（骑缝章）。

例行监测报告（日报、周报、月报、季报、年报等）的内容。日报、周报、月报等报告的内容主要有报告监测时间与结果，对结果的简要分析，包括与前期分析结果进行对比，当期主要问题及原因分析，变化趋势预测，管理控制与对策建议等。季报包括监测技术规范执行情况，各环境要素和污染因子的监测频率、时间及结果，单要素环境质量评价及结果，存在的主要问题及原因简要分析，环境质量变化趋势估计，改善环境管理工作的建议，环境污染治理工作效果、监测结果及综合整治考检结果。年报、环境质员报告书的编写更为复杂，报告内容要概览全部环境监测工作概况、监测结果统计图表、质量与污染情况分析评价等。

应急监测报告（快报、简报）的内容。应急监测报告内容包括事故发生的时间、接到通知的时间以及到达现场监测的时间；事故发生的具体位置；监测实施情况，包括采样点位、监测频次和监测方法；事故发生的性质、原因及伤亡损失情况；主要污染物的种类、流失量、浓度及影响范围；简要说明污染物的有害特性及处理处置建议；附现场示意图及录像或照片。

专题监测报告的内容。考核监测报告主要报告参考人员的基本情况、监测考核时间、考核项目及监测分析方法、考核结果及合格率分析等。仲裁监测报告的内容包括委托单位、样品来源及采样方法、监测项目、监测分析方法、监测分析结果。必要时要与相关标准值比较，判定样品所测项目是否超标。建设项目环境影响评价监测报告主要说明采样点位布设情况、采样时间、采样频率，采样与分析的实施时间，并附有详细的测定数据。

第三节　监测实验室的质量保证

一、名词解释

（一）准确度

准确度是用来对分析结果（单次测定值或重复测定值的均值）与假定的或公认的真

值之间符合程度进行评价的一种指标，它是分析方法或测量系统中存在的系统误差和随机误差两者的综合反映。准确度的好坏决定了分析结果是否可靠。准确度用绝对误差和相对误差来表示。

准确度的评价有两种方法：第一种是通过分析标准物质，由所得结果来确定数据的准确度；第二种是"加标回收"法，即在样品中加入一定量的标准物质，然后测定其回收率，以确定准确度。"加标回收"法是目前实验室中最常用的确定准确度的方法。

其计算式是：

$$回收率 = \frac{加标试样测定值 - 试样测定值}{加标量} \times 100$$

（3-9）

（二）精密度

精密度是使用特定的分析程序在受控条件下重复分析均一样品所得测定值之间的一致程度。它反映了分析方法或测量系统存在的随机误差的大小。测试结果的随机误差越小，测试的精密度越高。

精密度通常用极差、平均偏差和相对平均偏差、标准偏差和相对标准偏差表示。为满足某些特殊需要，引用下述三个精密度的专用术语。

①平行性。平行性是指在同一实验室中，当分析人员、分析设备和分析时间都相同时，用同一分析方法对同一样品进行双份或多份平行样测定结果之间的符合程度。

②重复性。重复性是指在同一实验室内，当分析人员、分析设备及分析时间中的任一项不相同时，用同一分析方法对同一样品进行两次或多次独立测定所得结果之间的符合程度。

③再现性。再现性是指用相同的方法，对同一样品在不同条件下获得的单个结果之间的一致程度。不同条件指不同实验室、不同分析人员、不同设备、不同（或相同）时间。

（三）灵敏度

分析方法的灵敏度是指该方法对单位浓度或单位量的待测物质的变化所引起的响应量变化的程度，它可以用仪器的响应量或其他指示量与对应的待测物质的浓度或量之比来描述。如在用分光光度计进行样品测定时，常用标准曲线的斜率来度量灵敏度。标准曲线的直线部分以式（3-10）表示：

$$A = kc + a$$

（3-10）

式中 A —— 仪器的响应量；：

C —— 待测物质的浓度；

a —— 校准曲线的截距；

k —— 方法的灵敏度，k 值大，说明方法灵敏度高。

一个方法的灵敏度可因实验条件的改变而改变。在一定的实验条件下，灵敏度具有相对的稳定性。

（四）校准曲线

校准曲线是用于描述待测物质的浓度或量与相应的测量仪器的响应量或其他指示量之间的定量关系的曲线。校准曲线包括"工作曲线"（绘制校准曲线的标准溶液的分析步骤与样品分析步骤完全相同）和"标准曲线"（绘制校准曲线的标准溶液的分析步骤与样品分析步骤相比有所省略，如省略样品的前处理）。

监测中常用校准曲线的直线部分。某一方法的标准曲线的直线部分所对应的待测物质浓度（或量）的变化范围，称为该方法的线性范围。

（五）空白试验

空白试验又叫空白测定，是指用蒸馏水代替试样的测定。其所加试剂和操作步骤与试验测定完全相同。空白试验应与试样测定同时进行，试样分析时仪器的响应值（如吸光度、峰高等）不仅是试样中待测物质的分析响应值，还包括所有其他因素，如试剂中杂质、环境及操作进程的沾污等的响应值，这些因素是经常变化的，为了解它们对试样测定的综合影响，在每次测定时，均做空白试验，空白试验所得的响应值称为空白试验值。对试验用水有一定的要求，即其中待测物质浓度应低于方法的检出限。当空白试验值偏高时，应全面检查空白试验水，试剂的空白、量器和容器是否沾污、仪器的性能以及环境状况等。

（六）检测限

某一分析方法在给定的可靠程度内可以从样品中检测待测物质的最小浓度或最小量称为检测限。所谓检测是指定性检测，即断定样品中确定存在有浓度高于空白的待测物质。

检测限有几种规定，简述如下。

①分光光度法中规定以扣除空白值后，吸光度为 0.01 相对应的浓度值为检测限。

②气相色谱法中规定检测器产生的响应信号为噪声值 2 倍时的量。最小检测浓度是指最小检测量与进样量（体积）之比。

③离子选择性电极法规定某一方法的标准曲线的直线部分外延的延长线与通过空白电位且平行于浓度轴的直线相交时，其交点所对应的浓度值即为检测限。

④《全球环境监测系统水监测操作指南》中规定，给定置信水平为 95% 时，样品浓度的一次测定值与零浓度样品的一次测定值有显著性差异者，即为检测限（L）。当空白测定次数 n 大于 20 时：

$$L = 4.6\sigma_{ub}$$

$$(3-11)$$

式中 σ_{ub} —— 空白平行测定（批内）标准偏差。

检测上限是指校准曲线直线部分的最高点（弯曲点）相应的浓度值。

（七）测定限

测定限分测定下限和测定上限。测定下限是指在测定误差能满足预定要求的前提下，用特定方法能够准确地定量测定待测物质的最小浓度或量；测定上限是指在限定误差能满足预定要求的前提下，用特定方法能够准确地定量测定待测物质的最大浓度或量。

最佳测定范围又叫有效测定范围，系指在限定误差能满足预定要求的前提下，特定方法的测定下限到测定上限之间的浓度范围。

方法运用范围是指某一特定方法检测下限至检测上限之间的浓度范围。显然，最佳测定范围应小于方法适用范围。

二、实验室内质量控制

实验室是获得监测结果的关键部门，要使监测质量达到规定水平，必须要有合格的实验室和合格的分析操作人员。具体地讲包括仪器的正确使用和定期校正；玻璃仪器的选用和校正；化学试剂和溶剂的选用；溶液的配制和标定；试剂的提纯；实验室的清洁度和安全工作；分析人员的操作技术和分离技术等。

（一）质量控制图

质量控制图是实验室内部实行质量控制的一种常用的、简便有效的方法，它可用于准确度和精密度的检验。

质量控制图主要是反映分析质量的稳定性情况，以便及时发现某些偶然的异常现象，随时采取相应的校正措施。因此，它一般用于经常性的分析项目。编制质量控制图的基本假设是：测定结果在受控条件下具有一定的精密度和准确度，并按正态分布。因而测量值落在总体平均值 μ 两侧 3σ 范围内的概率为 99.73%。

质量控制图一般采用直角坐标系。横坐标代表抽样次数或样品序号.纵坐标代表作为质量控制指标的统计值。

质量控制图有许多种类,如: 均数控制图（$\bar{x}$ 图）、空白试验值控制图、准确度控制图、均数 – 极差控制图（$\bar{x}$ –R 图）、回收率控制图等。以下介绍均数控制图和均数—极差控制图两种。

1. 均数控制图

编制质量控制图时，需要准备一份质量控制样品。控制样品的浓度与组成尽量与环境样品相近，且性质稳定而均匀。用与分析环境样品相同的分析方法在一定时间内（例如每天分析一次平行样，平行分析两份，求均值 $\bar{x}_i$），重复测定控制样品 20 次（不可将 20 次重复实验同时进行，或一天分析两次或更多），其分析数据按下列公式计算：

总体平均值 $\bar{x}$，标准偏差 s 和平均极差 $\bar{R}$ 等值，以此来绘制质量控制图。

$$\bar{x}_i = \frac{x_i + x_i'}{2}; \quad \bar{\bar{x}} = \sum \frac{\bar{x}_i}{n}; \quad s = \sqrt{\frac{\sum \bar{x}_i^2 - \frac{\left(\sum \bar{x}_i\right)^2}{n}}{n-1}}; \quad R_i = \left| x_i - x_i' \right|; \quad \bar{R} = \sum \frac{R_i}{n}$$

以测定顺序为横坐标，相应的测定值为纵坐标作图，同时作有关控制线。

中心线 —— 以总体均值 $\bar{\bar{x}}$ 估计；

上、下警告限 —— 按 $\bar{\bar{x}} \pm 2s$ 值绘制；

上、下控制限 —— 按 $\bar{\bar{x}} \pm 3s$ 值绘制；

上、下辅助线 —— 按 $\bar{\bar{x}} \pm s$ 值绘制。

在绘制控制图时，落在 $\bar{\bar{x}} \pm s$ 范围内的点数应占总数 68%，若小于 50%，则分布不合适，此图不可靠。若连续 7 点位于中心线同一侧，表示数据失控，此图不适用。

控制图绘制后，应标明绘制控制图的有关内容和条件，如测定项目、分析方法、溶液浓度、温度、操作人员和绘制日期等。

均值控制图的使用方法：根据日常工作中该项目的分析频率和分析人员的技术水平，每间隔适当时间，取两份平行的控制样品，随环境样品同时测定，对操作技术较低的人员和测定频率低的项目，每次都应同时测定控制样品，将控制样品的测定结果（$\bar{x}_i$）依次点在控制图上，根据下列规定检验分析过程是否处于受控状态。

①若此点在上、下警告限之间区域内，则测定结果处于受控状态，环境样品分析结果有效。

②若此点超出上述区域，但仍在上、下控制限之间的区域内，表示分析质量开始变劣，可能存在"失控"倾向，应进行初步检查，并采取相应的校正措施。此时环境样品的结果仍然有效。

③若此点落在上、下控制限以外，则表示测定过程已经失控，应立即查明原因并予以纠正。该批环境样品的分析结果无效，必须待方法校正后重新测定。

④若遇到 7 点连续上升或下降时，表示测定有失去控制的倾向，应立即查明原因，予以纠正。

⑤即使过程处于受控状态，尚可根据相邻几次测定值的分布趋势，对分析质量可能发生的问题进行初步判断。

当控制样品测定次数累积更多之后，这些结果可以和原始结果一起重新计算总平均值、标准偏差，再校正原来的控制图。

2. 均数 - 极差控制图

用 $\bar{x} - R$ 控制图可以同时考察 $\bar{x}$、R 的变化情况。x-R 控制图包括下述内容：

①均数控制部分

中心线 —— $\bar{\bar{x}}$；

上、下控制限 —— $\bar{\bar{x}} \pm A_2\bar{R}$；

上、下警告限 —— $\bar{\bar{x}} \pm \dfrac{2}{3} A_2\bar{R}$；

上、下辅助线 —— $\bar{\bar{x}} \pm \dfrac{1}{3} A_2\bar{R}$。

②极差控制图部分

上控制限 —— $D_4\bar{R}$；

上警告限 —— $\bar{R} + \dfrac{2}{3}\left(D_4\bar{R} - \bar{R}\right)$；

上辅助线 —— $\bar{R} + \dfrac{1}{3}\left(D_4\bar{R} - \bar{R}\right)$；

下控制限 —— $D_3\bar{R}$。

使用 $\bar{x} - R$ 控制图时，只要两者中任一个超出控制限（不包括 R 图部分的下控制限），即认为是"失控"，显然，其灵敏度较单纯的 R 图高。

（二）比较实验

对同一样品采用不同的分析方法进行测定，比较结果的符合程度来估计测定准确度。对于难度较大而不易掌握的方法或测得结果有争议的样品常用此法，必要时还可以进一步交换操作者，交换仪器设备或两者都换。将所得结果加以比较，以检查操作稳定性和发现问题。

（三）对照分析

在进行环境样品分析的同时，对标准物质进行平行分析，将后者的测定结果与浓度进行比较，以控制分析准确度。也可以由他人（上级或权威部门）配制（或选用）标准样品，但不告诉操作人员浓度值即密码样，然后由上级或权威部门对结果进行检查，这也是考核人员的一种方法。

三、实验室间质量控制

实验室工作质量的外部控制就称为实验室间质量控制。这方面工作通常由中心实验室或上级监测机关负责施行，接受外部控制的各实验室必须是内部质量已经达到合格者。各实验室接受考核时，一般采用统一的标准方法对上级部门统一发放的密码标准样品进行测定，测定数据由上级部门进行统计处理后，对接受检查的实验室做出质量评价并予以公布，从中可以发现各实验室存在的问题并及时纠正。实际考核的内容和方法有很多种，以下介绍常用的几种方法。

（一）各实验室等精度检验

对接受检查的若干个实验室，要求用相同的标准方法对同一个标准样品做行次测定，测定结果用 Cochran 最大方差法予以检验，这种方法就称为等精度检验。具体做法如下。

设有 m 个实验室接受检查，各自的标准偏差为 s_1，s_2，s_3，$\cdots$，s_m。

①将 m 个标准偏差按大小顺序排列，其中最大者记为 s_{max}。

②计算统计量 C。

$$C = \frac{s_{max}^2}{\sum\limits_{i=1}^{m} s_i^2}$$

（3-12）

③根据给定的显著性水平 a，测定次数行，从数理统计表得 Coch-ran 最大方差检验临界值 $C_{0.05}$，见表 3-4。

表 3-4　Cochran 最大方差检验临界值 $C_{0.05}$

m	n								
	2	3	4	5	6	7	8	9	10
2	0.9985	0.9750	0.9392	0.9057	0.8772	0.8534	0.8332	0.8159	0.8010
3	0.9669	0.8709	0.7977	0.7457	0.7070	0.6770	0.6531	0.6333	0.6167
4	0.9065	0.7679	0.6839	0.6287	0.5894	0.5598	0.5365	0.5175	0.5018
5	0.8413	0.6838	0.5981	0.5440	0.5063	0.4783	0.4564	0.4387	0.4241
6	0.7807	0.6161	0.5321	0.4803	0.4447	0.4184	0.3980	0.3817	0.3682
7	0.7270	0.5612	0.4800	0.4307	0.3972	0.3725	0.3535	0.3383	0.3289
8	0.6798	0.5157	0.4377	0.3910	0.3594	0.3362	0.3185	0.3043	0.2927
9	0.6385	0.4775	0.4027	0.3584	0.3285	0.3067	0.2901	0.2768	0.2659
10	0.6020	0.4450	0.3733	0.3311	0.3028	0.2822	0.2665	0.2540	0.2438
11	0.5697	0.4169	0.3482	0.3079	0.2810	0.2616	0.2467	0.2349	0.2253
12	0.5410	0.3924	0.3264	0.2880	0.2624	0.2439	0.2298	0.2187	0.2095
13	0.5152	0.3708	0.3074	0.2706	0.2462	0.2286	0.2152	0.2046	0.1959
14	0.4919	0.3517	0.2906	0.2554	0.2320	0.2152	0.2024	0.1923	0.1841
15	0.4709	0.3346	0.2757	0.2418	0.2194	0.2033	0.1911	0.1815	0.1736

④若实得统计量 $C \leqslant C_{0.05}$，表明 m 个实验室都是符合精度要求的；若 $C > C_{0.01}$，表明具有 s_{max} 的那个实验室精度不符合要求；若 $C_{0.05} < C \leqslant C0.01$，表明具有 s_{max} 的那个实验室的精度是有疑问的，需再次考核。

（二）质量检查图

这种方法是将对各实验室的考核结果全部标绘在同一图上，这样就可以清楚地比较出各受检实验室的工作质量。

（三）双样图

在实验室间起支配作用的误差常为系统误差。判断实验室的分析质量时，发现实验室内的随机误差比较容易，对系统误差的存在与否是较难判别的。这就通常需要组织多个实验室共同进行互校，以便最后确定。

尤登试验是验证实验室间分析质量的一种简便易行的方法。尤登试验需要使用两个样品同时进行分析，将所得结果绘制成图，用以评价分析质量。尤登称这种图为双样图。

四、自动监测质量保证与控制

所有自动监测系统都是由一个中心控制站和多个固定监测子站（或固定监测点）组成，是集监测、电子、通信、自动控制于一体的高新系统工程，具有连续运转的特点。

自动监测质量保证与控制的内容主要包括点位优化、站房建设、系统选型、子站运行、中心站数据处理、人员岗位培训、管理制度建设与执行等。在完成点位确定、站房建设和系统选型之后，质量保证与控制的重点则是子站运行等内容。

（一）点位优化、站房建设和系统选型

环境水质自动监测站主要由国家环境保护主管部门统一确定站位建设和系统选型。

环境空气质量自动监测是各地、市环境保护部门按照国家环境保护相关规范结合当地实际情况优化布点确定监测站位数量与位置，进行站房建设、系统选型。

固定污染源污水自动监测主要是对工业污染源和城市污水处理厂污水连续排放监测，通常要求排水量100m3/d及以上的工业污染源和城市污水处理厂都要安装自动监测系统。站房建设和系统选型必须符合相关技术规范要求。

固定污染源废气自动监测主要是对火电业、热电业、水泥工业等重点工业污染源烟尘烟气连续排放监测。建设站房、监测系统的选择必须符合相关技术规范要求。

（二）子站运行

日常工作中，监测人员主要对子站内的采样系统、监测仪器、基础设施、供电系统、通讯系统等进行巡检、维护，确保子站正常运行。

环境水质自动监测和固定污染源污水自动监测应保证标样质量合格，足量够用，标样浓度要与被测水质浓度水平相当，定期进行比对试验，比对相对误差应符合规范要求。

环境空气自动监测、固定污染源废气自动监测应配备流量标准传递设备、各种基准标准气体、质量保证专用仪器、便携式审核校准仪器，对各种监测仪器设备进行定期不定期校准和标准传递，并对各种过滤器进行定期不定期的更换、清洗，保持流路畅通，确保设备良好稳定运行。

（三）人员岗位培训

目前自动监测工作均由各地环境保护部门所属监测机构运行与监控，要求相关工作人员必须熟练掌握监测系统的运行原理和维护方法，执行《环境监测人员持证上岗考核制度》，持证上岗。

固定污染源监测污水、废气自动监测由有资质的企业承担运营，由所属地环境保护主管部门的监测机构实行监控，运营企业的相关人员必须接受有关部门的专业培训，获得资格证才能上岗。

（四）管理制度

建立系统运行记录制度，如中心控制室运行记录、子站运行记录、子站巡检记录、仪器设备校准记录、仪器设备维护记录、数据审核记录。建立仪器设备管理制度，如仪

器设备建档制度、仪器设备操作制度、仪器设备维护制度、仪器设备校准制度。同时还应建立子站巡检制度、数据审核制度、后勤保障制度，以确保数据的准确及仪器设备的良好运行。

第四节　监测方法的质量保证

一、标准分析方法

对于一种化学物质或元素往往可以有许多种分析方法可供选择。例如，水体中汞的测定方法就有冷原子荧光法、冷原子吸收法和双硫腙分光光度法等，而这其中的后两种方法都是国家标准中公布的标准方法。

在测定同一个项目时，不同的分析方法具有不同的原理、不同的灵敏度、不同的干扰因素以及不同的操作要求等，因此其测定结果往往不具备可比性。这在环境监测工作中是不允许的，所以有必要对各个项目的分析方法做出强制性的规定，并采用标准的分析方法。

标准方法的选定首先要达到所要求的检出限度，其次能提供足够小的随机和系统误差，同时对各种环境样品能得到相近的准确度和精密度，当然也要考虑技术、仪器的现实条件和推广的可能性。

标准分析方法又称分析方法标准，是技术标准中的一种，它通常是由某个权威机构组织有关专家进行编写的，因此具有很高的权威性。

编制和推行标准分析方法的目的是为了保证分析结果的重复性、再现性和准确性，不但要求同一实验室的分析人员分析同一样品的结果要一致，而且要求不同实验室的分析人员分析同一样品的结果也要一致。

二、分析方法标准化

标准是标准化活动的结果，标准化工作是一项具有高度政策性、经济性、技术性、严密性和连续性的工作，开展这项工作必须建立严密的组织机构，同时必须按照一定规范来进行工作。

三、监测实验室间的协作试验

协作试验是指为了一个特定的目的并按照预定的程序所进行的合作研究活动。协作试验可用于分析方法标准化、标准物质浓度定值、实验室间分析结果争议的仲裁和分析人员技术等级评定等项工作。

分析方法标准化协作试验的目的则是为了确定拟作为标准的分析方法在实际应用的

条件下可以达到的精密度和准确度，制定实际应用中分析误差的允许界限，以作为方法选择、质量控制和分析结果仲裁的依据。

进行协作试验预先要制定一个合理的试验方案，并应注意下列因素。

（一）实验室的选择

参加协作试验的实验室要选择在地区和技术上有代表性，并具备参加协作试验的基本条件。如分析人员、分析设备等，避免选择技术太高和太低的实验室，实验室数目以多为好，一般要求 5 个以上。

（二）分析方法

选择成熟和比较成熟的方法，方法应能满足确定的分析目的，并已写成了较严谨的文件。

（三）分析人员

参加协作试验的实验室应指定具有中等技术水平的分析人员参加工作，分析人员应对被试验的方法具有较丰富的实际经验。

（四）实验设备

参加协作试验的实验室要尽可能用已有的可互换的同等设备。各种量器、仪器等按规定校准，如果同一实验有两人以上参加，除专用设备外，其他常用设备（如天平、玻璃器皿和分光光度计等）不得共用。

（五）样品的类型和含量

由于精密度往往与样品中被测物质浓度水平有关，一般至少要包括高、中、低三种浓度。如要确定精密度随浓度变化的回归方程，且至少要使用 5 种不同浓度的样品。

只向参加实验室分送必需的样品量，不得多余，样品中待测物质含量不应恰为整数或一系列有规则的数，作为商品或浓度值已为人们知道的标准物质不宜作为方法标准化协作试验或考核人员的样品，使用密码样品可避免"习惯性"偏差。

（六）分析时间和测定次数

同一名分析人员至少要在两个不同的时间进行同一样品的重复分析。一次平行测定的平行样数目不得少于两个。每个实验室对每种含量的样品的总测定次数不应少于 6 次。

（七）协作试验中质量控制

在正式分析以前要分发类型相似的已知样，让分析人员进行操作练习，取得必要的经验，以检查和消除实验室的系统误差。

协作试验设计不同，数据处理的方法也不尽相同。以方法标准化为例，一般计算步骤如下。

①整理原始数据，汇总成便于计算的表格；

②核查数据并进行离群值检验；

③计算精密度，并进行精密度与含量之间相关性检验；

④计算允许差；

⑤计算准确度。

四、环境标准物质

（一）环境标准物质的概念

标准物质是指具有一种或多种足够均匀并已经很好地确定其特性量值的材料或物质，而环境标准物质只是标准物质中的一类。

20世纪80年代，标准物质的发展已进入了在全世界范围内普遍推广使用的阶段。环境标准物质不仅成为环境监测中传递准确度的基准物质，而且也是实验室分析质量控制的物质基础。在世界范围内，目前已有近千种环境标准物质。其中，中国使用量较大的代表性标准物质有果树叶、小牛肝和标准气体；日本的胡椒树叶、底泥和人头发标准物质；中国的水、气、土、生物和水系沉积物以及大米粉标准物质等。

环境标准物质可以是纯物质，也可以是混合的气体、液体或固体，甚至可以是简单的人造物体。

（二）环境标准物质的作用

环境标准物质在环境监测中具有十分重要而广泛的作用，它不仅是环境监测中传递准确度的基准物质，而且也是实验室分析质量控制的重要物质基础。

①评价监测分析方法的准确度和精密度，研究和验证标准方法，发展新的监测方法；

②校正和标定监测分析仪器，发展新的监测技术；

③在协作试验中用于评价实验室的管理效能和监测人员的技术水平，从而不断提升实验室提供准确、可靠数据的能力；

④把标准物质当作工作标准和监控标准使用；

⑤通过标准物质的准确度传递系统和追溯系统，可以实现国际同行间、国内同行间以及实验室间数据的可比性和时间上的一致性；

⑥作为相对真值，标准物质可以用作环境监测的技术仲裁依据；

⑦以一级标准物质作为真值，控制二级标准物质和质量控制样品的制备和定值，也可以为新类型的标准物质的研制与生产提供保证。

（三）环境标准物质分类

环境标准物质的分类不同于一般标准物质，目前主要是按照物质的属性来进行分类，大致有以下一些主要类别。

水质标准物质、空气标准物质、土壤标准物质、汽车尾气标准物质、河流底泥标准物质、燃料标准物质、生物材料标准物质、粮食标准物质、食品标准物质、临床化验标准物质、有机污染物标准物质、放射性标准物质等。

第四章 水和废水监测技术

第一节 水质监测方案的制定

一、地表水监测方案的制定

（一）基础资料的调查和收集

在制定监测方案之前，应尽可能完备地收集欲监测水体及所在区域的有关资料，主要有以下几方面。

①水体的水文、气候、地质和地貌资料。如水位、水量、流速及流向的变化；降雨量、蒸发量及历史上的水情；河流的宽度、深度、河床结构及地质状况；湖泊沉积物的特性、间温层分布、等深线等。

②水体沿岸城市分布、工业布局、污染源及其排污情况、城市给排水情况等。

③水体沿岸的资源现状和水资源的用途；饮用水源分布和重点水源保护区；水体流域土地功能及近期使用计划等。

④历年的水质监测资料等。

（二）监测断面和采样点的设置

监测断面即为采样断面，一般分为四种类型，即背景断面、对照断面、控制断面和消减断面。对于地表水的监测来说，并非所有的水体都必须设置四种断面。

采样点的设置应在调查研究、收集有关资料、进行理论计算的基础上，根据监测目的和项目以及考虑人力、物力等因素来确定。

1. 河流监测断面和采样点设置

对于江、河水系或某一个河段，水系的两岸必定遍布很多城市和工厂企业，由此排放的城市生活污水和工业污水成为该水系受纳污染物的主要来源，因此要求设置四种断面，即背景断面、对照断面、控制断面和消减断面。

①对照断面。具有判断水体污染程度的参比和对照作用或提供本底值的断面。它是为了解流入监测河段前的水体水质状况而设置。这种断面应设在河流进入城市或工业区以前的地方。设置这种断面必须避开各种污水的排污口或回流处。常设在所有污染源上游处，排污口上游 100～500m 处，一般一个河段只设一个对照断面（有主要支流时可酌情增加）。

②控制断面。为及时掌握受污染水体的现状和变化动态，进而进行污染控制而设置的断面。这类断面应设在排污区下游，较大支流汇入前的河口处；湖泊或水库的出入河口及重要河流入海口处；国际河流出入国境交界处及有特殊要求的其他河段（如临近城市饮水水源地、水产资源丰富区、自然保护区、与水源有关的地方病发病区等）。控制断面一般设在排污口下游 500～1000m 处。断面数目应根据城市工业布局和排污口分布情况而定。

③消减断面。当工业污水或生活污水在水体内流经一定距离而达到（河段范围）最大程度混合时，其污染状况明显减缓的断面。这种断面常设在城市或工业区最后一个排污口下游 1500m 以外的河段上。

④背景断面。当对一个完整水体进行污染监测或评价时，需要设置背景断面。对于一条河流的局部河段来说，通常只设对照断面而不设背景断面。背景断面一般设置在河流上游不受污染的河段处或接近河流源头处，尽可能远离工业区、城市居民密集区和主要交通线以及农药和化肥施用区。通过对背景断面的水质监测，可获得该河流水质的背景值。

在设置监测断面后，应先根据水面宽度确定断面上的采样垂线，然后再根据采样垂线的深度确定采样点数目和位置。一般是当河面水宽小于 50m 时，设一条中泓垂线；当河面水宽为 50～100m 时，在左右近岸有明显水流处各设一条垂线；当河面水宽为 100～1000m 时，设左、中、右三条垂线；河面水宽大于 1500 时，至少设 5 条等距离垂线。每一条垂线上，当水深小于或等于 5m 时只在水面下 0.3～0.5m 处设一个采样点；水深 5～10m 时，在水面下 0.3～0.5m 处和河底以上约 0.5m 处各设 1 个采样点；水深 10～50m 时，要设三个采样点，水面下 0.3～0.5m 处一点，河底以上约 0.5m 处一点，1/2 水深处一点；水深超过 50m 时，应酌情增加采样点个数。

监测断面和采样点位置确定后，应立即设立标志物。每次采样时以标志物为准，在同一位置上采样，以保证样品的代表性。

2. 湖泊、水库中监测断面和采样点的设置

湖泊、水库监测断面设置前，应先判断湖泊、水库是单一水体还是复杂水体，考虑汇入湖、库的河流数量、水体径流量、季节变化及动态变化、沿岸污染源分布等，然后按以下原则设置监测断面。

①在进出湖、库的河流汇合处设监测断面。

②以功能区为中心（如城市和工厂的排污口、饮用水源、风景游览区、排灌站等），在其辐射线上设置弧形监测断面。

③在湖库中心，深、浅水区，滞流区，不同鱼类的洄游产卵区，水生生物经济区等设置监测断面。

湖、库采样点的位置与河流相同。但由于湖、库深度不同，会形成不同水温层，此时应先测量不同深度的水温、溶解氧等，确定水层情况后，再确定垂线上采样点的位置。位置确定后，同样需要设立标志物，以保证每次采样在同一位置上。

（三）采样时间和频率的确定

为使采取的水样具有代表性，能反映水质在时间和空间上的变化规律，必须确定合理的采样时间和采样频率。一般原则如下。

①对较大水系干流和中、小河流，全年采样不少于6次，采样时间分为丰水期、枯水期和平水期，每期采样两次；

②流经城市、工矿企业、旅游区等的水源每年采样不少于12次；

③底泥在枯水期采样一次；

④背景断面每年采样一次。

二、地下水监测方案的制定

地球表面的淡水大部分是贮存在地面之下的地下水，所以地下水是极宝贵的淡水资源。地下水的主要水源是大气降水，降水转成径流后，其中一部分通过土壤和岩石的间隙而渗入地下形成地下水。严格地说，由重力形成的存在于地表之下饱和层的水体才是地下水。目前大多数地下水尚未受到严重污染，但一旦受污，又非常难以通过自然过程或人为手段予以消除。可供现成利用的地下水有井水、泉水等。

（一）基础资料的调查和收集

①收集、汇总监测区域的水文、地质、气象等方面的有关资料和以往的监测资料。例如，地质图、剖面图、测绘图、水井的成套参数、含水层、地下水补给、径流和流向，以及温度、湿度、降水量等。

②调查监测区域内城市发展、工业分布、资源开发和土地利用情况，尤其是地下工程规模、应用等；了解化肥和农药的施用面积和施用量；查清污水灌溉、排污、纳污和地表水污染现状。

③测量或查知水位、水深，以确定采水器和泵的类型、所需费用和采样程序。

④在完成以上调查的基础上，确定主要污染源和污染物，并根据地区特点与地下水的主要类型把地下水分成若干个水文地质单元。

（二）采样点的设置

①地下水背景值采样点的确定。采样点应设在污染区外，如需查明污染状况，可贯穿含水层的整个饱和层，在垂直于地下水流方向的上方设置。

②受污染地下水采样点的确定。对于作为应用水源的地下水，现有水井常被用作日常监测水质的现成采样点。当地下水受到污染需要研究其受污情况时，则常需设置新的采样点。例如在与河道相邻近地区新建了一个占地面积不太大的垃圾堆场的情况下，为了监测垃圾中污染物随径流渗入地下，并被地下水挟带转入河流的状况，应设置地下水监测井。如果含水层渗透性较大，污染物会在此水区形成一个条状的污染带，那么监测井位置应处在污染带内。

一般地下水采样时应在液面下 0.3 ~ 0.5m 处采样，若有间温层，可按具体情况分层采样。

（三）采样时间和频率的确定

采样时间与频率一般是：每年应在丰水期和枯水期分别采样检验一次，1。天后再采检一次可作为监测数据报出。

三、水污染源监测方案的制定

水污染源包括工业废水源、生活污水源、医院污水源等。在制定监测方案时，首先也要进行调查研究，收集有关资料，查清用水情况、污水的类型、主要污染物及排污去向和排放量等。

（一）基础资料的调查和收集

1. 调查污水的类型

工业废水、生活污水、医院污水的性质和组成十分复杂，它们是造成水体污染的主要原因。根据监测的任务，首先需要了解污染源所产生的污水类型。工业废水、生活污水、医院污水等所生成的污染物具有较大的差别。相对而言，工业污水往往是我们监测的重点，这是由于工业用水不仅在数量上而且在污染物的浓度上都是比较大的。

工业废水可分为物理污染污水、化学污染污水、生物及生物化学污染污水三种主要类型以及混合污染污水。

2. 调查污水的排放量

对于工业废水，可通过对生产工艺的调查，计算出排放水量并确定需要监测的项目；对于生活污水和医院污水则可在排水口安装流量计或自动监测装置进行排放量的计算和统计。

3. 调查污水的排污去向

调查内容有：①车间、工厂、医院或地区的排污口数量和位置；②直接排入还是通过渠道排入江、河、湖、库、海中，是否有排放渗坑。

（二）采样点的设置

1. 工业废水源采样点的确定

①含汞、镉、总铬、砷、铅、苯并芘等第一类污染物的污水，不分行业或排放方式，一律在车间或车间处理设施的排出口设置采样点；

②含酸、碱、悬浮物、生化需氧量、硫化物、氟化物等第二类污染物的污水，应在排污单位的污水出口处设采样点；

③有处理设施的工厂，应在处理设施的排放口设点。为对比处理效果，在处理设施的进水口也可设采样点，同时采样分析；

④在排污渠道上，选择道直、水流稳定、上游无污水流入的地点设点采样；

⑤在排水管道或渠道中流动的污水，因为管道壁的滞留作用，使同一断面的不同部位流速和浓度都有变化，所以可在水面下 $\frac{1}{4} \sim \frac{1}{2}$ 处采样，作为代表平均浓度水样采集。

2. 综合排污口和排污渠道采样点的确定

①在一个城市的主要排污口或总排污口设点采样；

②在污水处理厂的污水进出口处设点采样；

③在污水泵站的进水和安全溢流口处布点采样；

④在市政排污管线的入水处布点采样。

（三）采样时间和频率的确定

工业废水的污染物含量和排放量常随工艺条件及开工率的不同而有很大差异，故采样时间、周期和频率的选择是一个比较复杂的问题。

一般情况下，可在一个生产周期内每隔 0.5h 或 1h 采样 1 次，将其混合后测定污染物的平均值。如果取几个生产周期（如 3 ~ 5 个周期）的污水样监测，可每隔 2h 取样 1 次。对于排污情况复杂、浓度变化大的污水，采样时间间隔要缩短，有时需要 5 ~ 10min 采样 1 次，这种情况最好使用连续自动采样装置。对于水质和水量变化比较稳定或排放规律性较好的污水，待找出污染物浓度在生产周期内的变化规律后，采样频率可大大降低，如每月采样测定两次。

城市排污管道大多数受纳 10 个以上工厂排放的污水，由于在管道内污水已进行了混合，故在管道出水口，可每隔 1h 采样 1 次，连续采集 8h；也可连续采集 24h，然后将其混合制成混合样，测定各污染组分的平均浓度。

我国《地表水和污水监测技术规范》中对向国家直接报送数据的污水排放源规定：工业废水每年采样监测 2 ~ 4 次；生活污水每年采样监测 2 次，春、夏季各 1 次；医院污水每年采样监测 4 次，每季度 1 次。

第二节　水样的采集、保存和预处理

一、水样的采集

采样前，要根据监测项目、监测内容和采样方法的具体要求，选择适宜的盛水容器和采样器，并清洗干净。采样器具的材质化学性质要稳定，大小形状适宜、不吸附待测组分、容易清洗、瓶口易密封。同时要确定总采样量（分析用量和备份用量），并准备好交通工具。

（一）采样设备

采集表层水样，可用桶、瓶等容器直接采集。目前我国已经生产出不同类型的水质监测采样器，如单层采水器、直立式采水器、深层采水器、连续自动定时采水器等，广泛用于废水和污水采样。

常用的简易采水器，是一个装在金属框内用绳吊起的玻璃瓶或塑料瓶，框底装有重锤，瓶口有塞，用绳系牢，绳上标有高度。采样时，将采样瓶降至预定深度，将细绳上提打开瓶塞，水样即流入并充满采样瓶，然后用塞子塞住。

急流采水器适于采集地段流量大、水层深的水样。它是将一根长钢管固定在铁框上，钢管是空心的，管内装橡皮管，管上部的橡皮管用铁夹夹紧，下部的橡皮管与瓶塞上的短玻璃管相接，橡皮塞上另有一长玻璃管直通至样瓶底部。采集水样前，需将采样瓶的橡皮塞子塞紧，然后沿船身垂直方向伸入特定水深处，打开铁夹，水样即沿长玻璃管流入样瓶中。此种采水器是隔绝空气采样，可供溶解氧测定。

此外还有各种深层采水器和自动采水器。

沉积物采样分表层沉积物采样和柱状沉积物采样。表层沉积物采样是用各种掘式和抓式采样器，用手动绞车或电动绞车进行采样；柱状沉积物采样是采用各种管状或筒状的采样器，利用自身重力或通过人工锤击，将管子压入沉积物中直至所需深度，然后将管子提取上来，用通条将管中的柱状沉积物样品压出。

（二）盛样容器

采集和盛装水样或底质样品的容器要求材质化学稳定性好，保证水样各组分在贮存期内不与容器发生反应，能够抵御环境温度从高温到严寒的变化，抗震，大小、形状和重量适宜，能严密封口并容易打开，容易清洗并可反复使用。常用材料有高压聚乙烯塑料（以 P 表示）、一般玻璃（G）和硬质玻璃或硼硅玻璃（BG）。不同监测项目水样容器应采用适当的材料。

水质监测，尤其是进行痕量组分测定时，常常因容器污染造成误差。为减少器壁溶出物对水样的污染和器壁吸附现象，须注意容器的洗涤方法。应先用水和洗涤剂洗净，用自来水冲洗后备用。常用洗涤法是用重铬酸钾－硫酸洗液浸泡，然后用自来水冲洗和蒸馏水荡洗；用于盛装重金属监测样品的容器，需用10%硝酸或盐酸浸泡数小时，再用自来水冲洗，最后用蒸馏水洗净。容器的洗涤还与监测对象有关，洗涤容器时要考虑到监测对象。如测硫酸盐和铬时，容器不能用重铬酸钾－硫酸洗液；测磷酸盐时不能用含磷洗涤剂；测汞时容器洗净后尚需用1+3硝酸浸泡数小时。

（三）采样方法

①在河流、湖泊、水库及海洋采样应有专用监测船或采样船，如无条件也可用手划或机动的小船。如果位置合适，可在桥或坎上采样。较浅的河流和近岸水浅的采样点可以涉水采样。采样容器口应迎着水流方向，采样后立即加盖塞紧，避免接触空气，并避光保存。深层水的采集，可用抽吸泵采样，利用船等行驶至特定采样点，将采水管沉降至规定的深度，用泵抽取水样即可。采集底层水样时，切勿搅动沉积层。

②采集自来水或从机井采样时，应先放水数分钟，使积留在水管中的杂质及陈旧水排除后再取样。采样器和塞子须用采集水样洗涤3次。对于自喷泉水，在涌水口处直接采样。

③从浅埋排水管、沟道中采集废（污）水，用采样容器直接采集。对埋层较深的排水管、沟道，可用深层采水器或固定在负重架内的采样容器，沉入检测井内采集。

④采用自动采水器可自动采集瞬时水样和混合水样。当废（污）水排放量和水质较稳定时，可采集瞬时水样；当排放量较稳定，水质不稳定时，可采集时间等比例水样；当二者都不稳定时，必须米集流量等比例水样。

（四）水样采集量和现场记录

水样采集量根据监测项目确定，不同的监测项目对水样的用量和保存条件有不同的要求，所以采样量必须按照各个监测项目的实际情况分别计算，再适当增加20%～30%。底质采样量通常为1～2kg。

采样完成并加好保存剂后，要贴上样品标签或在水样说明书上做好详细记录，记录内容包括采样现场描述与现场测定项目两部分。采样现场描述的内容包括：样品名称、编号、采样断面、采样点、添加保存剂种类和数量、监测项目、采样者、登记者、采样日期和时间、气象参数（气温、气压、风向、风速、相对湿度）、流速、流量等。水样采集后，对有条件进行现场监测的项目进行现场监测和描述，如水温、色度、臭味、pH、电导率、溶解氧、透明度、氧化还原电位等，以防变化。

二、流量的测量

为了计算水体污染负荷是否超过环境容量、控制污染源排放量和评价污染控制效果等，需要了解相应水体的流量。因此在采集水样的同时，还需要测量水体的水位（m）、流速（m/s）、流量（m3/s）等水文参数。河流流量测量和工业废水、污水排放过程中的流量测量方法基本相同，主要有流速仪法、浮标法、容积法、溢流堰法等。对于较大的河流，水利部门通常都设有水文测量断面，应尽可能利用这些断面。若监测河段无水文测量断面，应选择水文参数比较稳定、流量有代表性的断面作为测量断面。

（一）流速仪法

使用流速仪可直接测量河流或废（污）水的流量。流速仪法通过测量河流或排污渠道的过水截面积，以流速仪测量水流速，从而计算水流量。流速仪法测量范围较宽，多数用于较宽的河流或渠道的流量测量。测量时需要根据河流或渠道深度和宽度确定垂直测点数和水平测点数。流速仪有多种规格，常用的有旋杯式和旋桨式两种，测量时将仪器放到规定的水深处，按照仪器说明书要求操作。

（二）浮标法

浮标法是一种粗略测量小型河、渠中水流速的简易方法。测量时选取一平直河段，测量该河段 2m 间距内起点、中点和终点 3 个过水横断面面积，求出其平均横断面面积。在上游河段投入浮标（如木棒、泡沫塑料、小塑料瓶等），测量浮标流经确定河段（L）所需要的时间，重复测量多次，求出所需时间的平均值（t），即可计算出流速（L/t），进而可按下式计算流量：

$$Q = K \times \overline{v} \times S$$

（4-1）

式中：Q —— 水流量，m³/s；

$\overline{v}$ —— 浮标平均流速，m/s，等于 L/t；

S —— 过水横断面面积，m²；

K —— 浮标系数，与空气阻力、断面上流速分布的均匀性有关，一般需用流速仪对照标定，其范围为 0.84 ~ 0.90。

（三）容积法

容积法是将污水接入已知容量的容器中，测定其充满容器所需时间，从而计算污水流量的方法。本法简单易行，测量精度较高，适用于污水量较小的连续或间歇排放的污水。但溢流口与受纳水体应有适当落差或能用导水管形成落差。

（四）溢流堰法

溢流堰法适用于不规则的污水沟、污水渠中水流量的测量。该法是用三角形或矩形、梯形堰板拦住水流，形成溢流堰，测量堰板前后水头和水位，计算流量。图 4-1 为用三角堰法测量流量的示意图，流量计算公式如下：

$$Q = Kh^{5/2}$$

（4-2）

$$K = 1.354 + \frac{0.04}{h} + \left(0.14 + \frac{0.2}{\sqrt{D}}\right)\left(\frac{h}{B} - 0.09\right)^2$$

(4-3)

式中：Q —— 水流量，/s；

h —— 过堰水头高度，m；

K —— 流量系数；

D —— 从水流底至堰缘的高度，m；

B —— 堰上游水流高度，m

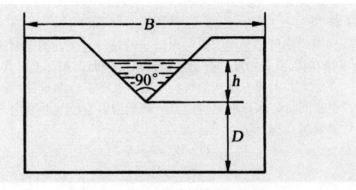

图 4-1 直角三角堰

在下述条件下，上式误差 v ± 1.4%。

$$0.5m \leqslant B \leqslant 1.2m$$

$$0.1m \leqslant D \leqslant 0.75m$$

$$0.07m \leqslant h \leqslant 0.26m$$

$$h \leqslant \frac{B}{3}$$

三、水样的运输与保存

（一）样品的运输

水样采集后，应尽快送到实验室分析测定。通常情况下，水样运输时间不超过24h。在运输过程中应注意：装箱前应将水样容器内外盖盖紧，对盛水样的玻璃磨口瓶应用聚乙烯薄膜覆盖瓶口，并用细绳将瓶塞与瓶颈系紧；装箱时用泡沫塑料或波纹纸板垫底和间隔防震；需冷藏的样品，应采取制冷保存措施；冬季应采取保温措施，以免冻裂样品瓶。

（二）样品的保存

水样在存放过程中，可能会发生一系列理化性质的变化。由于生物的代谢活动，会使水样的 PH、溶解氧、生化需氧量、二氧化碳、碱度、硬度、磷酸盐、硫酸盐、硝酸盐和某些有机化合物的浓度发生变化；由于化学作用，测定组分可能被氧化或还原。如六价铬在酸性条件下易被还原为三价铬，余氯可能被还原变为氯化物，硫化物、亚硫酸盐、亚铁、碘化物和氧化物可能因氧化而损失；由于物理作用，测定组分会被吸附在容器壁上或悬浮颗粒物的表面上，如金属离子可能与玻璃器壁发生吸附和离子交换，溶解的气体可能损失或增加，某些有机化合物易挥发损失等。为了避免或减少水样的组分在存放过程中的变化和损失，部分项目要在现场测定。不能尽快分析时，应根据不同监测项目的要求，放在性能稳定的材料制成的容器中，采取适宜的保存措施。

为了减缓水样在存放过程中的生物作用、化合物的水解和氧化还原作用及挥发和吸附作用，需要对水样采取适宜的保存措施。包括：①选择适当材料的容器；②控制溶液的 pH；③加入化学试剂抑制氧化还原反应和生化反应；④冷藏或冷冻以降低细菌活性和化学反应速率。

四、水样的预处理

环境水样所含组分复杂，多数待测组分的浓度低，存在形态各异，且样品中存在大量干扰物质，因此在分析测定之前，需要进行样品的预处理，以得到待测组分适合于分析方法要求的形态和浓度，并与干扰性物质最大限度地分离。水样的预处理主要指水样的消解、微量组分的富集与分离。

（一）水样的消解

当对含有机物的水样中的无机元素进行测定时，需要对水样进行消解处理。消解处理的目的是破坏有机物、溶解颗粒物，并将各种价态的待测元素氧化成单一高价态或转变成易于分离的无机化合物。消解主要有湿式消解法和干灰化法两种。消解后的水样应清澈、透明、无沉淀。

1. 湿式消解法

①硝酸消解法。对于较清洁的水样，可用此法。具体方法是：取混匀的水样 50 ~ 200mL 于锥形瓶中，加入 5 ~ 10mL 浓硝酸，在电热板上加热煮沸，缓慢蒸发至小体积，试液应清澈透明，呈浅色或无色，否则，应补加少许硝酸继续消解。蒸至近干时，取下锥形瓶，稍冷却后加 2%HNO₃（或 HCl）20mL，温热溶解可溶盐。若有沉淀，应过滤，滤液冷却至室温后于 50mL 容量瓶中定容，备用。

②硝酸－硫酸消解法。这两种酸都是强氧化性酸，其中硝酸沸点低（83℃），而浓硫酸沸点高（338℃），两者联合使用，可大大提高消解温度和消解效果，应用广泛。常用的硝酸与硫酸的比例为 5 : 2。消解时，先将硝酸加入水样中，加热蒸发至小体积，稍冷，再加入硫酸、硝酸，继续加热蒸发至冒大量白烟，冷却后加适量水温热溶解可溶

盐。若有沉淀，应过滤，滤液冷却至室温后定容，备用。为提高消解效果，常加入少量过氧化氢。该法不适用于含易生成难溶硫酸盐组分（如铅、钡、锶等元素）的水样。

③硝酸－高氯酸消解法。这两种酸都是强氧化性酸，联合使用可消解含难氧化有机物的水样。方法要点是：取适量水样于锥形瓶中，加 5 ~ 10mL 硝酸，在电热板上加热、消解至大部分有机物被分解。取下锥形瓶，稍冷却，再加 2 ~ 5mL 高氯酸，继续加热至开始冒白烟，如试液呈深色再补加硝酸，继续加热至冒浓厚白烟将尽，取下锥形瓶，冷却后加 2%HNO$_3$ 溶解可溶盐。若有沉淀，应过滤，滤液冷却至室温后定容备用。因为高氯酸能与羟基化合物反应生成不稳定的高氯酸酯，有发生爆炸的危险，所以应先加入硝酸氧化水样中的羟基有机物，稍冷后再加高氯酸处理。

④硫酸－磷酸消解法。两种酸的沸点都比较高，其中，硫酸氧化性较强，磷酸能与一些金属离子如 Fe^{3+} 等络合，两者结合消解水样，有利于测定时消除 Fe^{3+} 等离子的干扰。

⑤硫酸－高锰酸钾消解法。该方法常用于消解测定汞的水样。高锰酸钾是强氧化剂，在中性、碱性、酸性条件下都可以氧化有机物，其氧化产物多为草酸根，但在酸性介质中还可继续氧化。消解要点是：取适量水样，加适量硫酸和 5% 高锰酸钾溶液，混匀后加热煮沸，冷却，滴加盐酸羟胺破坏过量的高锰酸钾。

⑥多元消解法。为提高消解效果，在某些情况下需要通过多种酸的配合使用，特别是在要求测定大量元素的复杂介质体系中。例如处理测定总铬废水时，需要使用硫酸、磷酸和高锰酸钾消解体系。

⑦碱分解法当酸消解法。造成某些元素挥发或损失时，可采用碱分解法。即在水样中加入氢氧化钠和过氧化氢溶液，或者氨水和过氧化氢溶液，加热沸腾至近干，稍冷却后加入水或稀碱溶液温热溶解可溶盐。

⑧微波消解法。此方法主要是利用微波加热的工作原理，对水样进行激烈搅拌、充分混合和加热，能够有效提高分解速度，缩短消解时间，提高消解效率。同时，避免了待测元素的损失和可能造成的污染。

2. 干灰化法

干灰化法又称高温分解法。具体方法是：取适量水样于白瓷或石英蒸发皿中，于水浴上先蒸干，固体样品可直接放入坩埚中，然后将蒸发皿或坩埚移入马福炉内，于 450 ~ 550℃灼烧至残渣呈灰白色，使有机物完全分解去除。取出蒸发皿，稍冷却后，用适量 2%HNO$_3$（或 HCl）溶解样品灰分，过滤后滤液经定容后供分析测定。本方法不适用于处理测定易挥发组分（如砷、汞、镉、硒、锡等）的水样。

（二）水样的富集与分离

水质监测中，待测物的含量往往极低，大多处于痕量水平，常低于分析方法的检出下限，并有大量共存物质存在，干扰因素多，所以在测定前须进行水样中待测组分的分离与富集，以排除分析过程中的干扰，提高测定的准确性和重现性。富集和分离过程往往是同时进行的，常用的方法有过滤、挥发、蒸发、蒸馏、溶剂萃取、沉淀、吸附、离子交换、冷冻浓缩、层析等，比较先进的技术有固相萃取、微波萃取、超临界流体萃取等，应根据具体情况选择使用。

1. 挥发、蒸发和蒸馏

挥发、蒸发和蒸馏主要是利用共存组分的挥发性不同（沸点的差异）进行分离。

①挥发。此方法是利用某些污染组分挥发度大，或者将欲测组分转变成易挥发物质，然后用惰性气体带出而达到分离的目的。例如，汞是唯一在常温下具有显著蒸气压的金属元素，用冷原子荧光法测定水样中的汞时，先将汞离子用氯化亚锡还原为原子态汞，通入惰性气体将其带出并送入仪器测定。

②蒸发。蒸发一般是利用水的挥发性，将水样在水浴、油浴或沙浴上加热，使水分缓慢蒸出，而待测组分得以浓缩。该法简单易行，无须化学处理，但存在缓慢、易吸附损失的缺点。

③蒸馏。蒸馏分离是利用各组分的沸点及其蒸气压大小的不同实现分离的方法，分为常压蒸偏、减压蒸馏、水蒸气蒸馏、分馏法等。加热时，较易挥发的组分富集在蒸气相，通过对蒸气相进行冷凝或吸收，使挥发性组分在馏出液或吸收液中得到富集。

2. 液 – 液萃取法

液 – 液萃取也叫溶剂萃取，是基于物质在互不相溶的两种溶剂中分配系数不同，从而达到组分的富集与分离。具体分为以下两类。

①有机物的萃取。分散在水相中的有机物易被有机溶剂萃取，利用此原理可以富集分散在水样中的有机污染物。常用的有机溶剂有三氯甲烷、四氯甲烷、正己烷等。

②无机物的萃取。多数无机物质在水相中均以水合离子状态存在，无法用有机溶剂直接萃取。为实现用有机溶剂萃取，通过加入一种试剂，使其与水相中的离子态组分相结合，生成一种不带电、易溶于有机溶剂的物质。根据生成可萃取物类型的不同，可分为螯合物萃取体系、离子缔合物萃取体系、三元络合物萃取体系和协同萃取体系等。在环境监测中常用的是螯合物萃取体系，利用金属离子与螯合剂形成疏水性的螯合物后被萃取到有机相，主要应用于金属阳离子的萃取。

3. 沉淀分离法

沉淀分离法是基于溶度积原理，利用沉淀反应进行分离。在待分离试液中，加入适当的沉淀剂，在一定条件下，使欲测组分沉淀出来，或者将干扰组分析出沉淀，以达到组分分离的目的。

4. 吸附法

吸附法是利用多孔性的固体吸附剂将水中的一种或多种组分吸附于表面，以达到组分分离的目的。常用的吸附剂主要有活性炭、硅胶、氧化铝、分子筛、大孔树脂等。被吸附富集于吸附剂表面的组分可用有机溶剂或加热等方式解析出来，进行分析测定。

5. 离子交换法

离子交换法是利用离子交换剂与溶液中的离子发生交换反应进行分离的方法。离子交换剂分为无机离子交换剂和有机离子交换剂。目前广泛应用的是有机离子交换剂，即离子交换树脂。通过树脂与试液中的离子发生交换反应，再用适当的淋洗液将已交换在树脂上的待测离子洗脱，以达到分离和富集的目的。该法既可以富集水中痕量无机物，又可以富集痕量有机物，分离效率高。

第三节　金属污染物和非金属无机物的测定

一、金属污染物的测定

金属污染物主要有汞、镉、铅、铬、铍、铊、铜、镍等。根据金属在水中存在的状态，分别测定溶解的、悬浮的、总金属以及酸可提取的金属成分等。溶解的金属是指能通过 $0.45\mu m$ 滤膜的金属；悬浮的金属指被 $0.45\mu m$ 滤膜阻留的金属；总金属指未过滤水样，经消解处理后所测得的金属含量。目前环境标准中，如无特别指明，一般指总金属含量。

水体中金属化合物的含量一般较低，对其进行测定需采用高灵敏的方法。目前标准中主要采用原子吸收分光光度法，其他测定金属的方法有电感耦合等离子体发射光谱法、分光光度法、原子荧光法和阳极溶出伏安法等。

（一）原子吸收分光光度法测定多种金属

原子吸收分光光度法是利用某元素的基态原子对该元素的特征谱线具有选择性吸收的特性来进行定量分析的方法。按照使被测元素原子化的方式可分为火焰法、无火焰法和冷原子法三种形式。最常用的是火焰原子吸收分光光度法，其分析示意图如图 4-2 所示。

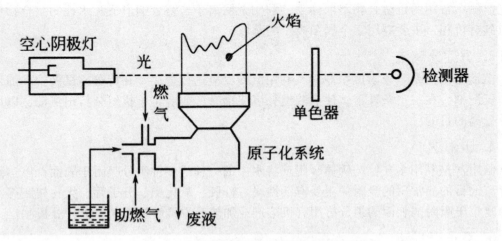

图 4-2　火焰原子吸收分光光度法示意图

压缩空气通过文丘里管把试液吸入原子化系统，试液被撞击为细小的雾滴随气流进入火焰。试样中各元素化合物在高温火焰中气化并解离成基态原子，这一过程称为原子化过程。此时，让从空心阴极灯发出的具有特征波长的光通过火焰，该特征光的能量相当于待测元素原子由基态提高到激发态所需的能量。因而被基态原子吸收，使光的强度发生变化，这一变化经过光电变换系统放大后在计算机上显示出来。被吸收光的强度与蒸气中基态原子浓度的关系在一定范围内符合比耳定律，因此，可以根据吸光度的大小，在相同条件下制作的标准曲线上求得被测元素的含量。

在无火焰原子吸收分光光度法中，元素的原子化是在高温的石墨管中实现的。石墨管同轴地放置在仪器的光路中，用电加热使其达到近 3 000℃温度，使置于管中的试样原子化并同时测得原子化期间的吸光度值。此法具有比火焰原子吸收法更高的灵敏度。

冷原子吸收分光光度法仅适用于常温下能以气态原子状态存在的元素，实际上只能用来测定汞蒸气，可以说是一种测汞专用的方法。

原子吸收分光光度法用于金属元素分析，具有很好的灵敏度和选择性。

（二）汞

汞及其化合物属于极毒物质。天然水中含汞极少，一般不超过 $0.1\mu g/L$。工业废水中汞的最高允许排放浓度为 0.05mg/L。汞的测定方法有冷原子吸收法、冷原子荧光法、二硫腙分光光度法等。

1. 冷原子吸收法

汞是常温下唯一的液态金属，具有较高的蒸气压（20℃时汞的蒸气压为 0.173Pa，在 25℃时以 IL/min 流量的空气流经 $10cm^2$ 的汞表面，每 $1m^3$ 空气中含汞约为 30mg），而且汞在空气中不易被氧化，以气态原子存在。由于汞具有上述特性，可以直接用原子吸收法在常温下测定汞，故称为冷原子吸收法。采用此法，由于可以省去原子化装置，使仪器结构简化。测定时干扰因素少，方法检出限为 0.05mg/L。冷原子吸收法测汞的专用仪器为测汞仪，光源为低压汞灯，发出汞的特征吸收波长 253.7nm 的光。

汞在污染水体中部分以有机汞，如甲基汞和二甲基汞形式存在，测总汞时需将有机物破坏，使之分解，并使汞转变为汞离子。一般用强氧化剂加以消解处理。浓硫酸－高锰酸钾可以氧化有机汞的化合物，将其中的汞转变成汞离子，然后用适当的还原剂（如氯化亚锡）将汞离子还原为汞。利用汞的强挥发性，以氮气或干燥清洁的空气作载气，将汞吹出，导入测汞仪进行原子吸收测定。

2. 冷原子荧光法

荧光是一种光致发光的现象。当低压汞灯发出的 253.7nm 的紫外线照射基态汞原子时，汞原子由基态跃迁至激发态，随即又从激发态回至基态，伴随以发射光的形式释放这部分能量，这样发射的光即为荧光。通过测量荧光强度求得汞的浓度。在较低浓度范围内，荧光强度与汞浓度成正比。冷原子荧光测汞仪与冷原子吸收测汞仪的不同之处是光电倍增管处在与光源垂直的位置上检测光强，以避免来自光源的干扰。冷原子荧光法具有更高的灵敏度，其方法检测限为 1.5ng/L。

（三）砷

砷的污染主要来自含砷农药、冶炼、制革、染料化工等工业废水。环境中的砷以砷（Ⅲ）和砷（Ⅴ）两种价态化合物存在。砷化物均有毒性，三价砷比五价砷毒性更大。地面水环境质量标准规定砷的含量为 0.05 ~ 0.1mg/L，工业废水的最高允许排放浓度为 0.5mg/L。

砷的测定方法可采用分光光度法、原子吸收法和原子荧光法。不管采用何种方法，水样均要进行相似的前处理。除非是清洁水样，对于污染水样，首先用酸消解，然后用还原剂使砷以砷化氢气体从水样中分离出来。

1. 分光光度法（光度法）

（1）二乙基二硫代氨基甲酸银光度法

此法 1952 年由 Vasak 提出。水样经前处理，以碘化钾和氯化亚锡使五价砷还原为三价砷，加入无砷锌粒，锌与酸产生的新生态氢使三价砷还原成气态砷化氢。用二乙基二硫代氨基甲酸银（AgDDTC）的吡啶溶液吸收分离出来的砷化氢，吸收的砷化氢将银盐还原为单质银，这种单质银是颗粒极细的胶态银，分散在溶剂中呈棕红色，借此作为光度法测定砷的依据。显色反应为：

$$AsH_3 + 6AgDDTC \rightarrow 6Ag + 3HDDTC + As(DDTC)_3$$

吡啶在体系中有两种作用：As（DDTC）$_3$ 为水不溶性化合物，吡啶既作为溶剂，又能与显色反应中生成的游离酸结合成盐，有利于显色反应进行得更完全。但是，由于吡啶易挥发，其气味难闻，后来改用 AgDDTC- 三乙醇胺 – 氯仿作为吸收显色体系。在此，三乙醇胺作为有机碱与游离酸结合成盐，氯仿作为有机溶剂。本法选择在波长 510nm 下测定吸光度。取 50mL 水样，最低检出浓度为 7mg/L。

（2）新银盐光度法。硼氢化钾（或硼氢化钠）在酸性溶液中，产生新生态的氢，将水中无机砷还原成砷化氢气体。以硝酸 – 硝酸银 – 聚乙烯醇 – 乙醇为吸收液，砷化氢将吸收液中的银离子还原成单质胶态银，使溶液呈黄色，颜色强度与生成氢化物的量成正比。黄色溶液在 400nm 处有最大吸收。颜色在 2h 内无明显变化（20℃以下）。化学反应如下：

$$BH_4^- + FH + 3H_2O \rightarrow 8[H] + H_3BO_3$$

$$As^{3+} + 3[H] \rightarrow AsH_3 \uparrow$$

$$6Ag^+ + ASH_3 + 3H_2O \rightarrow 6Ag + H_3AsO_3 + 6H^+$$

聚乙烯醇在体系中的作用是作为分散剂，使胶体银保持分散状态。乙醇作为溶剂。此法测定的精密度高，根据四个地区不同实验室测定，相对标准偏差为 1.9%，平均加标回收率为 98%。此法反应时间只需几分钟，而 AgDDC 法则需 1h 左右。此法对砷的测定具有较好的选择性，但在反应中能生成与砷化氢类似氢化物的其他离子有正干扰，如锑、铋、锡、锗等；能被氢还原的金属离子有负干扰，如镍、钴、铁、锰、镉等；常见阴阳离子没有干扰。

在含 2μg 砷的 250mL 试样中加入 0.15mol/L 的酒石酸溶液 20mL，可消除为砷量 800 倍的铝、锰、锌、镉，200 倍的铁，0 倍的镍、钴，30 倍的铜，2.5 倍的锡（Ⅳ），1 倍的锡（Ⅱ）的干扰。用浸渍二甲基甲酰胺（DMF）脱脂棉可消除为砷量 2.5 倍的操、铵和 0.5 倍的错的干扰。用乙酸铅棉可消除硫化物的干扰。水体中含量较低的碲、硒对本法无影响。

（3）氢化物原子吸收法

硼氢化钾或硼氢化钠在酸性溶液中，产生新生态氢，将水样中无机砷还原成砷化氢气体，将其用 N2 气载入石英管中，以电加热方式使石英管升温至 900～1000℃。砷化氢在此温度下被分解形成砷原子蒸气，对来自砷光源的特征电磁辐射产生吸收。将测得水样中砷的吸光度值和标准吸光度值进行比较，确定水样中砷的含量。原子吸收光谱仪一般带有氢化物发生与测定装置作为附件供选择购置，一般装置的检出限为 0.25μg/L。

（4）原子荧光法

在消解处理水样后加入硫脲，把砷还原成三价。在酸性介质中加入硼氢化钾溶液，三价砷被还原形成砷化氢气体，由载气（氯气）直接导入石英管原子化器中，进而在氯氢火焰中原子化。基态原子受特种空心阴极灯光源的激发，产生原子荧光，通过检测原子荧光的相对强度，利用荧光强度与溶液中的砷含量呈正比的关系，计算样品溶液中相应成分的含量。该法也适用于测定锑和铋等元素，砷、锑、铋的方法检出限为 0.1～0.2mg/L。

（四）铬

铬的主要污染源是电镀、制革、冶炼等工业排放的污水。它以三价铬离子和铬酸根离子形式存在。微量的三价铬是生物体必需的元素，但超过一定浓度也有危害。六价铬的毒性强，且更易为人体吸收，因此被列为优先监测的项目之一。

铬的测定可用多种方法：原子吸收分光光度法可用来直接测定三价铬和六价铬的总量；含高浓度铬酸根的污水可用滴定法测定；在多种测定铬的光度法中，二苯碳酰二肼光度法对铬（Ⅵ）的测定几乎是专属的，能分别测定两种价态的铬。

二苯碳酰二肼，又名二苯氨基脲、二苯卡巴肼。白色或淡橙色粉末，易溶于乙醇和丙酮等有机溶剂。试剂配成溶液后，易氧化变质，稳定性不好，应在冰箱中保存。

二苯碳酰二肼测定铬是基于与铬（Ⅵ）发生的显色反应，共存的铬（Ⅲ）不参与反应。铬（Ⅵ）与试剂反应生成红紫色的络合物，其最大吸收波长为 540nm。其具有较高的灵敏度（$\varepsilon=4\times10^4$），最低检出浓度为 4μg/L。水样经高锰酸钾氧化后测得的是总铬，未经氧化测得的是 Cr（Ⅵ），将总铬减 Cr（Ⅵ），即得 Cr（Ⅲ）。

二、非金属无机物的测定

环境水体中除了有机污染物外，还有大量的无机物，例如，含氮化合物、含磷化合物、氟化物、氯化物、氧化物、硫酸盐等。这些化合物一般以阴离子形态存在于水体中，容易被生物吸收或不稳定。对于这些化合物的测定，最普遍应用的方法是化学法和光度法，应用离子选择电极法的也较多，近年来离子色谱法在测定阴离子方面取得较大进展。

水中的含氮化合物是一项重要的卫生指标。环境水体中存在着各种形态的含氮化合物，由于化学和生物化学的作用，它们处在不断地变化和循环之中。水中氮的存在形式有氨氮（NH_3、NH_4^+）、亚硝酸盐（NO_2^-）、硝酸盐（NO_3^-）、有机氮（蛋白质、尿素、氨基酸、硝基化合物等）。最初进入水中的有机氮和氨氮，其中有机氮首先被分解转化为氨氮，而后在有氧条件下，氨氮在亚硝酸菌和硝酸菌的作用下逐步氧化为亚硝酸盐和硝酸盐。若水中富含大量有机氮和氨氮，则说明水体最近受到污染。

磷为常见元素，在天然水和废水中磷主要以正磷酸盐（PO_4^{3-}、PHO_4^{2-}、$H_2PO_4^-$）、缩合磷酸盐 [$P_2O_7^{4-}$、$P_3O_{10}^{5-}$、$(PO_3)_6^{3-}$] 和有机磷（如磷脂等）形式存在，也存在于腐殖质粒子和水生生物中。化肥、冶炼、合成洗涤剂等行业的工业废水及生活污水中常含有大量的磷。由于化肥和有机磷农药的大量使用，农田排水中也会含有比较高的磷。

当水体中含氮、磷和其他营养物质过多时，会促使藻类等浮游生物大量繁殖，形成水华或赤潮，造成水体富营养化。

（一）亚硝酸盐

亚硝酸盐（NO_2-N）是含氮化合物分解过程中的中间产物，它是有机污染的标志之一。亚硝酸盐及不稳定，可被氧化为硝酸盐，也可被还原为氨氮。因为在硝化过程中，由 NH_3 转化为 NO_2^- 过程比较缓慢，而由 NO_2^- 转化成 NO_3^- 比较快速，所以亚硝酸盐在天然水体中含量并不高，通常不超过 0.1mg/L。亚硝酸盐进入人体后，可使血液中正常携氧的铁血红蛋白氧化成高铁血红蛋白，使之失去输送氧的能力，还可与仲胺类反应生成具致癌性的亚硝胺类物质。

水中亚硝酸盐常用的测定方法有离子色谱法、气相分子吸收光谱法和N-（1-萘基）-乙二胺光度法。前两种方法简便、快速、干扰较少；光度法灵敏度较高，选择性较好。亚硝酸盐氮的测定通常用重氮偶合光度法，按使用试剂不同分为 N-（1-萘基）-乙二胺光度法和仪-萘胺光度法。下面主要介绍 N-（1-萘基）-乙二胺光度法的测定过程。

1.N-（1-萘基）-乙二胺光度法原理

在磷酸介质中，当pH为1.8时，水中的亚硝酸根离子与4-氨基苯磺酰胺（4-aminobenzene sulfonamide）反应生成重氮盐，它再与N-（1-萘基）-乙二胺二盐酸盐 [N-（1-naphthyl）-1, 2-diaminaethane dihydroch10-ride] 偶联生成红色染料，在540nm波长处测定吸光度。如果使用光程长为10mm的比色皿，亚硝酸盐氮的浓度在0.2mg/L 以内其呈色符合比尔定律。

2. 仪器

①玻璃器皿，都应用 2mol/L 盐酸仔细洗净，然后用水彻底冲洗。
②常用实验室设备及分光光度计。

3. 试剂

（1）实验用水（无硝酸盐的二次蒸馏水）

采用下列方法之一制备。

①加入高锰酸钾结晶少许于 1L 蒸馏水中，使成红色，加氢氧化钡（或氢氧化钙）结晶至溶液呈碱性，使用硬质玻璃蒸馏器进行蒸馏，弃去最初的 50mL 馏出液，收集约 700mL 不含锰盐的馏出液，待用。

②在 1L 蒸馏水中加入浓硫酸 1mL、硫酸锰溶液。[每 100mL 水中含有 36.4g 硫酸锰（$MnSO_4 \cdot H_2O$）]0.2mL，滴加 0.04%（m/V）高锰酸钾溶液至呈红色（1～3mL），使用硬质玻璃蒸馏器进行蒸馏，弃去最初的 50mL 馏出液，收集约 700mL 不含锰盐的馏出液，待用。

（2）磷酸

15mol/L，p=1.70g/mL。

（3）硫酸

18mol/L，p=1.84g/mL。

（4）磷酸

1+9 溶液（1.5mol/L）。溶液至少可稳定 6 个月。

（5）显色剂

在 500mL 烧杯内加入 250mL 水和 50mL 15mol/L 磷酸，加入 20.0g4-氨基苯磺酰胺（$NH_2C_6H_4SO_2NH_2$）再将 1.00gN-（1-萘基）-乙二胺二盐酸盐（$C_{10}H_7NHC_2H_4NH_2 \cdot _2HCl$）溶于上述溶液中，转移至 500mL 容量瓶，用水稀释至标线，摇匀。此溶液贮存于棕色试剂瓶中，保存在 2～5℃，至少可稳定 1 个月。

注：本试剂有毒性，避免与皮肤接触或吸入体内。

（6）高锰酸钾标准溶液

c（1/5$KMnO_4$）=0.050mol/L。溶解 1.6g 高锰酸钾（$KMnO_4$）于 1.2L 水中（一次蒸馏水），煮沸 0.5～1h，使体积减少到 1L 左右，放置过夜，用 G-3 号玻璃砂芯滤器过滤后，滤液贮存于棕色试剂瓶中避光保存。高锰酸钾标准溶液要进行标定和计算。

（7）草酸钠标准溶液

c（1/2$Na_2C_2O_4$）=0.0500mol/L。溶解 105℃烘干 2h 的优级纯无水草酸钠（3.3500±0.0004）g 于 750mL 水中，定量转至 1000mL 容量瓶中，用水稀释至标线，摇匀。

（8）亚硝酸盐氮标准贮备溶液

$$c_N=250mg/L$$

①贮备溶液的配制。称取 1.232g 亚硝酸钠（$NaNO_2$），溶于 150mL 水中，定量转移至 1000mL 容量瓶中，用水稀释至标线，摇匀。本溶液贮存在棕色试剂瓶中，加入 1mL 氯仿，保存在 2～5T，至少稳定 1 个月。

②贮备溶液的标定。在 300mL 具塞锥形瓶中，移入高锰酸钾标准溶液 50.00mL、浓硫酸 5mL，用 50mL 无分度吸管，使下端插入高锰酸钾溶液液面下，加入亚硝酸盐氮

标准贮备溶液 50.00mL，轻轻摇匀，置于水浴上加热至 70 ~ 80℃，按每次 10.00mL 的量加入足够的草酸钠标准溶液，使高锰酸钾标准溶液褪色并使过量，记录草酸钠标准溶液用量 V_2，然后用高锰酸钾标准溶液滴定过量草酸钠至溶液呈微红色，记录高锰酸钾标准溶液总用量 V_1。

再以 50mL 实验用水代替亚硝酸盐氮标准贮备溶液，如上操作，用草酸钠标准溶液标定高锰酸钾溶液的浓度 c_1。

按下式计算高锰酸钾标准溶液浓度 c_1（$1/5KMnO_4$，mol/L）：

$$c_1 = \frac{0.0500 \times V_4}{V_3}$$

（4-4）

式中：V_3 —— 滴定实验用水时加入高锰酸钾标准溶液总量，mL；

V_4 —— 滴定实验用水时加入草酸钠标准溶液总量，mL；

0.0500 —— 草酸钠标准溶液浓度 c（$1/2Na_2C_2O_4$），mol/L。

按下式计算亚硝酸盐氮标准贮备溶液的浓度 c_N（mg/L）：

$$c_N = \frac{(c_1V_1 - 0.0500V_2) \times 7.00 \times 1000}{50.00} = 140V_1c_1 - 7.00V_2$$

（4-5）

式中：V_1 —— 滴定亚硝酸盐氮标准贮备溶液时加入高锰酸钾标准溶液总量，mL；

V_2 —— 滴定亚硝酸盐氮标准贮备溶液时加入草酸钠标准溶液总量，mL；

c_1 —— 经标定的高锰酸钾标准溶液的浓度，mol/L；

7.00 —— 亚硝酸盐氮（$1/2N$）的摩尔质量；

50.00 —— 亚硝酸盐氮标准贮备溶液取样量，mL；

0.0500 —— 草酸钠标准溶液浓度 c（$1/2Na_2C_2O_4$），mol/L。

（9）亚硝酸盐氮中间标准液

$c_N = 50.0$mg/L。取亚硝酸盐氮标准贮备溶液 50.00mL 于 250mL 容量瓶中，用水稀释至标线，摇匀。此溶液贮于棕色瓶内，保存在 2 ~ 5℃，可稳定 1 周。

（10）亚硝酸盐氮标准工作液

$c_N = 1.00$mg/L。取亚硝酸盐氮中间标准液 10.00mL 于 500mL 容量瓶内，水稀释至标线，摇匀。此溶液使用时，当天配制。

注：亚硝酸盐氮中间标准液和标准工作液的浓度值，应采用贮备溶液标定后的准确浓度的计算值。

（11）氢氧化铝悬浮液

溶解 125g 硫酸铝钾 [$KAl(SO_4)_2 \cdot 12H_2O$] 或硫酸铝铵 [$NH_4Al(SO_4)_2 \cdot 12H_2O$] 于 1L 一次蒸馏水中，加热至 60℃，在不断搅拌下，徐徐加入 55mL 浓氢氧化铵，放置约 1h 后，移入 1L 量筒内，用一次蒸馏水反复洗涤沉淀，最后用实验用水洗涤沉淀，直至洗涤液中不含亚硝酸盐为止。澄清后，把上清液尽量全部倾出，只留稠的悬浮物，最后加入 100mL 水。使用前应振荡均匀。

（12）酚酞指示剂

c=10g/L。0.5g 酚酞溶于 95%（体积分数）乙醇 50mL 中。

4. 操作步骤

（1）试样的制备

实验室样品含有悬浮物或带有颜色时，需去除干扰。水样最大体积为 50.0mL，可测定亚硝酸盐氮浓度高至 0.20mg/L。浓度更高时，可相应用较少量的样品或将样品进行稀释后，再取样。

（2）测定

用无分度吸管将选定体积的水样移至 50mL 比色管（或容量瓶）中，用水稀释至标线，加入显色剂 10mL，密塞，摇匀，静置，此时 pH 应为 1.8±0.3。加入显色剂 20min 后、2h 以内，在 540nm 的最大吸光度波长处，用光程长 10mm 的比色皿，以实验用水做参比，测量溶液吸光度。

注：最初使用本方法时，应校正最大吸光度的波长，以后的测定均应用此波长。

（3）空白试验

按上述（2）所述步骤进行空白试验，用 50mL 水代替水样。

（4）色度校正

如果实验室样品经处理后还具有颜色时，按（2）所述方法，从水样中取相同体积的第二份水样，进行测定吸光度，只是不加显色剂，改加磷酸（1+9）10mL。

（5）标准曲线校准

在一组 6 个 50mL 比色管（或容量瓶）内，分别加入 1.00mg/L 亚硝酸盐氮标准工作液 0，1.00，3.00，5.00，7.00 和 10.00mL，用水稀释至标线，然后加入显色剂 20min 后、2h 以内，在 540nm 的最大吸光度波长处，用光程长 10mm 的比色皿，以实验用水做参比，测量溶液吸光度。

从测得的各溶液吸光度，减去空白试验吸光度，得校正吸光度 A，绘制以氮含量（mg）对校正吸光度的校准曲线，亦可按线性回归方程的方法，计算校准曲线方程。

5. 计算

水样溶液吸光度的校正值 A_r 按下式计算：

$$A_r = A_s - A_b - A_c$$

$$（4-6）$$

式中 A_s —— 水样溶液测得吸光度；

A_b —— 空白试验测得吸光度；

A_c —— 色度校正测得吸光度。

由校正吸光度 A_r 值，从校准曲线上查得（或由校准曲线方程计算）相应的亚硝酸盐氮的含量 m_N（μg）。

水样的亚硝酸盐氮浓度按下式计算：

$$c_N = \frac{m_N}{V}$$

（4-7）

式中：c_N——亚硝酸盐氮浓度，mg/L；

m_N——相应于校正吸光度 A 的亚硝酸盐氮含量；μg；

V——取水样体积，mL。

试样体积为 50mL 时，结果以 3 位小数表示。

（二）硝酸盐

硝酸盐（NO_3^-）是在有氧环境中最稳定的含氮化合物，也是含氮有机化合物经无机化作用最终阶段的分解产物。由于大量施用化肥和酸雨等因素的影响，水体中硝酸盐含量呈升高趋势。清洁的地面水硝酸盐含量很低，受污染的水体和一些深层地下水含量较高。过多的硝酸盐对环境和人体不利。饮用水中的硝酸盐是有害物质，进入人体后可以被还原为亚硝酸盐进而生成其他危害更严重的物质。饮用水中，硝酸盐的浓度限制在 10mg/L（以氮计）以下。

硝酸盐测定方法有光度法、离子色谱法、离子选择电极法和气相分子吸收光谱法等。光度法包括酚二磺酸分光光度法、戴氏合金还原 - 纳氏试剂光度法、镉柱还原 - 偶氮光度法、紫外分光光度法等。

其中镉柱还原 - 偶氮光度法利用硝酸盐通过镉柱后被还原成亚硝酸盐，亚硝酸盐与芳香胺生成重氮化合物，测定亚硝酸盐。此法可分别测定样品中硝酸盐与亚硝酸盐，但操作比较烦琐，较少应用。戴氏合金还原法是水样在碱性介质中，硝酸盐可被还原剂戴氏合金在加热情况下定量还原为氨，经蒸馏出后被吸收于硼酸溶液中，用纳氏试剂光度法或酸滴定法测定。紫外分光光度法是利用硝酸根离子在 220nm 波长处的吸收而定量测定硝酸根。酚二磺酸分光光度法显色稳定，测定范围较宽，下面重点介绍此测定方法。

1. 酚二磺酸光度法原理

利用硝酸盐在无水情况下与酚二磺酸反应生成邻硝基酚二磺酸，在碱性（氨性）溶液中生成黄色化合物，于 410nm 波长处进行分光光度测定。

2. 仪器

75 ～ 100mL 容量瓷蒸发皿；50mL 具塞比色管；分光光度计；恒温水浴。

3. 试剂

（1）浓硫酸

ρ=1.84g/mL。

（2）发烟硫酸（$H_2SO_4 \cdot SO_3$）

含 13% 三氧化硫（SO_3）。

①发烟硫酸在室温较低时凝固，取用时，可先在 40 ～ 50℃隔水浴中加温使熔化，

不能将盛装发烟硫酸的玻璃瓶直接置入水浴中，以免瓶裂引起危险。

②发烟硫酸中含三氧化硫（SO3）浓度超过13%时，可用浓硫酸按计算量进行稀释。

（3）酚二磺酸 $[C_6H_3(OH)(SO_3H)_2]$

称取25g苯酚置于500mL锥形瓶中，加150mL浓硫酸使之溶解，再加75mL发烟硫酸充分混合。瓶口插一小漏斗，置瓶于沸水浴中加热2h，得淡棕色稠液，贮于棕色瓶中，密塞保存。当苯酚色泽变深时，应进行蒸馏精制。若无发烟硫酸时，亦可用浓硫酸代替，但应增加在沸水浴中加热时间至6h，制得的试剂尤应注意防止吸收空气中的水分，以免因硫酸浓度的降低，影响硝基化反应的进行，使测定结果偏低。

（4）氨水（$NH_3 \cdot H_2O$）

ρ=0.90g/mL。

（5）氢氧化钠溶液

0.1mol/L。

（6）硝酸盐氮标准贮备液

c_N=100mg//L。将0.7218g经105～110℃干燥2h的硝酸钾（KNO_3）溶于水中，移入1000mL容量瓶，用水稀释至标线，混匀。加2mL氯仿作保存剂，至少可稳定6个月。每毫升本标准溶液含0.10mg硝酸盐氮。

（7）硝酸盐氮标准溶液

c_N=10·0mg/L。吸取50.0mL100mg/L硝酸盐氮标准贮备液，置蒸发皿内，加0.1mol/L氢氧化钠溶液使pH调至8，在水浴上蒸发至干。加2mL酚二磺酸试剂，用玻璃棒研磨蒸发皿内壁，使残渣与试剂充分接触，放置片刻，重复研磨一次，放置10min，加入少量水，定量移入500mL容量瓶中，加水至标线，混匀。每毫升本标准溶液含0.010mg硝酸盐氮。贮于棕色瓶中，此溶液至少稳定6个月。

（8）硫酸银溶液

称取4.397g硫酸银（Ag2SO4）溶于水，稀释至1000mL。1.00mL此溶液可去除1.00mg氯离子（C1）。

（9）硫酸溶液

0.5mol/L。

（10）EDTA二钠溶液

称取50g EDTA二钠盐的二水合物（$C_{10}H_4N_2O_3Na_2 \cdot 2H_2O$），溶于20mL水中，使调成糊状，加入60mL氨水充分混合，使之溶解。

（11）氢氧化铝悬浮液

称取125g硫酸铝钾 $[KAl(SO_4)_2 \cdot 12H_2O]$ 或硫酸铝铵 $[NH4Al(SO_4)_2 \cdot 12H_2O]$ 溶于1L水中，加热到60℃，在不断搅拌下徐徐加入55mL氨水，使生成氢氧化铝沉淀，充分搅拌后静置，弃去上清液。反复用水洗涤沉淀，至倾出液无氯离子和铵盐。最后加入300mL水使成悬浮液。使用前振摇均匀。

（12）高锰酸钾溶液

3.16g/L。

4. 操作步骤

（1）水样体积的选择

最大水样体积为 50mL，可测定硝酸盐氮浓度至 2.0mg/L。

（2）空白试验

取 50mL 水，以与水样测定完全相同的步骤、试剂和用量，进行平行操作。

（3）标准曲线的绘制

用分度吸管向一组 10 支 50mL 比色管中分别加入 10.0mg/L 硝酸盐氮标准溶液 0、0.10、0.30、0.50、0.70，1.00、3.00、5.00、7.00、10.0mL，加水至约 40mL，加 3mL 氨水使成碱性，再加水至标线，混匀。硝酸盐氮含量分别为 0、0.001，0.003、0.005、0.007、0.010、0.030、0.050，0.070、0.10mg。进行分光光度测定。所用比色皿的光程长 10mm。由除零管外的其他校准系列测得的吸光度值减去零管的吸光度值，绘制吸光度对硝酸盐氮含量（mg）的校准曲线。

（4）干扰的排除

①带色物质。取 100mL 水样移入 100mL 具塞量筒中，加 2mL 氢氧化铝悬浮液，密塞充分振摇，静置数分钟澄清后，过滤，弃去最初的滤液 20mL。

②氯离子。取 100mL 水样移入 100mL 具塞量筒中，根据已测定的氯离子含量，加入相当量的硫酸银溶液充分混合，在暗处放置 30min，使氯化银沉淀凝聚，然后用慢速滤纸过滤，弃去最初滤液 20mL。

注：如不能获得澄清滤液，可将已加过硫酸银溶液后的水样在近 80T 的水浴中加热，并用力振摇，使沉淀充分凝聚，冷却后再进行过滤；若同时需去除带色物质，则可在加入硫酸银溶液并混匀后，再加入 2mL 氢氧化铝悬浮液，充分振摇，放置片刻待沉淀后，过滤。

③亚硝酸盐。当亚硝酸盐氮含量超过 0.2mg/L 时，可取 100mL 试样，加 1mL 硫酸溶液，混匀后，滴加高锰酸钾溶液，至淡红色保持 15min 不褪为止，使亚硝酸盐氧化为硝酸盐，最后从硝酸盐氮测定结果中减去亚硝酸盐氮量。

（5）样品的测定

①蒸发。取 50.0mL 水样（如果硝酸盐含量较高可酌量减少）置于蒸发皿中，用 pH 试纸检查，必要时用硫酸溶液或氢氧化钠溶液，调至微碱性 pH~8，置水浴上蒸发至干。

②硝化反应。加 1.0mL 酚二磺酸试剂，用玻璃棒研磨，使试剂与蒸发皿内残渣充分接触，放置片刻，再研磨一次，放置 10min，加入约 10mL 水。

③显色。在搅拌下加入 3～4mL 氨水，使溶液呈现最深的颜色。若有沉淀产生，过滤，并搅拌至沉淀溶解。将溶液移入比色管中，用水稀释至标线，混匀。

④分光光度测定。在 410nm 波长下，选用合适光程长的比色皿，以水为参比，测量溶液的吸光度。

5. 计算

水样中的硝酸盐浓度按下式计算：

$$c_N(mg / L) = \frac{m}{V} \times 1000$$

（4-8）

式中：m —— 从标准曲线上查得的硝酸盐氮量，mg；

V —— 水样体积，mL；

1000 —— 换算为每升水样计。

（三）氨氮

水样中的总氮含量是衡量水质的重要指标之一。其测定方法通常采用过硫酸钾氧化，使有机氮和无机氮化合物转变为硝酸盐测定。凯氏氮是指以基耶达（Kjeldahl）法测得的含氮量，它包括氨氮以及在浓硫酸和催化剂（K_2SO_4）条件下能转化为银盐而被测定的有机氮化合物。

氨氮以游离氨（又称非离子氨，NH_3）和铵盐（NH_4^+）形式存在于水中，二者的组成比取决于水的 pH。水中氨氮的来源主要有生活污水、合成氨工业废水以及农田排水。氨氮较高时对鱼类有毒害作用，高含量时会导致鱼类死亡。

氨氮的测定方法有纳氏试剂分光光度法、水杨酸分光光度法、蒸馏－中和滴定法、电极法、气相分子吸收光谱法等。

纳氏试剂分光光度法是氯化汞和碘化钾的碱性溶液与氨反应生成黄棕色化合物，在较宽的波长范围内有强烈吸收，比色测定。水杨酸分光光度法是在亚硝基铁氰化钠存在下，铵与水杨酸盐和次氯酸离子反应生成蓝色化合物，比色测定。比色方法操作简便、灵敏、但干扰较多。因此对污染严重的工业废水，应将水样蒸偏，以消除干扰。蒸馏时调节水样的 pH 在 6 ~ 7.4 范围，加入氢氧化镁使呈微碱性。若采用纳氏试剂比色法或酸滴定法时以硼酸为吸收液；用水杨酸—次氯酸盐分光光度法时采用硫酸吸收。

1. 纳氏试剂法原理

碘化汞和碘化钾的碱性溶液与氨反应生成淡黄棕色胶态化合物，其色度与氨氮含量成正比，通常可在波长 410 ~ 425nm 范围内测其吸光度，反应式如下：

$$2K_2[HgI_4] + NH_3 + 3KOH \rightarrow NH_2Hg_2IO (黄棕色) + 7KI + 2H_2O$$

本法最低检出浓度为 0.025mg/L（光度法），测定上限为 2mg/L。采用目视比色法，最低检出浓度为 0.02mg/L。水样作适当的预处理后，本法可适用于地面水、地下水、工业废水和生活污水。

2. 仪器

带氮球的定氮蒸馏装置：500mL 凯氏烧瓶、氮球、直形冷凝管；分光光度计；pH 计。

3. 试剂

（1）配制试剂用水均应为无氨水

无氨水，可选用下列方法之一进行制备。

①蒸馏法：每升蒸馏水中加 0.1mL 硫酸，在全玻璃蒸馏器中重蒸馏，弃去 50mL 初馏液，接取其余馏出液于具塞磨口的玻璃瓶中，密塞保存。

②离子交换法：使蒸馏水通过强酸性阳离子交换树脂柱。

（2）1mol/L 盐酸溶液

取 8.5mL 盐酸于 100mL 容量瓶中，用水稀释至标线。

（3）1 mol/L 氢氧化钠溶液

称取 4g 氢氯化钠溶于水中，稀释至 100mL。

（4）轻质氧化镁（MgO）

将氧化镁在 500℃下加热，以除去碳酸盐。

（5）0.05% 溴百里酚蓝指示液（pH=6.0 ~ 7.6）

称取 0.05g 溴百里酚蓝指示液溶于 50mL 水中，加 10mL 无水乙醇，用水稀释至 100mL。

（6）防沫剂

如石蜡碎片。

（7）吸收液

①硼酸溶液：称取 20g 硼酸溶于水，稀释至 1L。②0.01mol/L 硫酸溶液。

（8）纳氏试剂

可选择下列方法之一制备：

①称取 20g 碘化钾溶于约 25mL 水中，边搅拌边分次少量加入氯化汞（$HgCl_2$）结晶粉末（约 10g），至出现朱红色沉淀不易溶解时，改为滴加饱和氯化汞溶液，并充分搅拌，当出现微量朱红色沉淀不再溶解时，停止滴加氯化汞溶液。

另称取 60g 氢氧化钾溶于水，并稀释至 250mL，冷却至室温后，将上述溶液徐徐注入氢氧化钾溶液中，用水稀释至 400mL，混匀。静置过夜，将上清液移入聚乙烯瓶中，密塞保存。

②称取 16g 氢氧化钠，溶于 50mL 水中，充分冷却至室温。

另称取 7g 碘化钾和 10g 碘化汞（HgI_2）溶于水，然后将此溶液在搅拌下徐徐注入氢氧化钠溶液中。用水稀释至 100mL，贮于聚乙烯瓶中，密塞保存。

（9）酒石酸钾钠溶液

称取 50g 酒石酸钾钠（$KNaC_4H_4O_6 \cdot 4H_2O$）溶于 100mL 水中，加热煮沸以除去氨，放冷，定容至 100mL。

（10）铵标准贮备溶液

称取 3.819g 经 100T 干燥过的氯化铵（NH_4Cl）溶于水中，移入 1000mL 容量瓶中，稀释至标线。此溶液每毫升含 1.00mg 氨氮。

（11）铵标准使用溶液

移取 5.00mL 铵标准贮备液于 500mL 容量瓶中，用水稀释至标线。此溶液每毫升含 0.010mg 氨氮。

4. 操作步骤

（1）水样预处理

取 250mL 水样（如氨氮含量较高，可取适量并加水至 250mL，使氨氮含量不超过 2.5mg），移入凯氏烧瓶中，加数滴溴百里酚蓝指示液，用氢氧化钠溶液或盐酸溶液调节至 pH=7 左右。加入 0.25g 轻质氧化镁和数粒玻璃珠，立即连接氮球和冷凝管，导管下端插入吸收液液面下。加热蒸馏，至馏出液达 200mL 时，停止蒸馏。定容至 250mL。

采用酸滴定法或纳氏比色法时，以 50mL 硼酸溶液为吸收液；采用水杨酸一次氯酸盐比色法时，改用 50mL 0.01mol/L 硫酸溶液为吸收液。

（2）标准曲线的绘制

吸取 0、0.50、1.00、3.00、5.00、7.00 和 10.0mL 铵标准使用液于 50mL 比色管中，加水至标线，加 1.0mL 酒石酸钾钠溶液，混匀。加 1.5mL 纳氏试剂，混匀。放置 10min 后，在波长 420nm 处，用光程 20mm 比色皿，以水为参比，测定吸光度。

由测得的吸光度，减去零浓度空白管的吸光度后，得到校正吸光度，绘制以氨氮含量（mg）对校正吸光度的标准曲线。

（3）水样的测定

①分取适量经絮凝沉淀预处理后的水样（使氨氮含量不超过 0.1mg），加入 50mL 比色管中，稀释至标线，加 0.1mL 酒石酸钾钠溶液；②分取适量经蒸馏预处理后的馏出液，加入 50mL 比色管中，加一定量 1mol/L 氢氧化钠溶液以中和硼酸，稀释至标线。加 1.5mL 纳氏试剂，混匀。放置 10min 后，同标准曲线步骤测量吸光度。

（4）空白试验

以无氨水代替水样，作全程序空白测定。

5. 计算

由水样测得的吸光度减去空白试验的吸光度后，从标准曲线上查得氨氮含量（mg）。

$$氨氮（N，mg/L）= \frac{m}{V} \times 1000$$

（4-9）

式中：m —— 由校准曲线查得的氨氮量，mg；

V —— 水样体积，mL；

1000 —— 换算为每升水样计。

（四）氟化物

氟广泛存在于天然水体中，以地下水中含氟量最高，一般为 1 ~ 3mg/L，高的每升可达数十毫克。炼铝、磷肥、钢铁等工业排放的三废，含氟较高。氟是人体必需的微量元素，推荐饮水标准中的氟以 0.5 ~ 1.5mg/L 为宜。氟的缺乏和过量都会对人的牙齿和骨骼产生不良影响。

测定水中氟化物的方法有离子色谱法、氟离子选择电极法、氟试剂分光光度法、茜素磺酸锆目视比色法和硝酸位滴定法。离子色谱法已被国内外普遍使用，方法简便、测定快速、干扰较小，但设备比较昂贵。分光光度法适用于含氟较低的样品，氟试剂法可以测定 0.05 ~ 1.8mg/L F–；茜素黄酸锆目视比色法可以测定 0.1 ~ 2.5mg/L F–，但是误差比较大。氟化物含量大于 5mg/L 时可采用硝酸钍滴定法。氟电极是目前众多电极中性能最好的一种，用它测定氟离子的方法被列为测定氟的标准方法，已成功地应用于测定天然水、海水、饮料、尿、血清、大气、植物、土壤等各种试样中的 FL

1. 离子选择电极测定原理

以氟化锆电极为指示电极，饱和甘汞电极或氯化银电极为参比电极，当水中存在氟离子时，就会在氟电极上产生电位响应。

当控制水中总离子强度足够量且为定值时，电池的电动势 E 值随待测溶液中氟离子浓度而变化，且遵守能斯特方程，并服从下式：

$$E = E - \frac{2.303RT}{F} \lg c_{F^-}$$

（4–10）

E 与 $\lg c_{F^-}$ 呈直线关系，如 $\dfrac{2.303RT}{F}$ 为该直线的斜率，亦为电极的斜率。

与氟离子形成络合物的多价阳离子（如三价铝、三价铁和四价硅）及氢离子干扰测定，其他常见离子无影响。通常加入总离子强度调节剂以保持溶液的总离子强度，并络合干扰离子，保持溶液适当的 pH，就可以直接测定了。

2. 仪器

离子计或精密酸度计；氟离子选择电极；磁力加热搅拌器；饱和甘汞电极或氯化银电极。

3. 试剂

（1）氟标准贮备液称

取 0.2210g 氟化钠（NaF），预先在 105 ~ 110℃烘干 2h，溶于去离子水中，移至 1000mL 容量瓶中，用水稀释至标线，摇匀。贮于聚乙烯瓶中，此溶液含氟 100μg/mL。

（2）氟标准溶液

用氟标准贮备液，制备成每毫升含 10 明氟的标准溶液。

（3）总离子强度调节缓冲溶液（TISAB）

0.2mol/L 柠檬酸钠 –1mol/L 硝酸钠：称取 58.8g 二水合柠檬酸钠和 85g 硝酸钠，加水溶解，用稀盐酸调节 pH 至 5 ~ 6，转入 1 000mL 容量瓶中，稀释至标线，摇匀。

4. 操作步骤

（1）样品预处理

清洁水样无须预处理即可用氟离子选择电极测定，严重污染的水样或其他复杂样品须经消解或预蒸馏将氟分离后再行测定。氟的分离利用氢氟酸具有挥发性质，可以在高沸点强酸性介质中将其蒸出，使用的酸通常是硫酸或高氯酸。

①取400mL蒸馏水置于1L蒸馏瓶中，在不断搅拌下缓慢加入200mL浓硫酸，混匀。加入5～10粒玻璃珠。连接好蒸馏装置，开始小火加热。然后加大火提高蒸馏速度至温度刚刚升到180℃时为止，弃去馏出液。本操作目的是除去氟化物污染。此时蒸馏瓶中酸与水的比例约为2∶1。

②将上述蒸馏瓶内的溶液放冷到120℃以下，加入250mL水样，混匀。按步骤①蒸馏至温度达180℃时止。温度不能超过180℃，以防止带出硫酸盐，收集馏出液于接收瓶中，待测定。

③蒸馏瓶内的硫酸溶液可反复使用到对馏出液产生污染，以致影响回收率和馏出液中发现干扰物时为止。要定期地蒸馏标准氟化物试样，用来检验酸的适用性。在蒸馏含氟量高的水样时，蒸馏水样后要加300mL水再蒸馏，把两次氟化物馏出液合并，必要时反复加水蒸馏，到蒸馏瓶中氟含量降低到最低值为止。把后回收的氟化物馏出液与第一次馏出液合并。如果蒸馏装置长时间没有使用，也要重复操作加水蒸馏，弃去馏出液。

④在蒸馏含有大量氯化物水样时，可把固体硫酸银加到蒸馏瓶内，每毫克氯化物要加5mg硫酸银。

（2）标准曲线的绘制

①在一系列50mL容量瓶中分别加入1.00、3.00、5.00、10.00、20.00mL氟化物标准溶液，10mL总离子强度调节缓冲溶液（TISAB），用水稀释至标线，摇匀。转入100mL烧杯中。

②将电极插入溶液中，开动电磁搅拌器，维持25T，搅拌1～3min，电位稳定后，在继续搅拌下读数。在放电极前，不要搅拌，以免晶体周围进入空气而引起错误的读数或指针晃动。在每次测量之前，都要用水冲洗电极，并用滤纸吸干。测定顺序应从低浓度到高浓度。

③在半对数坐标纸上或计算机上，绘制$E-\lg c_F$曲线（对数轴上取氟离子标准溶液的浓度，在均等轴上取电位）。

（3）样品测定

在50mL容量瓶中，加入10mL总离子强度缓冲液，加适量预处理好的水样。稀释至标线，混合均匀，然后转入100mL烧杯中，按绘制标准曲线的步骤②程序操作，读取毫伏数值。

5. 计算

$$水中氟化物\left(F^-,mg/L\right)=\frac{测得氟量\,(\mu g)}{水样体积\,(mL)}$$

（4-11）

（五）氰化物

工业废水中含有的氧化物可分为简单氧化物和络合氧化物两类。简单氧化物多为碱金属的盐类，如KCN、NaCN等，有剧毒，在酸性介质中，易形成挥发性的氧化氢。络合氧化物中的氧与金属离子配位结合，较为稳定，但加酸蒸馏时也会变成氧化氢而被蒸出。

氧化物中除少数稳定的络盐（如铁氧化钾等）外，都有剧毒，氧化物进入人体内，与高铁细胞色素氧化酶结合，生成氧化高铁细胞色素氧化酶，失去传递氧的作用，引起组织缺氧窒息。

对于高浓度的污水（＞1mg/L）可用硝酸银滴定法测定氧化物；对于低浓度样品的测定，可采用离子选择电极法，目前最常用的方法是光度法。标准采用的氧化物光度测定法有异烟酸－吡唑啉酮分光光度法、异烟酸－巴比妥酸分光光度法、吡啶－巴比妥酸分光光度法。3种方法都具有很好的灵敏度，显色反应机理也相似。

1. 水样的蒸馏

在氧化物的测定中干扰物质较多，通常采用蒸馏预处理方法除去干扰物质，以氧化氢形式将其分离后进行测定。氧氢酸是一种很弱的酸（K_a=4.03×10^{-10}），因此在酸性介质中离解度很小，可以HCN形式蒸馏分离。目前标准方法中采用两种蒸馏分离方法。

①酒石酸－硝酸锌蒸馏。在水样中加入酒石酸和硝酸锌，溶液pH为4，此条件下简单氧化物及部分络合氧化物（如锌氧络合物）可被蒸馏分离。

②在水样中加入磷酸和EDTA溶液，在PH＜2条件下蒸馏。利用EDTA络合能力，分解金属氧化物将氧蒸馏分离。此法能将简单氧化物和绝大部分络合氧蒸出，但钴氧络合物一类中的氧仍不能分离。

蒸馏操作如下：在蒸馏瓶（500mL）中加入水样200mL和玻璃珠数粒，接收馏出液的量筒中加10mL 1%氢氧化钠溶液，在装置准备好后，加入7～8滴甲基橙溶液，10mL 10%硝酸锌溶液，再迅速加入5mL15%酒石酸溶液，立即盖好瓶塞，加热蒸馏，馏出速度以2～4mL/min为宜，蒸出馏出液近100mL为止。

2. 硝酸银滴定法

经蒸馏得到的碱性馏出液用硝酸银标准溶液滴定，氧离子与硝酸银作用生成可溶性的银氧络合离子[Ag（CN）$_2$]$^-$，过量的银离子与试银灵指示剂反应，溶液由黄色变为橙红色，即为终点。

3. 异烟酸－吡唑啉酮分光光度法

取预蒸馏偕出液，在调节pH至中性条件下，样品中的氧化物与氯胺T反应生成氯化氧（CNC1），再与异烟酸作用，经水解后生成戊烯二醛，最后与吡唑啉酮缩合生成蓝色染料，其颜色与氧化物的含量成正比，在波长638nm做光度测定。本法最低检出浓度为0.004mg/L氧（CN$^-$），测定上限为0.25mg/L。

4. 吡啶－巴比妥酸分光光度法

取预蒸馏偕出液，调节pH成中性介质条件下，氧离子和氯胺T的活性氯反应生成氯化氧，氯化氧与吡啶反应生成戊烯二醛，戊烯二醛与两个巴比妥酸分子缩合生成红紫色染料，在580nm处进行比色测定。

（六）磷（总磷、可溶性正磷酸盐和可溶性总磷）

在天然水和废水中，磷几乎都以各种磷酸盐的形式存在，它们分为正磷酸盐、缩合磷酸盐（焦磷酸盐、偏磷酸盐和多磷酸盐）和有机结合的磷酸盐，它们存在于溶液中、腐殖质粒子中或水生生物中。磷是生物生长的必需元素之一，但水体中磷含量过高（如超过 0.2mg/L），会导致富营养化，可造成藻类的过度繁殖，使水质恶化。天然水中磷酸盐含量较少，环境中的磷主要来源于化肥、冶炼、合成洗涤剂等行业的工业废水中及生活污水。

水中磷的测定，通常按其存在形式分别测定总磷、可溶性正磷酸盐和可溶性总磷。水中磷的消解方法有：过硫酸钾消解法、硝酸－硫酸消解法、高氯酸消解法。

水中正磷酸盐的测定方法有：钼蓝分光光度法、钼酸铵（钼锑抗）分光光度法、重量法和离子色谱法。目前我们国家规定的水中总磷测定的标准方法是钼酸铵分光光度法。

第四节　水中有机化合物的测定

一、化学耗氧量（COD）的测定

化学耗氧量是指在一定条件下，氧化 1L 水样中还原性物质所消耗的氧化剂的量，以氧的量 mg/L 表示。水体中还原性物质包括有机物和亚硝酸盐、硫化物、亚铁盐等无机物。化学耗氧量反映了水体受还原性物质污染的程度。基于水体被有机物污染是很普遍的现象，该指标也作为有机物相对含量的综合指标之一。

COD 测定采用重铬酸钾法。

①测定原理。在强酸性溶液中，用重铬酸钾氧化水样中的还原性物质，过量的重铬酸钾以试铁灵作指示剂，用硫酸亚铁铵标准溶液回滴，根据其用量计算水样中还原性物质消耗氧的量。

②测定步骤。参见 COD 的测定。

二、高锰酸盐指数的测定

以高锰酸钾为氧化剂氧化水样中的还原性物质所消耗的氧化剂的量称为高锰酸盐指数，以氧的量 mg/L 来表示。它所测定的实际上也是化学耗氧量，只是我国标准中仅将酸性重铬酸钾法测得的值称为化学耗氧量（COD）。

高锰酸盐指数测定分为酸性和碱性两种条件，分别适用于不同的水样。对于清洁的地表水和被污染的水体中氯离子含量不超过300mg/L的水样，通常采用酸性高锰酸钾法；对于含氯量高于300mg/L的水样，应采用碱性高锰酸钾法。因为在碱性条件下高锰酸钾的氧化能力比较弱，此时不能氧化水中的氯离子，使测定结果能较为准确地反映水样中有机物的污染程度。

国际标准化组织（ISO）建议高锰酸盐指数仅限于测定地表水、饮用水和生活污水。

（一）测定原理

在碱性或酸性溶液中，加一定量 $KMnO_4$ 溶液于水样中，加热一定时间以氧化水中的还原性无机物和部分有机物。加过量草酸钠溶液还原剩余的 $KMnO_4$，最后再以 $KMnO_4$ 溶液回滴过量的草酸钠。

（二）测定步骤（酸性高锰酸钾法）

①取 100mL 水样（原样或经稀释）置于锥形瓶中，加入 5mL H_2SO_4 溶液（1+1）混合均匀；

②加入 10.0mL 高锰酸钾标准溶液 $[c(1/5KMnO_4)=0.01mol/L]$，置于沸水浴中加热 30min，取出冷却至室温；

③加入 10mL 草酸钠标准溶液 $[c(1/2 Na_2C_2O_4)=0.01mol/L]$，使溶液中的红色褪尽；

④用高锰酸钾标准溶液 $[c(1/5KMnO_4)=0.01mol/L]$ 滴定，直至出现微红色。

（三）计算

①不经稀释的水样。

$$高锰酸盐指数\ (O_2,mg/L)=\frac{\left[(10+V_1)K-10\right]c\times 8\times 1000}{100}$$

（4-12）

式中：V_1——滴定水样消耗 $KMnO_4$ 标准溶液体积，mL；

K——校正系数（每毫升 $KMnO_4$ 标准溶液相当于 $Na_2C_2O_4$ 标准溶液的体积，mL）；

C——$Na_2C_2O_4$ 标准溶液浓度（$1/2Na_2C_2O_4$），mol/L；

8——氧（$1/2_。$）的摩尔质量，g/mol；

100——水样体积，mL。

②经过稀释的水样。

$$高锰酸盐指数\ (O_2,mg/L)=\frac{\left\{\left[(10+V_1)K-10\right]-\left[(10+V_0)K-10\right]f\right\}c\times 8\times 1000}{V_2}$$

（4-13）

式中：V_0——空白试验中消耗 KMnO4 标准溶液体积，mL；

V_2——所取水样体积，mL；

f——稀释后水样中含稀释水的比例（如 20mL 水样稀释至 100mL，$f=0.8$）。

三、五日生化需氧量（BOD_5）的测定

生物化学耗氧量（BOD）就是水中有机物和无机物在生物氧化作用下所消耗的溶解

氧。由于生物氧化过程很漫长（几十天至几百天），目前世界上都广泛采用在 20℃ 5 天培养法，其测定的消耗氧量称为五日生化需氧量，即 BOD_5。

BOD 是反映水体被有机物污染程度的综合指标，也是研究污水的可生化降解性和生化处理效果的重要手段。它是生化处理污水工艺设计和动力学研究中的重要参数。

（一）测定原理

与测定 DO 一样，使用碘量法。对于污染轻的水样，取其两份，一份测其当时的 DO；另一份在（20±1）℃下培养 5 天再测 DO，两者之差即为 BOD_5。

对于大多数污水来说，为保证水体生物化学过程所必需的三个条件，测定时需按估计的污染程度适当地加特制的水稀释，然后取稀释后的水样两份，一份测其当时的 DO，另一份在（20±1）℃下培养 5 天再测 DO，同时测定稀释水在培养前后的 DO，按公式计算 BOD5 值。

（二）稀释水

上述特制的、用于稀释水样的水，通称为稀释水。它是专门为满足水体生物化学过程的三个条件而配制的。配制时，取一定体积的蒸馏水，加 $CaCl_2$、$FeCl_3$、$MgSO_4$ 等用于微生物繁殖的营养物，用磷酸盐缓冲液调 pH 至 7.2，充分曝气，使溶解氧近饱和，达 8mg/L 以上。稀释水的 pH 值应为 7.2，BOD_5 必须小于 0.2mg/L，稀释水可在 20℃ 左右保存。

（三）接种稀释水

水样中必须含有微生物，否则应在稀释水中接种微生物，即在每升稀释水中加入生活污水上层清液 1 ~ 10mL。或天然河水、湖水 10 ~ 100mL，以便为微生物接种。这种水就称作接种稀释水，其 BOD_5 应在 0.3 ~ 1.0mg/L 的范围内。

对于某些含有不易被一般微生物所分解的有机物的工业废水，需要进行微生物的驯化。这种驯化的微生物种群最好从接受该种废水的水体中取得。为此可以在排水口以下 3 ~ 8km 处取得水样，经培养接种到稀释水中；也可用人工方法驯化，采用一定量的生活污水，每天加入一定量的待测污水，连续曝气培养，直至培养成含有可分解污水中有机物的种群为止。

为检查稀释水和微生物是否适宜以及化验人员的操作水平，将每升含葡萄糖和谷氨酸各 150mg 的标准溶液以 1 ：50 的比例稀释后，与水样同步测定 BOD_5，测得值应在 180 ~ 230mg/L 之间，否则，应检查原因，予以纠正。

（四）水样的稀释

水样的稀释倍数主要是根据水样中有机物含量和分析人员的实践经验来进行估算的。

为了得到正确的 BOD 值，一般以经过稀释后的混合液在 20℃ 培养 5 天后的溶解氧残留量在 1mg/L 以上，耗氧量在 2mg/L 以上，这样的稀释倍数量合适。如果各稀释倍数均能满足上述要求，那么取其测定结果的平均值为 BOD 值；如果三个稀释倍数培养的水样测定结果均在上述范围以外，那么应调整稀释倍数后重做。

（五）计算

对不经稀释直接培养的水样

$$BOD_5(mg/L) = c_1 - c_2$$

（4-14）

式中：c_1——水样在培养前溶解氧的质量浓度，mg/L；

c_2——水样经 5 天培养后，剩余溶解氧的质量浓度，mg/L。

对稀释后培养的水样

$$BOD_5(mg/L) = \frac{(c_1 - c_2) - (b_1 - b_2) \times f_1}{f_2}$$

（4-15）

式中：b_1——稀释水（或接种稀释水）在培养前溶解氧的质量浓度，mg/L；

b_2——稀释水（或接种稀释水）在培养后溶解氧的质量浓度，mg/L；

f_1——稀释水（或接种稀释水）在培养液中所占比例；

f_2——水样在培养液中所占比例。

四、总有机碳（TOC）和总需氧量（TOD）的测定

（一）总有机碳（TOC）的测定

总有机碳是以碳的含量表示水体中有机物质总量的综合指标。TOC 的测定都采用燃烧法，能将有机物全部氧化，因此它比 BOD_5 或 COD 更能反映水样中有机物的总量。

目前广泛应用的测定 TOC 的方法是燃烧氧化非色散红外吸收法。其测定原理是：将一份定量水样注入高温炉内的石英管，在 900～950℃高温下，以钴和三氧化钻或三氧化二铬为催化剂，使有机物燃烧裂解转化为二氧化碳，然后用红外线气体分析仪测定 CO_2 含量，从而确定水样中碳的含量。但是在高温条件下，水样中的碳酸盐也会分解产生二氧化碳，因而上法测得的为水样中的总碳（TC）而非有机碳。

为了获得有机碳含量，一般可采用两种方法。一是将水样预先酸化，通入氮气曝气，驱除各种碳酸盐分解生成的二氧化碳后再注入仪器测定；另一种方法是使用装配有高低温炉的 TOC 测定仪，测定时将同样的水样分别等量注入高温炉（900℃）和低温炉（150℃）。在高温炉中，水样中的有机碳和无机碳全部转化为 CO_2，而低温炉的石英管中装有磷酸浸渍的玻璃棉，能使无机碳酸盐在 150℃分解为 CO_2，有机物却不能被分解氧化。将高、低温炉中生成的 CO_2 依次导入非色散红外气体分析仪，分别测得总碳（TC）和无机碳（IC），二者之差即为总有机碳（TOC）。该方法最低检出浓度为 0.5mg/L。

（二）总需氧量（TOD）的测定

总需氧量是指水中能被氧化的物质（主要是有机物质）在燃烧中变成稳定的氧化物

时所需要的氧量，结果以 O_2 的量 mg/L 表示。TOD 也是衡量水体中有机物污染程度的一项指标。

用 TOD 测定仪测定 TOD 的原理是：将一定量水样注入装有钳催化剂的石英燃烧管，通入含已知氧浓度的载气（氮气）作为原料气，则水样中的还原性物质在 900℃ 下被瞬间燃烧氧化，测定燃烧前后原料气中氧浓度的减少量，便可求得水样的总需氧量值。

TOD 值能反映几乎全部有机物质经燃烧后变成 CO_2、H_2O、NO、SO_2……所需要的氧量，它比 BOD、COD 和高锰酸盐指数更接近于理论需氧量值。它们之间没有固定的相关关系，从现有的研究资料来看，BOD_5：TOD 为 0.1 ~ 0.6，COD：TOD 为 0.5 ~ 0.9，具体比值取决于污水的性质。

根据 TOD 和 TOC 的比例关系可粗略判断有机物的种类。对于含碳化合物，因为一个碳原子需要消耗两个氧原子，即 O_2：C=2.67，所以从理论上说，TOD=2.67TOC。若某水样的 TOD：TOC=2.67 左右，可认为主要是含碳有机物；若 TOD：TOC > 4.0，则应考虑水中有较大量含 S、P 的有机物存在；若 TOD：TOC < 2.6，就应考虑水样中硝酸盐和亚硝酸盐可能含量较大，它们在高温和催化条件下分解放出氧，使 TOD 测定呈现负误差。

五、挥发酚的测定

芳香环上连有羟基的化合物均属酚类，各种不同结构的酚具有不同的沸点和挥发性，根据酚类能否与水蒸气一起蒸出，可以将其分为挥发酚与不挥发酚。通常认为沸点在 230℃ 以下的为挥发酚（属一元酚），而沸点在 230℃ 以上的为不挥发酚。

在有机污染物中，酚属毒性较高的物质，人体摄入一定量会出现急性中毒症状；长期饮用被酚污染的水，可引起头昏、瘙痒、贫血及神经系统障碍。当水体中的酚含量大于 5mg/L 时，就可造成鱼类中毒死亡。酚的主要污染源是炼油、焦化、煤气发生站、木材防腐及化工等行业所排放的废水。

酚的主要分析方法有滴定分析法、分光光度法、色谱法等。目前各国普遍采用的是 4- 氨基安替比林分光光度法，高浓度含酚废水可采用溴化滴定法。

现以分光光度法为例说明挥发酚的测定方法。

①测定原理。酚类化合物在 pH=10 的条件和铁氧化钾的存在下，与 4- 氨基安替比林反应，生成橙红色的吲哚安替比林，在 510nm 波长处有最大吸收。若用氯仿萃取此染料，则在 460nm 波长处有最大吸收，可用分光光度法进行定量测定。

②测定步骤。参见酚的测定。

六、矿物油类测定

水中的矿物油来自工业废水和生活污水。工业废水中的石油类（各种烃类的混合物）污染物主要来自于原油开采、炼油企业及运输部门。矿物油漂浮在水体表面，影响空气与水体界面间的氧交换；分散于水中的油可被微生物氧化分解，消耗水中的溶解氧，使水质恶化。

矿物油中还含有毒性大的芳烃类。

测定矿物油的方法有重量法、非色散红外法、紫外分光光度法、荧光法、比浊法等。

（一）紫外分光光度法

石油及其产品在紫外光区有特征吸收。带有苯环的芳香族化合物的主要吸收波长为 250 ～ 260nm；带有共机双键的化合物主要吸收波长为 215 ～ 230nm；一般原油的两个吸收峰波长为 225nm 和 254nm；轻质油及炼油厂的油品可选 225nm。

水样用硫酸酸化，加氯化钠破乳化，然后用石油醚萃取、脱水、定容后测定。标准油用受污染地点水样中石油醚萃取物。

不同油品特征吸收峰不同，如难以确定测定波长时，可用标准油样在波长 215 ～ 300nm 之间扫描，采用其最大吸收峰处的波长，一般在 220 ～ 225nm 之间。

（二）非色散红外法

本法系利用石油类物质的甲基（—CH_3）、亚甲基（—CH_2—）在近红外区（3.4μm）有特征吸收，作为测定水样中油含量的基础。标准油可采用受污染地点水中石油醚萃取物。根据我国原油组分特点，也可采用混合石油烃作为标准油，其组成为：十六烷：异辛烷：苯 = 65 : 25 : 10（V/V）。

测定时，先用硫酸将水样酸化，加氯化钠破乳化，再用三氯三氟乙烷萃取，萃取液经无水硫酸钠过滤、定容，注入红外分析仪测其含量。

所有含甲基、亚甲基的有机物质都将产生干扰。如水样中有动、植物性油脂以及脂肪酸物质应预先将其分离。此外，石油中有些较重的组分不溶于三氯三氟乙烷，致使测定结果偏低。

第五章 大气和废气监测技术

第一节 大气中氮氧化物的测定

一、氮氧化物测定基础知识

氮的氧化物种类很多，但在大气中有害的只有一氧化氮和二氧化氮，以 NO_x 代表。大气中此两种成分，称为总氮氧化物。

在一般条件下空气中的氮和氧并不能直接化合为氮的氧化物，只有温度高于 1200℃ 时氮才能与空气中的氧结合生成一氧化氮，温度越高生成的一氧化氮越多。因此，凡属高温燃烧场所均为一氧化氮的发生源。另外，氨氧化法制硝酸、炸药及其他硝化工业、汽车尾气中都含有氮的氧化物。一般认为，空气中的氮氧化物主要来源于石化燃料高温燃烧、化肥等生产排放的废气，以及汽车尾气。

一氧化氮和二氧化氮的毒性很大。一氧化氮为无色无味气体，它能刺激呼吸系统，还能与血红蛋白结合形成亚硝基血红蛋白而引起中毒。二氧化氮是棕色有特殊刺激气味的气体，它能严重刺激呼吸系统，使血红蛋白硝化，浓度高时可导致死亡。NO_x 更严重的危害在于它是光化学烟雾的引发剂之一。因此，许多国家对大气中氮氧化物的排放均有严格的规定。我国卫生标准规定居民区大气中 NO_x（以 NO_2 计）一次最大浓度不得超过 0.15 mg/m$_3$，即相当于 0.075 mg/kg。

大气中 NO、NO_2 可分别测定，也可测定它们的总量。常见测定方法有盐酸萘乙二胺分光光度法、化学发光法。国家标准中规定，用分光光度法测定空气中的氮氧化物。

（一）盐酸萘乙二胺分光光度法

空气中的氮氧化物（NO_X）经氧化管后，在采样吸收过程中生成亚硝酸，再与对氨基苯磺酰胺进行重氮化反应，然后与盐酸萘乙二胺偶合生成粉红色偶氮化合物，再比色定量分析。

（二）化学发光法

根据一氧化氮和臭氧气相发光反应的原理，被测样气连续被抽入化学发光 NO_X 监测仪（又称氧化氮分析器），NO_X 经过 NO_2-NO 转化器后，以一氧化氮的形式进入反应室，再与臭氧反应产生激发态二氧化氮（NO_2^*），当 NO_2^* 回到基态时放出光子（hv）。光子通过滤光片，被光电倍增管接收，并转变为电流，经放大后而被测量。电流大小与一氧化氮浓度成正比。

二、大气样品的采集

（一）采样点的布设

环境空气中污染物的监测是大气污染物监测的常规监测。为了获得高质量的大气污染物数据，必须考虑多种因素，采集有代表性的试样，然后进行分析测试。主要因素有：采样点的选择、采样物理参数的控制、数据处理报告等。

1. 采样点布设的原则和要求

采样点的布设要满足一些基本要求。采样点应设在整个监测区域的高、中、低三种不同污染物浓度的地方；在污染源比较集中、主导风向比较明显的情况下，应将污染源的下风向作为主要监测范围，布设较多的采样点，上风向布设少景点作为对照；工业较密集的城区和工矿区，人口密度及污染物超标地区，要适当增设采样点，城市郊区和农村，人口密度小及污染物浓度低的地区，可酌情少设采样点。

采样点的周围应开阔，采样口水平线与周围建筑物高度的夹角应不大于 30°；测点周围无局部污染源，并应避开树木及吸附能力较强的建筑物；交通密集区的采样点应设在距人行道边缘至少 1.5 m 远处；各采样点的设置条件要尽可能一致或标准化，使获得的监测数据具有可比性。

采样高度根据监测目的而定，研究大气污染对人体的危害，应将采样器或测定仪器设置于常人呼吸带高度，即采样口应在离地面 1.5 ~ 2 m 处；研究大气污染对植物或器物的影响，采样口高度应与植物或器物高度相近；连续采样例行监测采样口高度应距地面 3 ~ 15 m；若置于屋顶采样，采样口应与基础面有 1.5 m 以上的相对高度，以减小扬尘的影响。特殊地形地区可视实际情况选择采样高度。

2. 采样点数目

采样点的数目设置是一个与精度要求和经济投资相关的效益函数，应根据监测范围大小、污染物的空间分布特征、人口分布密度、气象条件、地形、经济条件等因素综合考虑确定。世界卫生组织（WHO）和世界气象组织（WMO）提出按城市人口多少设置城市大气地面自动监测站（点）的数目，如表5-1所示。我国按原国家环境保护总局规定，以城市人口数确定大气环境污染例行监测采样点的设置数目，如表5-2所示。

表 5-1　WHO 和 WMO 推荐的城市大气自动监测站（点）数目

市区人口（万人）	飘尘	SO_2	NO_x	氧化剂	CO	风向、风速
≤ 100	2	2	1	1	1	1
100 ~ 400	5	5	2	2	2	2
400 ~ 800	8	8	4	3	4	2
> 800	10	10	5	4	5	3

表 5-2　我国大气环境污染例行监测采样点设置数目

市区人口（万人）	SO_2、NO_x、TSP	灰尘自然沉降量 /[t/（km^2 > 30 d）]	硫酸盐化速率 /[mg/（100 cm^2 > d）]
< 50	3	≥ 3	≥ 6
50 ~ 100	4	4 ~ 8	6 ~ 12
100 ~ 200	5	8 ~ 11	12 ~ 18
200 ~ 400	6	12 ~ 20	18 ~ 30
> 400	7	20 ~ 30	30 ~ 40

3. 布点方法

(1)功能区布点法

这种方法多用于区域性常规监测。布点时先将监测的一个城市或一个区域按环境空气质量标准，划分为若干"功能区"，如按其功能可分为工业区、居民区、交通稠密区、商业繁华区、文化区、清洁区、对照区等；再按具体污染情况和人力、物力条件，在各功能区设置一定数量的采样点。各功能区的采样点数目的设置不要求平均，通常在污染集中的工业区、人口密集的居民区、交通稠密区应多设采样点，同时在对照区或清洁区设 1 ~ 2 个对照点。

（2）网格布点法

这种布点法是将监测区域地面划分成若干均匀网状方格，采样点设在两条直线的交点处或方格中心。每个网格为正方形，可从地图上均匀描绘，网格实地面积视所测区域大小、污染源强度、人口分布、监测目的和监测力最而定，一般是 1 ~ 9 km2 布一个点。若主导风向明确，下风向设点应多一些，一般约占采样点总数的 60%。网格划分越小检测结果越接近真值，监测效果越好。网格布点法适用于有多个污染源，且污染分布比较均匀的地区。

（3）同心圆布点法

此种布点法主要用于多个污染源构成的污染群，且污染源较集中的地区。布点时先找出污染群的中心，以此为圆心在地面上画出若干个同心圆，半径视具体情况而定，再从同心圆的圆心画45°夹角的射线若干，放射线与同心圆圆周的交点作为采样点。不同圆周上的采样点数目不一定相等或均匀分布，常年主导风向的下风向比上风向多设一些点。例如，同心圆半径分别取4 km、10 km、20 km、40 km，从里向外各圆周上分别设4个、8个、8个、4个采样点。

（4）扇形布点法

此种布点法适用于主导风向明显的地区，或孤立的高架点源。以点源为顶点，主导风向为轴线，在下风向地面上划出一个扇形区域作为布点范围。扇形的角度一般为45°，也可更大些，但不能超过90°。采样点设在扇形平面内距点源不同距离的若干弧线上。每条弧线上设3～4个采样点，相邻两点与顶点连线的夹角一般取10°～20°。在上风向应设对照点。扇形布点法主要用于大型烟囱排放污染物的取样，烟囱高度越高，污染面越大，采样点就要增多。

以上几种采样布点方法，可以单独使用，也可以综合使用，目的就是要有代表性地反映污染物浓度，为大气监测提供可靠的样品。

（二）采样时间和频率

采样时间是指每次采样从开始到结束所经历的时间，也称采样时段。采样频率指在一定时间范围内的采样次数。这两个参数要根据监测目的、污染物分布特征及人力物力等因素决定。

采样时间短，试样缺乏代表性，为增加采样时间，目前采用的方法是使用自动采样仪器，进行连续自动采样。采样频率安排合理、适当，可积累足够多的数据，具有较好的代表性。采样频率越高，监测数据越接近真实情况。例如：在一个季度内，每6 d采样一天，而一天内又间隔相等时间采样测定一次（如在2、8、14、20时采样），求出日平均、月平均、季度平均监测结果。目前我国许多城市建立了空气质量自动监测系统，自动监测仪器24小时自动在线工作，可以比较真实地反映当地的大气质量。

我国监测技术规范对大气污染例行监测规定的采样时间和采样频率如表5-3所示。

表5-3　采样时间和频率

监测项目	采样时间和频率
二氧化硫	隔日采样，每日连续采（24±0.5）h，每月14～16 d，每年12个月
氮氧化物	隔日采样，每日连续采（24±0.5）h，每月14～16 d，每年12个月
总悬浮颗粒物	隔双日采样，每日连续采（24±0.5）h，每月5～6 d，每年12个月
灰尘自然降尘量	每月（30±2）d，每年12个月
硫酸盐化速度	每月（30±2）d，每年12个月

要求测定日平均浓度和最大一次浓度。若采用人工采样测定，应在采样点受污染最严重的时期采样测定；最高日平均浓度全年至少监测20 d；最大一次浓度样品不得少于25个；每日监测次数不少于3次。

（三）采样方法

气态污染物种类很多，要对这些污染物质进行测定，首先必须进行大气样品的采集。根据大气污染物的存在状态、浓度、物理化学性质以及监测方法的不同，要求选用不同的采样方法和仪器。一般分为直接采样法和富集（浓缩）采样法两大类。

1. 直接采样法

直接采样法适用于大气中被测组分浓度较高或者所用监测方法十分灵敏的情况，此时直接采取少景气体就可以满足分析测定要求。如用氢火焰离子化检测器测定空气中的苯系物；用紫外荧光法测定空气中的二氧化硫；库仑法二氧化硫分析器以 250 mL/mm 的流量连续抽取空气样品，能直接测定 0.025 mg/m³ 的二氧化硫浓度的变化。直接采样法测得的结果反映了大气污染物在采样瞬时或者短时间内的平均浓度。这种方法能比较快地测得结果，成本低而且很方便。直接采样法常用的取样容器有玻璃注射器、塑料袋、球胆、采气管和真空瓶等。

（1）玻璃注射器采样

用大型玻璃注射器（如 100 mL 注射器）直接抽取一定体积的现场气样，用来采集有机蒸气样品。采样时先用现场空气抽洗 3～5 次，然后抽样，密封进气口，将注射器进气口朝下，布直放置，使注射器内压强略大于大气压，送回实验室分析。注意：取样前必须用现场气体冲洗注射器 3～5 次，样品需当天分析完毕。

（2）塑料袋采样

用塑料袋直接取现场气样，取样量以塑料袋略呈正压为宜。注意：应选择与采集气体中的污染物不起化学反应、不吸附、不渗漏的塑料袋；取样前应先用二联球打进现场空气冲洗塑料袋 2～3 次，再充样气，密封进气口，带回实验室分析。

（3）球胆采样

要求所采集的气体与橡胶不起反应，不吸附。球胆用前先试漏，取样时同样先用现场气体冲洗球胆 2～3 次后方可采样并封口。

（4）采气管采样

采气管是两端具有旋塞的管式玻璃容器，其容积为 100～500 mL。采样时，打开两端旋塞，将二联球或抽气泵接在管的一端，迅速抽进比采样管容积大 6-10 倍的欲采气体，使采气管中原有气体被完全置换出来，关上两端旋塞，采气体积即为采气管的容积。

（5）真空瓶采样

真空瓶是一种用耐压玻璃制成的固定容器，容积为 500～1000 mL。采样时先用抽真空装置将瓶内抽成真空并测量剩余压强（1.33 kPa），如瓶中预先装有吸收液，可抽至液泡出现为止，关闭活塞。采样时，携带至现场打开瓶塞，则被测空气在压强差的作用下自动充进瓶中，关闭瓶塞，带回实验室分析。采样体积按下式计算：

$$V = V' \cdot \frac{p^- p'}{p}$$

（5-1）

式中：V——采样体积，L；

V'——真空瓶的容积，L；

p——大气压强，kPa；

p'——瓶中剩余压强，kPa。

2. 富集（浓缩）采样法

富集（浓缩）采样法适用于大气中污染物的浓度很低（10-9～IO%数量级），直接取样不能满足分析测定要求（分析方法的灵敏度不够高）的情况，此时需要采取一定的手段，将大气中的污染物进行浓缩，使之满足监测方法灵敏度的要求。由于富集（浓缩）采样法采样需时较长，所得到的分析结果反映大气污染物在浓缩采样时间内的平均浓度。这个平均浓度从统计学角度看，更接近真值，而从环保角度看，更能反映环境污染的真实情况。富集（浓缩）采样法可分为溶液吸收法、固体阻留法、低温冷凝浓缩法及自然沉降法，这些方法可根据监测目的和要求进行选择。

（1）溶液吸收法

该方法是用吸收液采集大气中气态、蒸气态以及某些气溶胶污染物的常用方法。采样时，用抽气装置使待测空气以一定的流量通入装有吸收液的吸收管，待测组分与吸收液发生化学反应或物理作用，使待测污染物溶解于吸收液中。采样结束后，取出吸收液，分析吸收液中被测组分含量。根据采样体积和测定结果计算大气污染物质的浓度。

选择吸收液的原则是：①与被测物质发生化学反应的速度快而且彻底，或者溶解度大；②污染物被吸收后，要有足够的稳定时间，能满足测定的时间需要；③污染物被吸收后最好能直接进行测定；④吸收液毒性小，价格便宜，易于得到且易于回收。

常用的吸收液有水溶液、有机溶剂等。吸收液吸收污染物的原理分为两种：一种是气体分子溶解于溶液中的物理作用，例如用水吸收甲醛；另一种是基于发生化学反应的吸收，例如用碱性溶液吸收酸性气体。伴有化学反应的吸收速度显然大于只有溶解作用的吸收速度。因此，除溶解度非常大的气体外，一般都选用伴有化学反应的吸收液。如用水吸收氯化氢；用5%甲醇吸收有机农药；用10%乙醇吸收硝基苯；用氢氧化钠吸收硫化氢等。

根据吸收原理不同，常用吸收管可分为气泡式吸收管、冲击式吸收管、多孔筛板吸收管（瓶）几种类型。

①气泡式吸收管。气泡式吸收管主要用于采集气态、蒸气态物质。管内装有5～10 mL吸收液，采样流量为0.5～2.0 L/mm。进气管插至吸收管底部，气体在穿过吸收液时，形成气泡，增大了气体与吸收液的界面接触面积，有利于气体中污染物质的吸收。

②冲击式吸收管。冲击式吸收管适宜采集气溶胶态物质。由于该吸收管的进气管喷嘴孔径小且距瓶底很近，当被采气样快速从喷嘴喷出冲向管底时，气溶胶颗粒因惯性作用冲击到管底被分散，从而易被吸收液吸收。但不适合采集气态和蒸气态物质，因为气体分子的惯性小，在快速抽气情况下，容易随空气一起逃逸。冲击式吸收管的吸收效率是由喷嘴口径的大小和喷嘴距瓶底的距离决定的。

③多孔筛板吸收管（瓶）。多孔筛板吸收管（瓶）适用于采集气态和蒸气态物质，适用于采集雾态气溶胶物质。气体经过多孔筛板吸收管的多孔筛板后，被分散成很小的气泡，同时气体的阻留时间延长，大大地增加了气－液接触面积，从而提高了吸收效率。各种多孔筛板的孔径大小不一，要根据阻力要求进行选择。

溶液吸收法的吸收效率主要决定于吸收速度，而吸收速度又取决于吸收液对待测物质的溶解速度以及待测物质与吸收液的接触面积和接触时间。因此，提高吸收效率必须根据待测物质的性质和在大气中的存在形式正确地选择吸收溶液和吸收管。

（2）固体阻留法

固体阻留法包括填充柱阻留法和滤料阻留法两种。

①填充柱阻留法。填充柱是用一根长 6 ~ 10 cm、内径 3 ~ 5 mm 的玻璃管或聚丙烯塑料管，内装颗粒状填充剂。采样时，气样以一定流速通过填充柱，被测组分因吸附、溶解或发生化学反应等作用被阻留在填充剂上，达到浓缩气样的目的。采样后，通过解吸或溶剂洗脱，使被测组分从填充剂上释放出来，然后进行分析测定。

根据填充剂阻留作用原理，填充柱可分为吸附型、分配型和反应型三种类型。

吸附型填充柱的填充剂是固体颗粒状吸附剂，如活性炭、硅胶、分子筛、高分子多孔微球等多孔性物质，具有较大的比表面积，吸附性强，对气体、蒸气分子有较强的吸附性。

分配型填充柱的填充剂是表面涂有高沸点有机溶剂（如异十三烷）的惰性多孔颗粒物（如硅藻土），类似气相色谱柱中的固定相，只是有机溶剂用量比气相色谱固定相大。采样时，气样通过填充柱，在有机溶剂中分配系数大的组分保留在填充剂上而被富集。

反应型填充柱的填充剂是由惰性多孔颗粒物（如石英砂、玻璃微球等）或纤维状物（如滤纸、玻璃棉等）表面涂一层能与被测物起化学反应的试剂制成。可以用能与被测物起化学反应的纯金属细丝或细粒（如 Al、Au、Ag、Cu、Zn 等）、丝毛或细粒做填充剂。反应型填充柱采样量大、采样速度快、富集物稳定，对气态、蒸气态和气溶胶态物质都有较高的富集效率。

②滤料阻留法。这种方法主要用于大气中的气溶胶、降尘、可吸入颗粒物、烟尘等的测定。这种方法是将过滤材料（滤纸或滤膜）夹在采样夹上，采样时，用抽气装置抽气，气体中的颗粒物质被阻留在过滤材料上。根据过滤材料采样前后的质量和采样体积，即可计算出空气中颗粒物的浓度。

（3）低温冷凝浓缩法

低温冷凝浓缩法适用于大气中某些沸点比较低的气态污染物质，如烯烃类、醛类等大气样品的采集。

低温冷凝采样法是将 U 形管或蛇形采样管插入冷阱中，分别连接采样入口和泵，大气流经采样管时，被测组分因冷凝从气态转变为液态凝结于采样管底部，达到分离和富集的目的。采样后，可送实验室移去冷阱即可分析测试。

常用的制冷剂有冰－盐水（－100℃）、干冰－乙醇（－72℃）、液态空气（－190℃）、液氧（－183℃）等。

低温冷凝浓缩采样法具有效果好、采样量大、利于组分稳定等优点，但空气中的微量水分和二氧化硫甚至氧通过冷阱时也会冷凝，会对采样造成分析误差。因此，应在采样管进气端装置选择性过滤器（如将过氯酸镁、碱石棉、氯化钙填充在内），消除空气中水蒸气、二氧化硫、氧等物质的干扰。

（4）自然沉降法

利用重力、空气动力和浓差扩散作用采集大气中的被测物质，如自然降尘量、硫酸盐化速率、氟化物等大气样品的采集。这种方法不需要动力设备，简单易行，且采样时间长，测定结果能较好地反映大气污染情况。

①降尘样品的采集。采集大气中降尘的方法有湿法和干法两种，其中湿法应用较广泛。

湿法采样是在一定大小（内径 15 cm、高 30 cm）的圆筒形集尘缸中进行，集尘缸的材质有玻璃、塑料、瓷、不锈钢等。采样时在缸中加一定量（1500 ~ 3000 mL）的水集尘，放置在距地面 5 ~ 15 m、附近无高大建筑物或局部污染源处，采样口距基础面 1.5 m 以上，以避免扬尘的影响。采样时间为 30 ± 2 d，多雨季节注意及时更换集尘缸，防止水满溢出。注意：集尘缸内夏季需要加入少量硫酸铜溶液，抑制微生物及藻类的生长，冰冻季节需加入适量的乙醇或乙二醇作为防冻剂。

干法采样一般使用标准集尘器。我国干法采样是将集尘缸洗干净，在缸底放入塑料圆环，塑料筛板放在圆环上以防止已沉降的尘粒被风吹出。采样前缸口用塑料袋罩好，携至采样点后，再取下塑料袋进行采样。在夏季可加入 0.05 mol/L 硫酸铜溶液 2 ~ 8 mL，以抑制微生物及藻类的生长。

按月定期取换集尘缸一次，取缸时间规定为月初的 5 日前进行完毕。取缸时要校对地点、缸号，记录取样时间，然后罩好塑料袋，带回实验室。

②硫酸盐化速率样品的采集。排放到大气中的二氧化硫、硫化氢、硫酸蒸气等含硫化合物，经过一系列反应，最终形成危害很大的硫酸雾和硫酸盐雾的过程称为硫酸盐化速率。测定硫酸盐化速率常用的采样方法有二氧化铅法和碱片法。

二氧化铅采样法是先将二氧化铅糊状物涂在纱布上，然后将纱布绕贴在素瓷管上，制成二氧化铅集尘管，将其装在采样器上放置在采样点处采样，则大气中的二氧化硫、硫酸雾等与二氧化铅反应生成硫酸铅而被采集。

碱片法是将用碳酸钾溶液浸渍过的玻璃纤维滤膜置于采样点上，则大气中的二氧化硫、硫酸雾等与碳酸盐反应生成硫酸盐而被采集。

（四）采样仪器

将收集器、流量计、抽气泵、样品预处理器、流量调节、自动定时控制以不同的形式组合在一起，就构成不同型号、规格的采样仪器。

直接采样法采样时用采气管、塑料袋、真空瓶即可。

富集采样法需使用采样仪器才能够收集到所需的气体样品。采样仪器主要由收集器、流量计和采样动力三部分组成。收集器如大气吸收管（瓶）、填充柱、滤料采样夹、低温冷凝采样管等。流量计是测量气体流量的仪器，流量是计算采集气样体积必知的参数。当用抽气泵作为抽气动力时，通过流量计的读数和采样时间可以计算所采空气的体积。常用的流量计有孔口流量计、转子流量计和限流孔，均需定期校正。采样动力应根据所需采样流量、采样体积、所用收集器及采样点的条件进行选择。一般要求抽气动力的流量范围较大，抽气稳定，造价低，噪声小，便于携带和维修。

大气采样仪器的型号很多，按其用途可分为气态污染物采样器和颗粒污染物采样器。

1. 气态污染物采样器

气态污染物采样器用于采集大气中气态和蒸气态物质，采样流量为 0.5 ~ 2.0 L/min。可用交、直流两种电源。吸收瓶即为收集器，虚线框内即为采样动力部分。

2. 颗粒污染物采样器

颗粒污染物采样器目前有两类，一是总悬浮颗粒物（TSP）采样器，二是飘尘采样器，即可吸入颗粒物（PM10）采样器。

（1）总悬浮颗粒物（TSP，指粒径在 $100 \mu m$ 以下微粒）采样器

总悬浮颗粒物采样器按其采气流量大小分为大流量采样器（1.1 ~ 1.7 m^3/mm）和中流量采样器（0.05 ~ 0.15m^3/min）两种类型。

大流量采样器由滤料采样夹、抽气风机、流量记录仪、计时器及控制系统、铝壳等组成。滤料采样夹可安装 $20 \times 25 \ cm^2$ 的玻璃纤维滤膜，以 1.1 ~ 1.7 m^3/min 流量采样 8 ~ 24 h。当采气量达 1500 ~ 2000 时，样品滤膜可用于测定颗粒物中的金属、无机盐及有机污染物等组分。

中流量采样器由采样头、流量计、采样管及采样泵组成。采样头有效直径 80 mm 或 100 mm。当用 80 mm 滤膜采样时，采气流量控制在 7.2 ~ 9.6 m^3/h；用 100 mm 滤膜采样时，采气流量控制在 11.3 ~ 15 m^3/h。

（2）飘尘（指粒径在 $10 \mu m$ 以下的微粒）采样器

飘尘也称为可吸入颗粒物（PM10），飘尘采样器由分样器、大流量采样器、检测器三部分组成。分样器又称为分尘器、切割器，主要作用是把 $10 \mu m$ 以下颗粒分离出来。采集可吸入颗粒物一般使用大流量采样器。在连续自动监测仪器中，可采用静电捕集法、β 射线法或光散射法直接测定可吸入颗粒物的浓度，但不论哪种采样器都装有分尘器。分尘器有旋风式、向心式、多层薄板式、撞击式等多种。它们又分为二级式和多级式。二级式用于采集 10 以下的颗粒物，多级式可分级采集不同粒径的颗粒物，用于测定颗粒物的粒度分布。

二级旋风分尘器的工作原理：样气以高速度沿 180° 渐开线进入分尘器的圆筒内，形成沿外壁由上而下的旋转气流。大于 $10 \mu m$ 的颗粒物惯性较大，在离心力的作用下，甩到筒壁上，这些大颗粒物在不断与筒壁撞击中失去前进的能最，受气流和重力的共同作用，沿壁面落入大颗粒物收集器内。小于 $10 \mu m$ 的颗粒物惯性小，不易被甩到筒壁上。当空气进入分尘器向下高速旋转时，顶部压力下降，在压力差作用下，小于 $10 \mu m$ 的细颗粒随气流沿气体排出管上升，达到分离空气中粗、细颗粒物的目的。沿分尘器气体排出管排出的气体进入过滤器，气体中的细颗粒物被滤膜捕集，根据采样体积和采样

前后滤膜的质量，即可求出空气中 $10\mu m$ 以下的颗粒物的含量。

向心式分尘器工作原理：当气流从空气喷孔高速喷出时，样气所携带的颗粒物由于大小、质量不同，惯性也不同，其运动轨迹也不同。颗粒质量越大，惯性越大，越不容易随气流改变运动轨迹。因此，大颗粒物接近中心轴线，最先进入收集器。小颗粒物离中心轴线较远，随气流进入下一级。收集器捕集的颗粒物质量的大小，受喷嘴直径、收集器入口距喷嘴距离、收集器入口直径等因素的影响。显然，当喷嘴直径变小、收集器入口距喷嘴距离变小、收集器入口直径变小时，可以使较小的颗粒物进入收集器。

多段向心式分尘器工作原理：孔直径最大，收集器入口最大，孔到收集器之间的距离最大，收集器滤膜捕集到气流中质量最大的颗粒物；第二级的喷嘴直径和收集器的入口孔径变小，二者之间距离缩短，使小一些的颗粒物被收集。第三级的喷嘴直径和收集器的入口孔径又比第二级小，其间距离更短，收集的颗粒更细。经过多级分离，剩下的极细颗粒到达最底部，被滤膜收集。

多段撞击式采样器工作原理：当含颗粒物气体以一定速度由喷嘴喷出后，大颗粒由于惯性大，与第一块捕集板碰撞被收集，细小颗粒惯性小，随气流向下进入第二级、第三级等喷嘴；最末级捕集板用玻璃纤维滤膜代替，捕集最小的颗粒物。这种采样器可以设计为 3～6 级，也有 8 级的。撞击式采样器必须用标准粒子发生器制备的标准粒子进行校准后方可使用。

三、氮氧化物测定中溶液的制备

除非另有说明，分析时均使用符合国家标准或专业标准的分析纯试剂和无亚硝酸根的蒸馏水、去离子水或相当纯度的水。

①冰乙酸。

②盐酸羟胺溶液，ρ=0.20.5g/L.

③配制硫酸溶液，c（1/2HSO）=1mol/L.

取 15mL 浓硫酸（ρ=1.84g/mL），徐徐加入 500mL 水中，搅拌均匀，冷却备用。

④配制酸性高锰酸钾溶液，ρ（$KMnO_4$）=25g/L.

称取 25g 高锰酸钾于 1000mL 烧杯中，加入 500mL 水，稍微加热使其全部溶解，然后加入 1mol/L 疏酸溶液 500mL，搅拌均匀，贮于棕色试剂瓶中。

⑤配制 N-（1-萘基）乙二胺盐酸盐贮备液，ρ（$C10H_7NH（CH）NH_2 \cdot 2HCl$）=1.00g/L.

称取 0.50gN-（1-萘基）乙二胺盐酸盐于 500mL 容量瓶中，用水溶解稀释至刻度。此溶液贮于密闭的棕色瓶中，在冰箱中冷藏可稳定保存三个月。

⑥配制显色液。称取 5.0g 对氨基苯磺酸 [$NH_2C_6H_4SO_3H$] 溶解于约 200mL40～50℃ 热水中，将溶液冷却至室温，全部移入 1000mL 容量瓶中，加入 50mLN-（1-萘基）乙二胺盐酸盐贮备溶液和 50mL 冰乙酸，用水稀释至刻度。此溶液贮于密闭的棕色瓶中，在 25℃ 以下暗处存放可稳定三个月。若溶液呈现淡红色，应弃之重配。

⑦配制吸收液。使用时将显色液和水按 4 ∶ 1（V/V）比例混合，即为吸收液。吸收液的吸光度应小于等于 0.005。

⑧配制亚硝酸盐标准贮备液，ρ（NO_2）=250g/mL。

准确称取 0.3750g 亚硝酸钠（$NaNO_2$，优级纯，使用前在 $105 \pm 5℃$ 干燥恒重）溶于水，移入 1000L 容量瓶中，用水稀释至标线。此溶液贮于密闭棕色瓶中于暗处存放，可稳定保存三个月。

⑨配制亚硝酸盐标准工作液，ρ（NO_2）=2.5g/mL.

准确吸取亚硝酸盐标准贮备液 1.00L 于 100mL 容量瓶中，用水稀释至标线。临用现配。

四、结果的表述

①空气中二氧化氮浓度 ρ_{NO_2}（mg/m^3）按下式计算：

$$\rho_{NO_2} = \frac{(A_1 - A_0 - a) \times V \times D}{b \times f \times V_0}$$

（5-1）

②空气中一氧化氮浓度。

ρ_{NO}（mg/m^3）以二氧化氮（NO_2）计，按下式计算：

$$\rho_{NO} = \frac{(A_2 - A_0 - a) \times V \times D}{b \times f \times V_0 \times K}$$

（5-2）

ρ'_{NO}（mg/m^3）以一氧化氮（NO）计，按下式计算：

$$\rho'_{NO} = \frac{\rho_{NO} \times 30}{46}$$

（5-3）

③空气中氮氧化物的浓度 ρ_{NO_x}（mg/m^3）以二氧化氮（NO_2）计，按下式计算：

$$\rho_{NO_x} = \rho_{NO_2} + \rho_{NO}$$

（5-4）

式中：A_1、A_2——分别为串联的第一只和第二只吸收瓶中样品的吸光度；

A_0——实验室空白的吸光度；

b——标准曲线的斜率，吸光度，$mL/\mu g$；

a——标准曲线的截距；

V——采样用吸收液体积，mL；

V_0——换算为标准状态（101.325 kPa，273 K）下的采样体积，L；

K——NO $\rightarrow$ NO$_2$ 氧化系数，0.68；

D——样品的稀释倍数；

f——Saltzman 实验系数，0.88（当空气中二氧化氮浓度高于 0.72 mg/m^3 时，取值 0.77）。

第二节　大气中二氧化硫的测定

一、二氧化硫测定基础知识

SO$_2$ 为无色有很强刺激性气味的气体，它是一个还原剂，能被氧化生成 SO$_3$ 或 H$_2$SO$_4$。二氧化硫是主要大气污染物之一，地球上有 57% 的 SO$_2$ 来自自然界，43% 来自工业等人为的污染。而城镇 SO$_2$ 的污染，主要是由于家庭和工业用煤以及油料燃烧所产生的 SO$_2$，散布于大气中而造成空气污染。二氧化硫的工业污染主要来源于煤和石油产品的燃烧、含硫矿石的冶炼、硫酸等化工产品生产所排放的废气。

SO$_2$ 对结膜和上呼吸道黏膜有强烈刺激性，吸入后主要对呼吸系统造成损伤，可致鼻咽炎、支气管炎、肺炎及哮喘病、肺心病等，严重者可致肺水肿和呼吸麻痹。大气中的 SO$_2$ 能形成酸性气溶胶，当其进入呼吸器官内部时，对人体健康影响更为严重。

SO$_2$ 危害植物正常生长，甚至导致植物死亡。SO$_2$ 在大气中能与水和尘粒结合形成气溶胶，并逐渐被氧化成硫酸和硫酸盐，严重腐蚀金属和建筑物，给人类造成重大损失。我国卫生标准规定，生产厂房空气中 SO$_2$ 的含量不得超过 20 mg/m^3。

测定二氧化硫的方法有四氯汞盐吸收 - 副玫瑰苯胺分光光度法、甲醛吸收 - 副玫瑰苯胺分光光度法、紫外荧光法、电导法、恒电流库仑滴定法、火焰光度法等。

四氯汞盐吸收 - 副玫瑰苯胺分光光度法适用于大气中二氧化硫的测定，该法灵敏度高、选择性好，可用于短时间采样（例如 20 ~ 30 min），或长时间采样（例如 24 h），但吸收液毒性大。甲醛吸收 - 副玫瑰苯胺分光光度法避免了使用含汞的吸收液，但操作略为复杂，此法的精密度、准确度、选择性和检测限等均与四氯汞盐吸收 - 副玫瑰苯胺分光光度法相近。

（一）四氯汞盐吸收 - 副玫瑰苯胺分光光度法

气样中的二氧化硫被由氯化钾和氯化汞配制成的四氯汞钾溶液吸收后，生成稳定的二氯亚硫酸盐络合物后与甲醛生成羟基甲基磺酸（HOCH$_2$SO$_3$H），羟基甲基磺酸再和盐酸副玫瑰苯胺（即副品红）反应生成紫色络合物，其颜色深浅与二氧化硫含量成正比，用分光光度法测定。

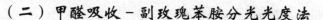

（二）甲醛吸收－副玫瑰苯胺分光光度法

二氧化硫被甲醛缓冲溶液吸收后，生成稳定的羟基甲基磺酸加成化合物。在样品溶液中加入氢氧化钠使加成化合物分解，释放出的二氧化硫与盐酸副玫瑰苯胺、甲醛作用，生成紫红色化合物，根据颜色深浅，用分光光度计在 577 nm 处进行测定。当用 10 mL 吸收液采气 30 L 时，最低检出浓度为 0.028 mg/m³。

二、二氧化硫测定仪器准备

①分光光度计。

②多孔玻板吸收管：10 mL 多孔玻板吸收管，用于短时间采样；50 mL 多孔玻板吸收管，用于 24 h 连续采样。

③恒温水浴：0 ~ 40℃，控制精度为 ±1℃。

④具塞比色管：10 mL。用过的比色管和比色皿应及时用盐酸－乙醇清洗液浸洗，否则难以洗净。

⑤空气采样器：用于短时间采样的普通空气采样器，流量范围 0.1-1 L/mm，应具有保温装置；用于 24 h 连续采样的采样器应具备恒温、恒流、计时、自动控制开关的功能，流量范围 0.1 ~ 0.5 L/min。

三、二氧化硫测定中溶液的制备

①碘酸钾（KIO_3），优级纯，经 110℃干燥 2 h。

②配制 c（NaOH）=1.5 mol/L 氢氧化钠溶液。

称取 6.0 g NaOH，溶于 100 mL 水中。

③配制 c（CDTA-2Na）=0.05 mol/L 环己二胺四乙酸二钠溶液。

称取 1.82 g 反式 1, 2- 环己二胺四乙酸，加入氢氧化钠溶液 6.5 mL，用水稀释至 100 mL。

④配制甲醛缓冲吸收贮备液。

吸取 36% ~ 38% 的甲醛溶液 5.5 mL；CDTA-2Na 溶液 20.00 mL；称取 2.04 g 邻苯二甲酸氢钾，溶于少量水中；将三种溶液合并，再用水稀释至 100 mL，贮于冰箱可保存 1 年。

⑤配制甲醛缓冲吸收液。

用水将甲醛缓冲吸收贮备液稀释 100 倍。临用时现配。

⑥配制 ρ（NaH_2NSO_3）=6.0 g/L 氨磺酸钠溶液。

称取 0.60 g 氨磺酸（H_2NSO_3H）置于 100 mL 烧杯中，加入 4.0 mL 氢氧化钠，用水搅拌至完全溶解后稀释至 100 mL，摇匀。此溶液密封可保存 10 d。

⑦配制 c（1/2I2）=0.10 mol/L 碘贮备液。

称取 12.7 g 碘（L）于烧杯中，加入 40 g 碘化钾和 25 mL 水，搅拌至完全溶解，用水稀释至 1000 mL，贮存于棕色细口瓶中。

⑧配制 c（$1/2I_2$）=0.010 mol/L 碘溶液。

最取碘贮备液 50 mL，用水稀释至 500 mL，贮于棕色细口瓶中。

（9）配制 $\rho \approx 5.0$ g/L 淀粉溶液。

称取 0.5 g 可溶性淀粉于 150 mL 烧杯中，用少量水调成糊状，慢慢倒入 100 mL 沸水，继续煮沸至溶液澄清，冷却后贮于试剂瓶中。

⑩配制 c（$1/6KIO_3$）=0.1000 mol/L 碘酸钾基准溶液。

准确称取 3.5667 g 碘酸钾溶于水，移入 1000 mL 容最瓶中，用水稀至标线，摇匀。

⑪配制 c（HCl）=1.2 mol/L 盐酸溶液。

最取 100 mL 浓盐酸，用水稀释至 1000 mL。

⑫配制 c（$Na_2S_2O_3$）=0.10 mol/L 硫代硫酸钠标准贮备液。

称取 25.0 g 硫代硫酸钠（$Na_2S_2O_3 \cdot 5H_2O$），溶于 1000 mL 新煮沸但已冷却的水中，加入 0.2 g 无水碳酸钠，贮于棕色细口瓶中，放置一周后备用。如溶液呈现混浊，必须过滤。

标定方法：吸取三份 20.00 mL 碘酸钾基准溶液分别置于 250 mL 碘最瓶中，加 70 mL 新煮沸但已冷却的水，加 1 g 碘化钾，振摇至完全溶解后，加 10 mL 盐酸溶液，立即盖好瓶塞，摇匀。于暗处放置 5 mm 后，用硫代硫酸钠标准溶液滴定溶液至浅黄色，加 2 mL 淀粉溶液，继续滴定至蓝色刚好褪去为终点。硫代硫酸钠标准溶液的摩尔浓度按下式计算：

$$c_1 = \frac{0.1000 \times 20.00}{V}$$

（5-5）

式中：c_1 —— 硫代硫酸钠标准溶液的摩尔浓度，mol/L；

N —— 滴定所耗硫代硫酸钠标准溶液的体积，mL。

⑬配制 c（$Na_2S_2O_3$）=0.01 ± 0.00001 mol/L 硫代硫酸钠标准滴定溶液。

取 50.0 mL 硫代硫酸钠贮备液置于 500 mL 容最瓶中，用新煮沸但已冷却的水稀释至标线，摇匀。

⑭配制 ρ=0.50 g/L 乙二胺四乙酸二钠盐（EDTA-2Na）溶液。

称取 0.25 g 乙二胺四乙酸二钠盐溶于 500 mL 新煮沸但已冷却的水中。临用时现配。

⑮配制 ρ（Na_2SO_3）=l g/L 亚硫酸钠溶液。

称取 0.2 g 亚硫酸钠（N&SO），溶于 200 mL EDTA-2Na 溶液中，缓缓摇匀以防充氧，使其溶解。放置 2 ~ 3h 后标定。此溶液每毫升相当于 320 ~ 400 μg 二氧化硫。

二氧化硫标准贮备溶液的质量浓度由以下公式计算：

$$\rho = \frac{(V_0 - V) \times c_2 \times 32.02 \times 10^3}{25.00} \times \frac{2.00}{100}$$

（5-6）

式中：ρ —— 二氧化硫标准贮备溶液的质量浓度，μg/mL；

V_0 —— 空白滴定所用硫代硫酸钠标准滴定溶液的体积，mL；

v —— 样品滴定所用硫代硫酸钠标准滴定溶液的体积，mL；

c_2 —— 硫代硫酸钠标准滴定溶液的浓度，mol/L。

⑯ ρ（Na_2SO_3）=1.00 μg/mL 二氧化硫标准溶液。

用甲醛缓冲吸收液将二氧化硫标准贮备溶液稀释成每毫升含 1.00 μg 二氧化硫的标准溶液。此溶液用于绘制标准曲线，在 4 ~ 5 ℃下冷藏，可稳定 1 个月。

⑰ ρ=0.2 g/100 mL 盐酸副玫瑰苯胺（pararosaniline，简称 PRA，即副品红或对品红）贮备液。

⑱ ρ=0.050 g/100 mL 盐酸副玫瑰苯胺溶液（PRA）。吸取 25.00 mL 盐酸副玫瑰苯胺贮备液于 100 mL 容量瓶中，加 30 mL 85% 的浓磷酸，12 mL 浓盐酸，用水稀释至标线，摇匀，放置过夜后使用。避光密封保存。

⑲ 盐酸 – 乙醇清洗液。由三份（1+4）盐酸和一份 95% 乙醇混合配制而成，用于清洗比色管和比色皿。

四、结果的表述

空气中二氧化硫的质量浓度，按以下公式计算：

$$\rho = \frac{(A - A_0 - a)}{b \times V_n} \times \frac{V_t}{V_m}$$

（5-8）

式中：ρ —— 空气中二氧化硫的质量浓度，mg/m^3；

A —— 样品溶液的吸光度；

A_0 —— 试剂空白溶液的吸光度；

b —— 标准曲线的斜率，吸光度 •10 mL/μg；

a —— 标准曲线的截距（一般要求小于 0.005）；

V_t —— 样品溶液的总体积，mL；

V_m —— 测定时所取试样的体积，mL；

V_n —— 换算成标准状态下（101.325 kPa，273 K）的采样体积，L。

计算结果准确到小数点后三位。

第三节　大气总悬浮颗粒物的测定

一、总悬浮颗粒物的测定

总悬浮颗粒物可分为一次颗粒物和二次颗粒物。一次颗粒物是由天然污染源和人为污染源释放到大气中直接造成污染的物质，如：风扬起的灰尘、燃烧和工业烟尘。二次颗粒物是通过某些大气化学过程所产生的微粒，如：二氧化硫转化生成硫酸盐。

粒径小于 $100\mu m$ 的称为 TSP，即总悬浮物颗粒物；粒径小于 $10\mu m$ 的称为 PM10，即可吸入颗粒物。TSP 和 PM10 在粒径上存在着包含关系，即 PM10 为 TSP 的一部分。国内外研究结果表明，PM10/TSP 的重量比值为 $60\% \sim 80\%$。在空气质量预测中，烟尘或粉尘要给出粒径分布，当粒径大于 $10\mu m$ 时，要考虑沉降；小于 $10\mu m$ 时，与其他气态污染物一样，不考虑沉降。所有烟尘、粉尘联合预测，结果表达为 TSP，仅对小于 $10\mu m$ 的烟尘、粉尘预测，结果表达为 PM10。

大气中 TSP 的组成十分复杂，而且变化很大。燃煤排放烟尘、工业废气中的粉尘及地面扬尘是大气中总悬浮微粒的重要来源。TSP 是大气环境中的主要污染物，中国环境空气质量标准按不同功能区分为 3 级，规定了 TSP 年平均浓度限值和日平均浓度限值。

空气中的全部粉尘量为"总悬浮颗粒物"，去掉 $10\mu m$ 以上的颗粒物，剩下的就是"可吸入颗粒物"，技术上标为 PM10。我们经常听到的"可吸入颗粒物"就是这个 PM10。如果将 $5\mu m$ 以上的颗粒物去掉，剩下的"可吸入颗粒物"为 PM5。

（一）重量法基本原理

通过具有一定切割特性的采样器，以恒速抽取一定体积的空气，空气中某一粒径范围的悬浮颗粒物被截留在已恒重的滤膜上。根据采样前、后滤膜质量之差及采样体积，计算总悬浮颗粒物的浓度。滤膜经处理后，可再进行组分分析。

（二）采样

1. 采样点的布设

我们在布设采样点时需要考虑污染物所处位置、设置条件是否统一、污染物浓度等方面的问题，其基本要求与气态污染物类似。布点方法主要有功能区布点法、网格布点法、同心圆布点法和扇形布点法。

2. 采样仪器

总悬浮颗粒物采气可分为大流量（$1.1 \sim 1.7\ m^3/min$）和中流量（$0.05 \sim 0.15\ m^3/min$）两种类型。

大流量 TSP 采样器由滤料采样夹、抽风机、流量控制器、计时器及控制系统、壳体等组成。大流量 TSP 采样器，滤料采样夹可以安装 $20 \times 25\ cm^2$ 的玻璃纤维滤膜，以 $1.1 \sim 1.7\ m^3/min$ 流量采样 $8 \sim 24\ h$。当采气量达到 1500 ~ 2000 时，样品滤膜可以用于测定颗粒物中的金属、无机盐及有机污染物等组分。

中流量 TSP 采样器由采样夹、采样管及采样泵等组成，工作原理与大流量采样器相似，只是采样夹面积和采样流量比大流量的小。我国规定采样夹的有效直径为 80 mm 或 100 mm，其对应的采气流量分别为 $7.2 \sim 9.6\ m^3/h$ 和 $1.3 \sim 15\ m^3/h$。

采样器在使用过程中至少每月校准一次，采样前后流量校准误差应不大于 7%。

3. 采样步骤

通常利用滤料阻留法对大气中的TSP进行采集。采样前要根据要求选择合适的滤膜，主要考虑滤膜的机械稳定性、热稳定性、化学稳定性、颗粒物捕集效率、风阻和负荷容量及空白浓度等。而且选择与分析仪器配套的采样滤膜非常重要，如当用X射线荧光法做元素分析时，颗粒物采样应用聚四氟乙烯材质的滤膜；当要用热光反射做元素碳和有机碳分析时，颗粒物采样分析应用石英滤膜。

4. 影响采样准确性的主要因素

影响采样准确性的因素主要有人为干扰（选址和操作不当）、挥发损失（采样、运输和保存过程中易挥发物质挥发）、滤膜的损坏、运输过程中颗粒物的损失、相对湿度的影响等。

二、可吸入颗粒物的测定

可吸入颗粒又称为IP或PM10，是指能够沉积于咽喉以下呼吸道部位的颗粒物。ISO定义为空气动力学当最直径≤10μm的颗粒，又称为飘尘。可吸入颗粒物（PM10）与人体健康关系密切，是室内外空气质量的重要监测指标。测定PM10方法有重量法、压电品体差频法、β射线吸收法、光散射法等。而重量法具有检测限低，结果准确等优点。重量法是用具有入口切割的采样器采样并用重量法测定。切割器常有冲击式和旋风式两种，冲击式切割器可以装在大、中、小流量采样器上，而旋风式切割器主要用在小流量采样器上。其中二段冲击式小流量采样器已被列为室内空气中可吸入颗粒物测定的标准方法。压电品体差频法是将压电品体作为一种微天平，用静电采样器将颗粒物采集在石英谐振器的电极表面。电极上因增加了颗粒物的质量，其振荡频率发生变化。根据频率的变化，可测得空气中颗粒物的浓度。β射线吸收法是利用颗粒物对β射线的吸收进行测定，其采样效率高达99.98%，测得的结果是颗粒物的质量浓度，且不受颗粒物粒径、组成、颜色及分散状态的影响。光散射法是利用颗粒物对光的散射作用进行测定的，该法仪器携带方便，测定范围宽（$0.01 \sim 100 \ mg/m^3$），是我国公共场所空气中可吸入颗粒物（PM10）浓度测定的标准方法。

（一）小流量（冲击式）采样重量法

该法利用二段冲击式小流量采样器，在采样器规定流量下采样，空气中的颗粒物经惯性冲击分离，将空气动力学当最直径小于30的颗粒收集于已恒重的滤料上。取下，称量，根据采样前后滤料的质量差及采样体积计算空气中可吸入颗粒物的浓度。

该法采样点的布置、采样时间和频率与TSP的测定基本一致。不同的是，可吸入颗粒采样器中加入了切割器，也称为分尘器。

（二）光散射法

空气样品经入口切割器被连续吸入暗室，一定粒径范围的颗粒物在暗室中与入射光作用，产生散射光。在颗粒物性质一定的条件下，颗粒物的散射光强度与其质量浓度成正比。散射光经光电传感器将光信号转变成电信号，经放大后再转换为每分钟电脉冲数（counts per minute，CPM），利用 CPM 便可测定空气中可吸入颗粒物的浓度。

三、降尘的测定

大气中的灰尘能自然沉降，称之为降尘，是指每个月（以 30 d 计）沉降于单位面积上的灰尘质量。它是指空气中粒径大于 10 的颗粒物，在空气中飘浮的时间较短，极易降落到地面。降尘来自燃料燃烧产生的烟尘、工农业生产性粉尘和天然尘土。降尘可以污染空气，降低大气能见度，污染水源、土壤、食品等。降尘是大气污染监测的主要指标之一，灰尘的自然沉降能力主要决定于自身重量及粒度大小，但其他一些自然因素如气象条件（风力、降水、地形等）也起着一定作用。降尘最测定的常用方法仍然是重量法。

（一）基本原理

空气中可沉降的颗粒物沉降在装有乙二醇溶液的集尘缸内，经蒸发、干燥、称重后，计算降尘量，结果以每月每平方公里面积上沉降的降尘吨数表示，即单位为（t/km^2·30 d）。

（二）采样

1. 采样点的布设

该法采样点的布置、采样时间和频率和 TSP 的测定基本一致。将采样点选择在矮建筑物的顶部，以方便更换集尘缸等操作；采样点附近应无高大的建筑物、高大的树木及局部污染源；集尘缸距地面 5～15 m 高，相对高度 1～1.5 m，以防止受扬尘的影响；各采样点集尘缸的放置高度应基本一致。同时，在洁净区设置对照点。

2. 采样方法

主要利用自然沉降法采集大气中的降尘，有湿法和干法两种具体操作方法。

（1）湿法

在集尘缸中加入一定量的水和乙二醇，按布点要求放置。

（2）干法

干法采样一般使用标准集尘器。

3. 样品处理

将瓷坩埚编号，洗净，烘干，干燥冷却，称重，再烘干，冷却，再称正，直至恒正。小心清除落入缸内的异物，并用水将附着的细小尘粒冲洗下来，如用干法取样，需将筛板和圆环上的尘粒洗入缸内。将缸内的溶液和尘粒全部转移到 1000 mL 烧杯中，在电热板上小心蒸发，使体积浓缩至 10～20 mL。将烧杯中溶液和尘粒转移到已恒重的瓷坩埚中，用水冲洗黏附在烧杯壁上的尘粒，并入瓷坩埚中。在电热板上小心蒸干后烘干至恒重，记录称量结果。

四、颗粒物粒径及化学组分的测定

（一）颗粒物粒径的测定

颗粒物的粒径是颗粒物最重要的性质，它反映了颗粒物来源的本质，影响空气的光散射性质和气候效应。颗粒物的许多性质如体积、质量和沉降速度等都与颗粒物的大小有关。不同粒径的颗粒物，其尘降效果、对人体的危害是有所不同的，而颗粒物的形状多数是不规则的，只有极少数呈球形，对于球形颗粒物，其粒径就等于该颗粒物的直径；而对于非球形颗粒物，其粒径需要用相关的测定方法对粒径的定义来进行确定。不同的粉尘粒径定义得出的粒径数值是不同的。因此，粉尘的粒径实质上是表示粉尘大小的一种特征尺寸。粉尘粒径大小不同，其物理、化学性质不同，对人和环境的危害亦不同，而且对除尘装置的设计和运行效果影响很大，所以要研究粉尘首先必须测定其粒径。

测定粒径的方法有：光学法、沉降法、电阻法、激光衍射法等。

（二）金属元素和金属化合物的测定

颗粒物中常需要测定的金属元素和非金属化合物有铍、铅、铁、铬、铜、锌、锰、砷、硫酸盐、硝酸盐、氯化物等。含量较低的物质需要用灵敏度高的方法测定。

测定颗粒物中的化学组分之前，应该根据样品的特点进行样品的预处理，常用的方法有湿式消解法、干式灰化法和水浸取法。

1. 铍的测定

铍可用原子吸收分光光度法或桑色素荧光分光光度法测定。

原子吸收法测定原理是：用过氯乙烯滤膜采样，经干式灰化法或湿式消解法分解样品并制备成溶液，用高温石墨炉原子吸收分光光度计测定。将采集 $10m^3$ 气样的滤膜制备成 10 mL 样品溶液时，最低检出浓度一般可达 3×10^{-10} mg/m^3。

桑色素荧光分光光度法的原理是：将采集在过氯乙烯滤膜上的含铍颗粒物用硝酸、硫酸消解，制备成溶液。在碱性条件下，铍离子与桑色素反应生成络合物，在 430 nm 激发光照射下，产生黄绿色荧光（530 nm），用荧光分光光度计测定荧光强度进行定量。将采集 10 m^3 气样的滤膜制备成 25 mL 样品溶液，取 5 mL 测定时，最低检出浓度一般可达 5×10^{-7} mg/m^3。

2. 六价铬的测定

空气中的六价铬化合物主要以气溶胶存在。用水浸取玻璃纤维滤膜上采集的铬化合物，在酸性条件下，六价铬氧化二苯碳酰二肼生成可溶性的紫红色化合物，可以用分光光度法测定。

3. 铁的测定

用过氯乙烯滤膜采集颗粒物样品，经干式灰化法或湿式消解法分解样品后制成样品溶液。在酸性介质中，高价铁被还原成能与 4，7- 二苯基 –1，10 菲啰啉生成红色螯合物的亚铁离子，该螯合物可用分光光度法测定。

4. 铅的测定

铅可用原子吸收分光光度法或双硫腙分光光度法测定。后者操作复杂，要求严格。对于铜、锌、镉、镍、锰、铬等金属均可采用原子吸收分光光度法测定。

（三）有机化合物的测定

颗粒物中的有机组分很复杂，很多物质都具有致癌的作用，目前受到普遍关注的是多环芳烃。

第四节　室内空气中甲醛的测定

一、甲醛测定基础知识

甲醛是一种无色、极易溶于水、具有刺激性气味的气体。甲醛具有凝固蛋白质的作用，其 35% ~ 40% 的水溶液被称作福尔马林，常用作浸渍标本和室内消毒。室内甲醛的主要污染源是复合木制品（刨花板、密度板、胶合板等人造板材制作的家具）、胶黏剂、墙纸、化纤地毯、油漆、炊事燃气和吸烟等。甲醛对人体的危害具有长期性、潜伏性、隐蔽性的特点。长期接触低剂量甲醛可引起慢性呼吸道疾病、女性月经紊乱、妊娠综合征，引起新生儿体质降低、染色体异常，甚至引起鼻咽癌。高浓度甲醛对神经系统、免疫系统、肝脏等都有毒害。甲醛还有致畸、致癌作用，长期接触甲醛的人，可能引起鼻腔、口腔、咽喉、皮肤和消化道的癌症。

（一）酚试剂分光光度法

原理：空气中的甲醛与酚试剂反应生成嗪，嗪在酸性溶液中被高铁离子氧化成蓝绿色化合物，根据颜色深浅，用分光光度法测定。

（二）气相色谱法

原理：空气中甲醛在酸性条件下吸附在涂有 2，4- 二硝基苯（2，4-DNPH）6201 单体上，生成稳定的甲醛腙。用二硫化碳洗脱后，经 OV- 色谱柱分离，用氢火焰离子化检测器测定，以保留时间定性，以峰高定量。该法常温下显色，灵敏度好。

二、室内空气污染监测

（一）室内空气污染

1. 室内空气污染的由来及其严重性

室内空气污染产生的原因与人类对建筑有更多的功能要求有关。早期的建筑，因材料和能源近乎纯粹天然，且仅考虑御寒、照明、烹饪和隐秘等功能，所以几乎没有室内空气污染问题。而现代的建筑，人们运用了大量的人工合成材料，建立了靠人工照明和空调换气的密闭空间，使建筑越来越与自然隔绝，成为高耗能、高污染的非生态体。人每天有70%～80%的时间在室内度过，老人、婴儿和行动不便者更高。人每天吸入空气10左右，长时间停留室内并吸入大量含高浓度有害化学物质的空气，会对健康产生或大或小的影响。大量研究表明，室内空气污染会引发眼鼻喉不适、干咳、皮肤过敏干燥发痒、头痛、头晕、恶心和注意力不集中等"建筑综合征"，虽然这些症状的具体原因还在研究中，但大多数"建筑综合征"患者在离开建筑物一段时间后症状缓解的事实，说明这些症状的出现与建筑内空气质量欠佳有一定的相关性。

2. 室内空气污染的特征

由于室内空气污染物来源广泛、种类繁多，各种污染物对人体的危害程度不同，并且在现代的建筑设计中越来越考虑能源的有效利用，使室内与外界的通风换气非常少，在这种情况下室内和室外就变成两个相对不同的环境，因此室内空气污染有其自身的特点，主要表现在以下几个方面：

（1）累积性

室内环境是一个相对密闭的空间，其空气流动性远不如室外大气，因而大气扩散稀释作用受到诸多因素限制。污染物进入室内空间后，其浓度在较长时间内不降低，甚至短期内升高，常表现为污染物累积效应。

（2）长期性

甲醛、苯等许多室内污染物来自大芯板和油漆涂料等永久性室内装修材料，这些装修材料只要存在于室内就会不断释放污染物质，直至材料报废移出。污染源的长期存在是室内污染具有长期性的最主要原因，通常情况下时间都在3～15年，比如放射性污染，潜伏期达几十年之久。因而即使开窗通风换气，也只能是通风换气期间污染物浓度降低，通风换气结束，污染物浓度又会逐渐升高。

（3）多样性

引发室内空气污染的污染源多种多样，释放污染物的种类多种多样，有物理污染、化学污染、生物污染、放射性污染等。因而室内空气污染的表现也是多种多样。再者，同类型同强度的室内空气污染程度，因居住者身体健康状况不同，其受害症状及危害程度也多种多样。

（4）综合性

一般情况下，室内空气中的污染物多种多样，其对居住者的危害通常不同于各个污染物单独作用的危害之和，而表现出污染物的联合危害作用，即污染危害的综合效应。这种综合效应有时表现为减缓机体对危害的拮抗作用，但更多的时候表现为扩大危害的协同作用。

（二）室内空气污染物的来源与种类

1. 室内空气污染物来源

（1）室外空气的污染

室外污染源引起的室内空气污染，只要关闭窗户隔断污染物进入途径，或是不在污染高发区购置住宅，就能得到有效控制。室外空气污染主要来源于工业废气、汽车尾气、光化学烟雾等，其主要污染物有有机物、烟尘、SO2、NOX、PAN 等。

（2）室内污染

室内污染源引起的室内空气污染，因污染源不易阻断、污染危害长期存在等而备受关注，成为目前室内空气污染防治的重点。室内污染主要来自于建筑及装饰材料、家用电器、装饰植物等，其主要污染物有氨、氡、放射性核素、颗粒物、甲醛、苯、二甲苯、挥发性有机物等。

2. 室内空气污染物的种类

（1）悬浮固体污染物

室内空气中的固体悬浮颗粒，主要是分散于空气中粒径在 0.01 ~ 100 的微小液滴和固体颗粒物，其中对人群健康影响最大的是可吸入颗粒。主要指灰尘、可吸入颗粒物、植物花粉、微生物细胞（细菌、病毒和其他致病微生物）、烟雾等。这类物质除了其本身可能是有害物质外，还可能是细菌等致病微生物携带者，是多种致癌化学物质和放射性物质的载体。室内空气中长期存在大量携带有害物质的颗粒物会诱发居住者及室内工作人员患各种疾病，甚至致癌。

（2）气态化学污染物

室内空气中的气态化学污染物主要包括挥发性有机物和气态无机物。室内空气污染中的挥发性有机物主要有醛类、环烷烃、烃类、脂类、酚类和多环芳烃类等，其中以甲醛、苯、甲苯、二甲苯等挥发性有机物和苯并芘污染最为常见。室内空气污染中的无机物主要有二氧化硫、二氧化氮、臭氧和氨。

3. 常见室内空气污染物

①甲醛。

②苯。苯是一种无色、具有特殊芳香气味的液体。苯及苯系物被人体吸入后，可出现中枢神经系统麻醉作用；可抑制人体造血功能，使红细胞、白细胞和血小板减少，再生障碍性贫血患病率增大；可导致女性月经异常和胎儿先天性缺陷等危害。轻度中毒会造成嗜睡、头痛、头晕、恶心、呕吐、胸部紧束感等，并可有轻度黏膜刺激症状；重度中毒可出现视物模糊、震颤、呼吸浅而快、心律不齐、抽搐和昏迷；严重者可出现呼吸和循环衰竭，心室颤动。化学胶、油漆、涂料和黏合剂是室内空气中苯的主要来源。

③总挥发性有机物（TVOC）。常温下能够挥发成气体的各种有机化合物的总称为总挥发性有机物，是指沸点在 50 ~ 260℃之间、室温下饱和蒸气压大于 133.322 Pa 的易挥发性有机化合物。室内空气中常见的有甲醛、苯、甲苯、二甲苯、乙苯、苯乙烯、

三氯乙烯、四氯乙烯和四氯化碳等。由于其成分复杂、种类繁多，故一般不予以逐个分别表示，而以总挥发性有机物（TVOC）表示其总量。TVOC多表现出毒性、刺激性和致癌性，对人体健康造成现实或潜在的危害。长期吸入TVOC会引起机体免疫水平失调，影响中枢神经系统功能，出现头晕、头痛、嗜睡、乏力、胸闷、食欲不振、恶心、贫血等症状，严重时可损伤肝脏和造血系统，出现变态反应等。室内空气中TVOC的来源主要是复合板、涂料、黏合剂等建筑装修材料，其次是消毒剂、清洁剂和空气清新剂等化学合成生活用品，此外还有炊事燃气、香烟、装饰植物等天然生活用品。

④氨。氨是一种无色、极易溶于水、具有刺激性气味的气体。氨可通过皮肤及呼吸道进入机体引起中毒，又因其极易溶于水而对眼、喉和上呼吸道作用快、刺激性强。短时间接触氨，轻者引发鼻充血和分泌物增多，重者可导致肺水肿。长时间接触低浓度氨可引起咽喉炎，使患者声音嘶哑；长时间接触高浓度氨可引发咽喉水肿、痉挛而导致窒息，也可能出现呼吸困难、肺水肿和昏迷休克。室内空气中氨的主要来源是混凝土中的防冻剂、防火板中的阻燃剂和化工涂料中的增白剂。

⑤氡。氡是一种无色、无味、无法觉察的放射性惰性气体。常温下氡在空气中能形成放射性气溶胶而污染空气，易被呼吸系统截留，并在肺部不断累积而诱发肺癌、白血病和呼吸道病变。世界卫生组织认为氡是仅次于吸烟引起肺癌的第二大致癌物质。水泥、砖块、沙石、花岗岩、大理石和陶瓷砖等建筑材料，以及地质断裂带处的土壤都会有氡及其子体析出。

第六章 土壤与固体废物检测技术

第一节 土壤质量监测技术

一、土壤监测方案的制定

土壤污染监测方案的制定和水环境质量监测方案、大气环境质量监测方案的流程相近，首先根据监测目的进行基础资料的调查与收集、在综合分析的基础上确定监测项目，合理布设采样点，确定采样频率和采样时间，选择合适的监测方法，全程实行质量控制监督，提出监测数据处理要求。

（一）确定监测目的

1. 调查土壤环境污染状况

主要目的是根据《土壤环境质量标准》（Ⅰ、Ⅱ、Ⅲ类土壤分别执行一、二、三级标准）、判断土壤是否被污染或污染的程度，并预测其发展变化的趋势。

2. 调查区域土壤环境背景值

通过长期分析测定土壤中某种元素的含量，确定这些元素的背景值水平和变化，为保护土壤生态环境、合理施用微量元素及地方病的探讨和防治提供依据。

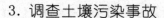

3. 调查土壤污染事故

污染事故会使土壤结构和性质发生变化，也会对农作物产生伤害，分析主要污染物种类、污染程度、污染范围等信息，为相关部门采取对策提供科学依据。

4. 土壤环境科学研究

通过土壤相关指标的测定，为污染土壤环境修复、污水土地处理等科研工作提供基础数据。

（二）调研收集资料

土壤污染源调查一般包括工业污染源、生活污染源、农业污染源和交通污染源。

工业污染源调查的内容主要包括企业概况，工艺调查，能源、水源、原辅材料情况，生产布局调查，污染物治理调查，污染物排放情况调查，污染危害调查，发展规划调查等几个方面。

生活污染源主要指住宅、学校、医院、商业及其他公共设施，它排放的主要污染物包括污水、粪便、垃圾、污泥、废气等。生活污染源调查的内容主要包括城市居民人口调查，城市居民用水和排水调查，民用燃料调查，城市垃圾及处置方法调查等。

农业常常是环境污染的主要受害者，同时，由于农业活动中施用农药、化肥，如果使用不合理也会产生环境污染。农业污染源调查一般包括农药使用情况调查，化肥使用情况调查，农业废弃物调查，农业机械使用情况调查等。

交通污染源主要是指公路、铁路等运输工具。其造成土壤污染的原因有：运输有毒有害物质的泄漏、汽油柴油等燃料燃烧时排出的废气。其一般调查运输工具的种类、数量、用油量、排气量、燃油构成、排放浓度等。

在进行一个地区的污染源调查或某一单项污染源调查时，都应同时进行自然环境背景调查和社会环境背景调查。根据调查的目的不同、项目不同，调查内容可以有所侧重。自然背景调查包括地质、地貌、气象、水文、土壤、生物；社会背景调查包括居民区、水源区、风景区、名胜古迹、工业区、农业区、林业区。

（三）确定监测项目

环境是个整体，无论污染物进入哪一个部分都会造成对整个环境的影响。因此，土壤监测必须与大气、水体和生物监测相结合才能全面客观地反映实际。确定土壤中优先监测物的依据是国际学术联合会环境问题科学委员会（SCOPE）提出的《世界环境监测系统》草案，该草案规定：空气、水源、土壤以及生物界中的物质都应与人群健康联系起来。土壤中优先监测物有以下两类。

第一类：汞、铅、镉、DDT及其代谢产物与分解产物，多氯联苯。

第二类：石油产品，DDT以外的长效性有机氯、四氯化碳、醋酸衍生物、氯化脂肪族砷、锌、硒、铬、镍、锰、钼，有机磷化合物及其他活性物质（抗生素、激素、致畸性物质、催畸性物质和诱变物质）等。

我国土壤常规监测项目如下：

金属化合物：镉（Cd）、铬（Cr）、铜（Cu）、汞（Hg）、铅（Pb）、锌（Zn）。

非金属化合物：砷（As）、氧化物、氟化物、硫化物等。

有机无机化合物：苯并芘、三氯乙醛、油类、挥发酚、DDT、六六六等。

（四）布点

土壤是固、液、气三相的混合物，主体是固体，污染物质进入土壤后不易混合，所以样品往往有很大的局限性。在一般的土壤监测中，采样误差对结果的影响往往大于分析误差。所以，在进行土壤样品采集时，要格外注意样品的合理代表性，最好能在采样前通过一定的调查研究，选择出一定量的采样单元，合理布设采样点。

1. 布点原则

①不同土壤类型都要布点。

②污染较重的地区布点要密些，常根据土壤污染发生原因来考虑布点多少。

③对大气污染物引起的土壤污染，采样点布设应以污染源为中心，并根据当地风向、风速及污染强度等因素来确定；由城市污水或被污染的河水灌溉农田引起的土壤污染，采样点应根据水流的路径和距离来考虑；如果是由化肥、农药引起的土壤污染，它的特点是分布比较均匀、广泛。

④要在非污染区的同类土壤中布设一个或几个对照采样点。

总之，采样点的布设既应尽量照顾到土壤的全面情况，又要视污染情况和监测目的而定，尽可能做到与土壤生长作物监测同步进行布点、采样、监测，以利于对比和分析。

2. 布点方法

采样地点的选择应具有代表性。因为土壤本身在空间分布上具有一定的不均匀性，故应多点采样、均匀混合，以使所采样品具有代表性。采样地如面积不大，在 2～3 亩以内，可在不同方位选择 5～10 个有代表性的采样点。如果面积较大，采样点可酌情增加。采样点的布设应尽量照顾土壤的全面情况，不可太集中。常用采样布点方法如下：

①对角线布点法：该法适用于面积小、地势平坦的受污水灌溉的田块。布点方法是由田块进水口向对角线引一条斜线，将此对角线三等分，等分点作为采样点。但由于地形等其他情况，也可适当增加采样点。

②梅花形布点法：该法适用于面积较小、地势平坦、土壤较均匀的田块，中心点设在两对角线相交处，一般设 5～10 个采样点。

③棋盘式布点法：适宜于中等面积、地势平坦、地形开阔、但土壤较不均匀的田块，一般设 10 个以上采样点。此法也适用于受固体废物污染的土壤，因为固体废物分布不均匀，应设 20 个以上采样点。

④蛇形布点法：这种布点方法适用于面积较大、地势不很平坦、土壤不够均匀的田块。布设采样点数目较多。

（五）样品的采集与制备

Fe^{2+}、NH_4^+-N、NO_3^--N、S^{2-}、挥发酚等易变成分需用鲜样，样品采集后直接用于分析。

大多数成分测定需要用风干或烘干样品，干燥后的样品容易混合均匀，分析结果的重复性、准确性都比较好。

（六）分析测试土壤样品

土壤中污染物质种类繁多，不同污染物在不同土壤中的样品处理方法及测定方法各异。同时要根据不同监测要求和监测目的，选定样品处理方法。

仲裁监测必须选定《土壤环境质量标准》中选配的分析方法规定的样品处理方法，其他类型的监测优先使用国家土壤测定标准，如果是《土壤环境质量标准》中没有的项目或国家土壤测定方法标准暂缺项目则可使用等效测定方法中的样品处理方法，见表6-1、表6-2。

表 6-1 土壤常规监测项目及分析方法

监测项目	监测仪器	监测方法	方法来源
镉	原子吸收光谱仪	石墨炉原子吸收分光光度法	GB/T17141
	原子吸收光谱仪	KI-MIBK 萃取原子吸收分光光度法	GB/T17140
汞	测汞仪	冷原子吸收法	GB/T17136
砷	分光光度计	二乙基二硫代氨基甲酸银分光光度法	GB/T17134
	分光光度计	硼氢化钾－硝酸银分光光度法	GB/T17135
铜	原子吸收光谱仪	火焰原子吸收分光光度法	GB/T17138
铅	原子吸收光谱仪	石墨炉原子吸收分光光度法	GB/T17141
	原子吸收光谱仪	KI-MIBK 萃取原子吸收分光光度法	GB/T17140
铬	原子吸收光谱仪	火焰原子吸收分光光度法	GB/T17137
锌	原子吸收光谱仪	火焰原子吸收分光光度法	GB/T17138
镍	原子吸收光谱仪	火焰原子吸收分光光度法	GB/T17139
六六六、滴滴涕	气相色谱仪	电子捕获气相色谱法	GB/T14550
六种多环芳烃	液相色谱仪	高效液相色谱法	GB13198
稀土总量	分光光度计	对马尿酸偶氮氯膦分光光度法	GB 6262
pH	pH 计	森林土壤 pH 测定	GB7859
阳离子交换量	滴定仪	乙酸铵法	

表 6-2 土壤监测项目与分析方法

监测项目	推荐方法	等效方法
砷	COL	HG—AAS、HG—AFS、XRF
镉	GF—AAS	POI—ICP—MS
钴	AAS	GF—AASJCP AES、ICP—MS
铬	AAS	GF—AAS、ICP—AES、XRF、1CP—MS
铜	AAS	GF AASJCP AES、XRF、ICP—MS
氟	1SE	
汞	HG—AAS	HG—AFS
锰	AAS	ICP—AES、INAA、ICP—MS
镍	AAS	GF AAS、XRF、ICP—AES、ICP—MS
铅	GF—AAS	ICP—MS、XRF
监测项目	推荐方法	等效方法
硒	HG—AAS	HG—AFS、DAN 荧光、GC
钒	COI	ICP—AES、XRFJNAAJCP—MS
锌	AAS	ICP—AES、XRF、INAA、1CP ~ MS

硫	COL	ICP—AESJCP—MS
pH	ISE	
有机质	VOL	
PCB、PAH	LC、GC	
阳离子交换量	VOL	
VOC	GC、GC—MS	
SVOC	GC、GC—MS	
除草剂和杀虫剂剂类	GC、GC-MS、IC	
POP	GC.GC MS、LC、LC—MS	

注：ICP-AES- 等离子发射光谱；XRF- 荧光光谱分析；AAS- 火焰原子吸收；GF-AAS- 石墨炉原子吸收；HG-AAS- 氢化物发生原子吸收法；HG-AFS- 氢化物发生原子荧光法；POL- 催化极谱法；ISE- 选择性离子电极；VOL- 容量法；INAA- 中子活化分析法；GC- 气相色谱法；LC- 液相色谱法；GC-MS- 气相色谱 - 质谱联用法；COL 分光比色法；ICP-MS- 液相色谱—质谱联用法；ICP-MS- 等离子体质谱联用法。

一般区域背景值调查和《土壤环境质量标准》中重金属测定的是全量（除特殊说明，如六价铬），其测定土壤中金属全量的方法见相应的分析方法。

（七）数据处理

土壤中污染项目的测定，属痕量分析和超痕量分析，尤其是土壤环境的特殊性，所以更须注意监测结果的准确性。

土壤分析结果以 mg/kg（烘干土）表示。平行样的测定结果用平均数表示，一组测定数据用 Dixon 法、Grubbs 法检验剔除离群值后以平均值报出；低于分析方法检出限的测定结果以"未检出"报出，参加统计时按二分之一最低检出限计算。

土壤样品测定一般保留三位有效数字，含量较低的镉和汞保留两位有效数字，并注明检出限数值。分析结果的精密度数据，一般只取一位有效数字，当测定数据很多时，可取两位有效数字。表示分析结果的有效数字的位数不可超过方法检出限的最低位数。

二、样品的采集与制备

土壤样品的采集和制备是土壤分析工作的一个重要环节，采集有代表性的样品，是测定结果能如实反映土壤环境状况的先决条件。实验室工作者只能对来样的分析结果负责，如果送来的样品不符会要求，那么任何精密仪器和熟练的分析技术都将毫无意义。因此，分析结果能否说明问题，关键在于样品的采集和处理。

（一）土壤样品的采集

1. 收集基础资料

为了使采集的样品具有代表性，首先必须对监测的地区进行调查，收集以下基础资料：

①监测区域的交通图、土壤图、地质图、大比例尺地形图等资料，供制作采样工作图和标注采样点位用；

②监测区域土类、成土母质等土壤信息资料；

③土壤历史资料；

④监测区域工农业生产及排污、污灌、化肥农药施用情况资料；

⑤收集监测区域气候资料（温度、降水量和蒸发量）、水文资料。

2．布设采样点

大气污染型土壤监测单元和固体废物堆污染型土壤监测单元以污染源为中心放射状布点，在主导风向和地表水的径流方向适当增加采样点；灌溉水污染监测单元、农用固体废物污染型土壤监测单元和农用化学物质污染型土壤监测单元采用均匀布点；灌溉水污染监测单元采用按水流方向带状布点，采样点自纳污口起逐渐由密变疏；综合污染型土壤监测单元布点采用综合放射状、均匀、带状布点法。由于土壤本身在空间分布上具有一定的不均匀性，所以应多点采样并均匀混合成为具有代表性的土壤样品；根据采样现场的实际情况选择合适的布点方法。

3．准备采样器具

①工具类：铁锹、铁铲、圆状取土钻、螺旋取土钻、竹片以及适合特殊采样要求的工具等；

②器材类：罗盘、相机、卷尺、铝盒、样品袋、样品箱等；

③文具类：样品标签、采样记录表、铅笔、资料夹等；

④安全防护用品：工作服、工作鞋、安全帽、药品箱等；

⑤采样用车辆。

4．确定采样频率

监测项目分常规项目、特定项目和选测项目。常规项目是指《土壤环境质量标准》中所要求控制的污染物。特定项目是指《土壤环境质量标准》中未要求控制的污染物，但根据当地环境污染状况，确认在土壤中积累较多、对环境危害较大、影响范围广、毒性较强的污染物，或者污染事故对土壤环境造成严重不良影响的物质，具体项目由各地自行确定。选测项目一般包括新纳入的在土壤中积累较少的污染物、由于环境污染导致土壤性状发生改变的土壤性状指标以及生态环境指标等。

土壤监测项目与监测频次见表6-3，常规项目可按实际情况适当降低监测频次，但不可低于5年一次，选测项目可按当地实际情况适当提高监测频次。

表6-3　土壤监测项目与监测频次

项目类别		监测项目	监测频次
常规项目	基本项目	pH、阳离子交换量	
	重点项目	镉、铬、汞、伸、铅、铜、锌、镍、六六六、滴滴涕	每3年一次，农田在夏收或秋收后采样

特定项目（污染事故）	特征项目	及时采样，根据污染物变化趋势决定监测频次	
	污水灌溉项目	氰化物、六价铬、挥发酚、烷基汞、苯并芘、有机质、硫化物、石油类等	
	影响产量项目	全盐量、硼、氟、氮、磷、钾等	
选测项目	POP 与高毒类农药	苯、挥发性卤代烃、有机磷农药、PCB、PAH 等	每 3 年监测一次，农田在夏收或秋收后采样
	其他项目	结合态铝（酸雨区）、硒、钒、氧化稀土总量、钼、铁、锰、镁、钙、钠、铝、硅、放射性比活度等	

5. 确定采样类型及采样深度

（1）土壤样品的类型

①混合样。一般了解土壤污染状况时采集混合样品。将一个采样单元内各采样分点采集的土样混合均匀制成。对种植一般农作物的耕地，只需采集 0 ~ 20 cm 耕作层土壤；对于种植果林类农作物的耕地，应采集 0 ~ 60 cm 耕作层土壤。

②剖面样品。特定的调查研究监测需了解污染物在土壤中的垂直分布时，需采集剖面样品，按土壤剖面层次分层采样。

（2）采样深度

采样深度视监测目的而定。一般监测采集表层土，采样深度为 0 ~ 20 cm。如果需了解土壤污染深度，则应按土壤剖面层次分层采样。土壤剖面是指地面向下的垂直土体的切面。典型的自然土壤剖面分为 A 层（表层，淋溶层）、B 层（亚层，沉积层）、C 层（风化母岩层，母质层）和底岩层。地下水位较高时，剖面挖至地下水出露时为止；山地丘陵土层较薄时，剖面挖至风化层。

采样土壤剖面样品时，剖面的规格一般为长 1.5 m、宽 0.8 m、深 1 ~ 1.5 m，一般要求达到母质或潜水处即可。将朝阳的一面挖成垂直的坑壁，而与之相对的坑壁挖成每阶为 30 ~ 50 cm 的阶梯状，以便上下操作，表土和底土分两侧放置。根据土壤剖面颜色、结构、质地、松紧度、植物根系分布等划分土层，并进行仔细观察，将剖面形态、特征自上而下逐一记录。随后在各层最典型的中部自下而上逐层采样，先采剖面的底层样品，再采中层样品，最后采上层样品。在各层内分别用小土铲切取一片片土壤样，每个采样点的取土深度和取样量应一致。根据监测目的和要求可获得分层试样或混合样，用于重金属分析的样品，应将与金属采样器接触部分的土样弃去。对 B 层发育不完整（不发育）的山地土壤只采 A、C 两层。

6. 确定采样方法

采样方法主要有采样筒取样、土钻取样、挖坑取样。

7. 确定采样量

具体需要多少土壤数量视分析测定项目而定，一般要求 1 kg 左右。对多点均量混合的样品可反复按四分法弃取，最后留下所需的土量，装入塑料袋或布袋中。

8. 采样注意事项

①采样点不能设在田边、沟边、路边或肥堆边。

②将现场采样点的具体情况，如土壤剖面形态特征等做详细记录。

③采样的同时，由专人填写样品标签。标签一式两份，一份放入袋中，一份系在袋口，标签上标注采样时间、地点、样品编号、监测项目、采样深度和经纬度。采样结束，需逐项检查采样记录、样袋标签和土壤样品，如有缺项和错误，及时补齐更正。将底土和表土按原层回填到采样坑中，方可离开现场，并在采样示意图上标出采样地点，避免下次在相同处采集剖面样。

9. 样品编码

全国土壤环境质量例行监测土样编码方法采用12位码，各位编码的含义说明如下。

第1~4位数字：代表省市代码，其中省2位，市2位。

第5~6位数字：代表取样时间，取年份的后两位数计。

第7位数字：代表取样点位布设的重点区域类型，以一位数计，本次取数值10 1代表粮食生产基地；2代表菜篮子种植基地；3代表大中型企业周边和废弃地；4代表重要饮用水源地周边；5代表规模化养殖场周边及污水灌溉区等重要敏感区域。

第8~9位数字：代表样品序号，连续排列。以两位数计，不足两位的在前面加零补足两位。

第10~12位数字：代表取样深度，以三位数计，不足三位的在前面加零补足三位。

（二）样品的制备

1. 制样工具及容器

①白色搪瓷盘。

②木槌、木滚、有机玻璃板（硬质木板）、无色聚乙烯薄膜。

③玛瑙研钵、白色瓷研钵。

④ 20目、60目、100目尼龙筛。

2. 风干

除测定游离挥发酚、铵态氮、硝态氮、低价铁等不稳定项目需要新鲜土样外，多数项目需用风干土样。

土壤样品一般采取自然阴干的方法。将土样放置于风干盘中，摊成2~3 cm的薄层，适时地压碎、翻动，拣出碎石、沙砾、植物残体。

应注意的是，样品在风干过程中，应防止阳光直射和尘埃落入，并防止酸、碱等气体的污染。

3. 磨碎

进行物理分析时，取风干样品100~200g，放在木板上用圆木棍辗碎，并用四分法取压碎样，经反复处理使土样全部通过 2mm 孔径的筛子。过筛后的样品全部置于无色聚乙烯薄膜上，并充分搅拌均匀，再采用四分法取其两份：一份储于广口瓶内，用于土壤颗粒分析及物理性质测定；另一份做样品的细磨用。

4. 过筛

进行化学分析时，一般常根据所测组分及称样量决定样品细度。分析有机质、全氮项目，应取一部分已过 2 mm 筛的土，用玛瑙或有机玻璃研钵继续研细，使其全部通过 60 目筛（0.25mm）。用原子吸收光度法测 Cd、Cu、Ni 等重金属时，土样必须全部通过 100 目筛（尼龙筛 0.15 mm）。研磨过筛后的样品混匀、装瓶、贴标签、编号、储存。

5. 分装

研磨混匀后的样品，分别装于样品袋或样品瓶，填写土壤标签一式两份，瓶内或袋内一份，瓶外或袋外贴一份。

6. 注意事项

①制样过程中采样时的土壤标签与土壤始终放在一起，严禁混错，样品名称和编码始终不变。

②制样工具每处理一份样后擦抹（洗）干净，严防交叉污染。

③分析挥发性、半挥发性有机物或可萃取有机物无须上述制样，用新鲜样按特定的方法进行样品前处理。

（三）样品保存

①一般土壤样品需保存半年至一年，以备必要时查核之用。

②储存样品应尽量避免日光、潮湿、高温和酸碱气体等的影响。

③玻璃材质容器是常用的优质贮器，聚乙烯塑料容器也属推荐容器之一，该类贮器性能良好、价格便宜且不易破损。可将风干土样、沉积物或标准土样等贮存于洁净的玻璃或聚乙烯容器之内。在常温、阴凉、干燥、避阳光、密封（石蜡涂封）条件下保存 30 个月是可行的。

三、金属污染物的测定

（一）土壤样品的预处理方法

1. 酸溶解

（1）普通酸分解法

准确称取 0.5000g（准确到 0.1 mg，以下都与此相同）风干土样于聚四氟乙烯坩埚中，用几滴水润湿后，加入 10 mLHCl（$\rho=1.19g/mL$），于电热板上低温加热，蒸发至约剩 5 mL 时加入 15 mLHNO$_3$（$\rho=1.42g/mL$），继续加热蒸至近黏稠状，加入 10 mL HF（$\rho=1.15g/mL$）并继续加热，为了达到良好的除硅效果，应经常摇动坩埚。最后加入 5 mL HCl0$_4$（$\rho=1.67g/mL$），并加热至白烟冒尽。对于含有机质较多的土样，应在加入 HCl0$_4$ 之后加盖消解，土壤分解物应呈白色或淡黄色（含铁较高的土壤），倾斜堪堪时呈不流动的黏稠状。用稀酸溶液冲洗内壁及坩埚盖，温热溶解残渣，冷却后，定容于 100 mL 或 50 mL，最终体积依待测成分的含量而定。

（2）高压密闭分解法

称取 0.5000g 风干土样于内套聚四氟乙烯堪堪中，加入少许水润湿试样，再加入 HNO_3（ρ=1.42 g/mL）、$HClO_4$（ρ=1.67 g/mL）各 5 mL，摇匀后将坩埚放入不锈钢套筒中，拧紧。放在 180℃ 的烘箱中分解 2h。取出，冷却至室温后，取出坩埚，用水冲洗坩埚盖的内壁，加入 3 mL HF（ρ=1.15g/mL），置于电热板上，在 100℃～120℃ 温度下加热除硅，待坩埚内剩下 2～3 mL 溶液时，调高温度至 150℃，蒸至冒浓白烟后再缓缓蒸至近干，按普通酸分解法同样操作定容后进行测定。

（3）微波炉加热分解法

微波炉加热分解法是以被分解的土样及酸的混合液作为发热体，从内部进行加热使试样受到分解的方法。有常压敞口分解和仅用厚壁聚四氟乙烯容器的密闭式分解法，也有密闭加压分解法。这种方法以聚四氟乙烯密闭容器作内筒，以能透过微波的材料如高强度聚合物树脂或聚丙烯树脂作外筒，在该密封系统内分解试样能达到良好的分解效果。

微波加热分解也可分为开放系统和密闭系统两种。

①开放系统可分解多量试样，且可直接和流动系统相组合实现自动化，但由于要排出酸蒸汽，所以分解时使用的酸量较大，易受外环境污染，挥发性元素易造成损失，费时间且难以分解多数试样。

②密闭系统的优点较多，酸蒸汽不会逸出，仅用少量酸即可，在分解少量试样时十分有效，不受外部环境的污染。在分解试样时不用观察及特殊操作，由于压力高，所以分解试样很快，不会受外筒金属的污染（因为用树脂作外筒）。可同时分解大批量试样。其缺点是：需要专门的分解器具，不能分解量大的试样，如果疏忽会有发生爆炸的危险。

在进行土样的微波分解时，无论是使用开放系统还是密闭系统，一般使用 HNO_3-HNO_3-HCl-HF-$HClO_4$、HNO_3-HF-$HClO_4$、HNO_3-HCl-HF-H_2O_2、HNO_3-HF-H_2O_2 等体系。当不使用 HF 时（限于测定常量元素且称样质量小于 0.1g），可将分解试样的溶液适当稀释后直接测定。若使用 HF 或 $HClO_4$ 对待测微量元素有干扰时，可将试样分解液蒸发至近干，酸化后稀释定容。

2. 碱融法

（1）碳酸钠熔融法（适合测定氟、钼、钨）

称取 0.5000～1.0000g 风干土样放入预先用少量碳酸钠或氢氧化钠垫底的高铝坩埚中（以充满坩埚底部为宜，以防止熔融物粘住底部），分次加入 1.5～3.0g 碳酸钠，并用圆头玻璃棒小心搅拌，使其与土样充分混匀，再放入 0.5～1g 碳酸钠，使平铺在混合物表面，盖好坩埚盖。移入马弗炉中，于 900℃～920℃ 熔融 0.5 h。自然冷却至 500℃ 左右时，可稍打开炉门（不可开缝过大，否则高铝坩埚骤然冷却会开裂）以加速冷却，冷却至 60℃～80℃ 用水冲洗坩埚底部，然后放入 250 mL 烧杯中，加入 100 mL 水，在电热板上加热浸提熔融物，用水及（1+1）HCl 将坩埚及坩埚盖洗净取出，并小心用（1+1）HCl 中和、酸化（注意盖好表面皿，以免大量冒泡引起试样的溅失）；待大量盐类溶解后，用中速滤纸过滤，用水及 5%HCl 洗净滤纸及其中的不溶物，定容待测。

（2）碳酸锂-硼酸、石墨粉坩埚熔样法（适合铝、硅、钛、钙、镁、钾、钠等元素分析）

土壤矿质全量分析中土壤样品分解常用酸溶剂，酸溶试剂一般用氢氟酸加氧化性酸分解样品。其优点是酸度小，适用于仪器分析测定；但对某些难熔矿物分解不完全，特别对铝、钛的测定结果会偏低，且不能测定硅（已被除去）。

碳酸锂一硼酸在石墨粉坩埚内熔样，再用超声波提取熔块，分析土壤中的常量元素，速度快，准确度高。

在 30 mL 瓷坩埚内充满石墨粉，置于 900℃高温电炉中灼烧半小时，取出冷却，用乳钵棒压一空穴。准确称取经 105℃烘干的土样 0.2000 g 于定量滤纸上，与 1.5gLi$_2$CO$_3$-H$_3$BO$_3$（Li$_2$CO$_3$：H$_3$BO$_3$=1：2）混合试剂均匀搅拌，捏成小团，放入石墨粉洞穴中；然后将坩埚放入已升温到 950℃的马弗炉中，20 min 后取出，趁热将熔块投入盛有 100 mL 4%硝酸溶液的 250 mL 烧杯中，立即于 250W 功率清洗槽内超声（或用磁力搅拌），直到熔块完全熔解。将溶液转移到 200 mL 容量瓶中，并用 4%硝酸定容。吸取 20.00 mL 上述样品液入 25 mL 容量瓶中，并根据仪器的测量要求决定是否需要添加基体元素及添加浓度，最后用 4%硝酸定容，用光谱仪进行多元素同时测定。

3. 酸溶浸法

（1）HCl-HNO$_3$ 溶浸法

准确称取 2.0000g 风干土样，加入 15 mL 的（1+1）HCl 和 5 mL HNO$_3$（ρ=1.42 g/mL），振荡 30 min，过滤定容至 100 mL，用 ICP 法测定 P、Ca、Mg、K、Na、Fe、Al、Ti、Cu、Zn、Cd、Ni、Cr、Pb、Co、Mn、Mo、Ba、Sr 等。

或采用下述溶浸方法：准确称取 2.0000g 风干土样于干烧杯中，加少量水润湿，加入 15 mL（1+1）HCl 和 5mLHNO3（ρ=1.42 g/mL）。盖上表面皿于电热板上加热，待蒸发至约剩 5 mL，冷却，用水冲洗烧杯和表面皿，用中速滤纸过滤并定容至 100 mL，用原子吸收法或 ICP 法测定。

（2）HNO3-H2SO4-HClO4 溶浸法

其方法特点是 H2SO4、HClO4 沸点较高，能使大部分元素溶出，且加热过程中液面比较平静，没有迸溅的危险。但 Pb 等易与 SO$_4^{2-}$ 形成难溶性盐类的元素，使测定结果偏低。操作步骤是：准确称取 2.5000g 风干土样于烧杯中，用少许水润湿，加入 HNO$_3$-H$_2$SO$_4$-HClO$_4$ 混合酸 12.5 mL，置于电热板上加热，当开始冒白烟后缓缓加热，并经常摇动烧杯，蒸发至近干。冷却，加入 5mLHNO$_3$（ρ=1.42g/mL）和 10 mL 水，加热溶解可溶性盐类，用中速滤纸过滤，定容至 100 mL，待测。

（3）HNO$_3$ 溶浸法

准确称取 2.000 0 g 风干土样于烧杯中，加少量水润湿，加入 20 mL HNO$_3$（ρ=1.42g/mL）。盖上表面皿，置于电热板或沙浴上加热，若发生迸溅，可采用每加热 20 min 关闭电源 20 min 的间歇加热法。待蒸发至约剩 5 mL，冷却，用水冲洗烧杯壁和表面皿，经中速滤纸过滤，将滤液定容至 100 mL，待测。

（4）Cd、Cu、As 等的 0.1 mol/L HCl 溶浸法

土壤中 Cd、Cu、As 的提取方法，其中 Cd、Cu 的操作条件是：准确称取 10.0000g 风干土样于 100 mL. 广口瓶中，加入 0.1 mol/LHCl 50.0 mL，在水平振荡器上振荡。振荡条件是温度 30℃、振幅 5 ～ 10 cm、振荡频次 100 ～ 200 次 /min，振荡 1 h。静置后，用倾斜法分离出上层清液，用干滤纸过滤，滤液经过适当稀释后用原子吸收法测定。

As 的操作条件是：准确称取 10.0000g 风干土样于 100 mL 广口瓶中，加入 0.1mol/L HCl 50.0 mL，在水平振荡器上振荡。振荡条件是温度 30℃、振幅 10cm、振荡频次 100 次 /min，振荡 30 min。用干滤纸过滤，取滤液进行测定。

除用 0.1 mol/L HCl 溶浸 Cd、Cu、As 以外，还可溶浸 Ni、Zn、Fc、Mn、CO 等重金属元素。0.1 mol/L HCl 溶浸法是目前使用最多的酸溶浸方法，此外也有使用 CO_2 饱和的水、0.5 mol/L KCl–HAC（$\rho=3$）、0.1 mol/L MgSO4–H2SO4 等酸性溶浸方法。

（二）土壤分析方法

土壤分析方法具体见前文"分析测试样品土壤"。

（三）分析记录与结果表示

1. 分析记录

①分析记录用碳素墨水笔填写翔实，字迹要清楚；需要更正时，应在错误数据（文字）上画一条横线，在其上方写上正确内容。

②记录测量数据，要采用法定计量单位，只保留一位可疑数字，有效数字的位数应根据计量器具的精度及分析仪器的示值确定，不得随意增添或删除。

③采样、运输、储存、分析失误造成的离群数据应剔除。

2. 结果显示

①平行样的测定结果用平均数表示，低于分析方法检出限的测定结果以"未检出"报出，参加统计时按二分之一最低检出限计算。

②土壤样品测定一般保留三位有效数字，含量较低的镉和汞保留两位有效数字，并注明检出限数值。

③分析结果的精密度数据，一般只取一位有效数字，当测定数据很多时，可取两位有效数字。表示分析结果的有效数字的位数不可超过方法检出限的最低位数。

第二节　固体废物监测技术

一、固体废物概述

（一）固体废物概念

固体废物是指在生产建设、日常生活和其他活动中产生，在一定时间和地点无法利用而被丢弃的污染环境的固态、半固态物质。这里所说的生产建设，不是指某个具体建设项目的建设，而是指国民经济生产建设活动；日常生活是指人们居家过日子，吃穿住行等活动及为日常生活提供服务的活动；其他活动主要指商业活动及医院、科研单位、大专院校等非生产性的，又不属于日常生活活动范畴的活动。

固体废物是相对某一过程或一方面没有使用价值，具有相对性特点；另外固体废物概念具有时间性和空间性，一种过程的废物随着时空条件的变化，往往可以成为另一过程的原料，所以固体废物又有"放在错误地点的原料"之称。

（二）固体废物来源与分类

固体废物来源大体上可分为两类：一是生产过程中所产生的废物，称为生产废物；另一类是在产品进入市场后，在流动过程中或使用消费后产生的废物，称为生活废物。

固体废物来源广泛，种类繁多，组成复杂。从不同的角度出发，可进行不同的分类。按其化学组成可以分为有机废物和无机废物；按其危害性可分为一般固体废物和危险性固体废物；按其来源的不同分为矿业固体废物、工业固体废物、城市生活垃圾、农业废物和放射性废物五类。

（三）固体废物对环境的危害

固体废物是各种污染物的终态，特别是从污染控制设施排放出来的固体废物，浓集了许多污染成分，同时这些污染成分在条件变化时又可重新释放出来而进入大气、水体、土壤等，因而其危害具有潜在性和长期性。固体废物对人类环境的危害主要表现在以下几个方面。

1. 侵占土地

固体废物不加利用时，需占地堆放。堆积量越大，占地也越多。

2. 污染土壤

固体废物自然堆放，其中有毒、有害成分在雨水淋溶作用下，直接进入土壤。这些有毒、有害成分在土壤中长期累积而造成土壤污染，破坏土壤生态平衡，使土壤毒化、酸化、碱化，给人类和动植物带来危害。

3. 污染水体

固体废物随天然降水和地表径流进入江河湖泊，或随风飘逸落入水体使地面水污染；随渗沥水进入土壤而使地下水污染；直接排入河流、湖泊或海洋，又会造成更大的水体污染

4. 污染空气

固体废物一般通过如下途径污染空气：①一些有机固体废物在适宜的温度和湿度下被微生物分解，释放有毒气体；②以细粒状存在的废渣和垃圾，在大风吹动下会随风飘逸，扩散到空气中；③固体废物在运输和处理过程中，产生有害气体和粉尘。

5. 影响环境卫生

我国固体废物的综合利用率很低。工业废渣、生活垃圾在城市堆放，既有碍观瞻，又容易传染疾病。

二、固体废物样品的采集和制备

（一）固体废物样品的采集

由于固体废物量大、种类繁多且混合不均匀，因此与水及大气试验分析相比，从固体废物这样的不均匀的批量中采集有代表性的试样比较困难。为使采集的固体废物样品具有代表性，在采集之前要研究生产工艺、废物类型、排放数量、堆积历史、危害程度和综合利用情况。如采集有害废物，则应根据其有害特征采取相应的安全措施。

1. 确定监测目的

①鉴别固体废物的特性并对其进行分类，进行固体废物环境污染监测，为综合利用或处置固体废物提供依据。

②污染环境事故调查分析和应急监测。

③科学研究或环境影响评价。

2. 收集资料

①固体废物的生产单位或处置单位、产生时间、产生形式、贮存方式。

②固体废物的种类、形态、数量和特性。

③固体废物污染环境、监测分析的历史数据。

④固体废物产生、堆存、综合利用及现场勘探，了解现场及周围情况。

3. 准备采样工具

固体废物的采样工具包括：尖头钢锹、钢锤、采样探子、采样钻、气动和真空探针、取样铲、具盖盛样桶或内衬塑料的采样袋。

4. 选择采样方法

（1）简单随机采样法

对于一批废物，若对其了解很少，且采取的份样比较分散也不影响分析结果时，对这一批废物可不做任何处理，不进行分类也不进行排队，而是按照其原来的状况从批废物中随机采取份样。

①抽签法：先对所有采份样的部位进行编号，同时把号码写在纸片上（纸片上号码代表采份样的部位），掺和均匀后，从中随机抽取纸片，抽中号码的部位，就是采样的部位，此法只宜在采份样的点不多时使用。

②随机数字法：先对所有采份样的部位进行编号，有多少部位就编多少号，最大编号是几位数，就要用随机数表的几栏（或几行），并把几栏（或几行）合在一起使用，从随机数字表的任意一栏、任意一行数字开始数，碰到小于或等于最大编号的数码就记下来（碰上已抽过的数就不要它），直到抽够份数为止。抽到的号码就是采样的部位。

（2）系统采样法

一批按一定顺序排列的废物，按照规定的采样间隔，每隔一个间隔采取一个份样，组成小样或大样。在一批废物以运送带、管道等形式连续排出的移动过程中，采样间隔可根据表 6-4 规定的份样数和实际批量按下式计算：

$$T \leqslant Q/n$$

式中，T 为采样质量间隔；Q 为批量；N 为规定的采样单元数（如表 6-4 所示）。

表 6-4 批量大小与最少份样数

单位：固体为 t；液体为 ×1000L

批量大小	最小份样数 1 个	批量大小	最小份样数 / 个
< 1	5	100 ~ 500	30
1 ~ 5	10	500 ~ 1 000	40
5 ~ 30	15	1 000 ~ 5 000	50
30 ~ 50	20	5 000 ~ 10 000	60
50 ~ 100	25	> 10 000	80

注意事项：

①采第一个试样时，不能在第一间隔的起点开始，可在第一间隔内随机确定。

②在运送带上或落口处采样，应截取废物流的全截面。

5. 确定份样数和份样量

份样指用采样器一次操作从一批的一个点或一个部位按规定质量所采取的工业固体废物。份样数指从一批工业固体废物中所采取份样个数。份样量指构成一个份样的工业固体废物的质量。份样数的多少取决于两个因素。

①物料的均匀程度：物料越不均匀，份样数应越多；

②采样的准确度：采样的准确度要求越高，份样数应越多。最小份样数可以根据物

料批量的大小进行估计。

一般来说，样品量多一些，才有代表性。因此，份样量不能少于某一限度；但份样量达到一定限度之后，再增加重量也不能显著提高采样的准确度。份样量取决于废物的粒度上限，废物的粒度越大，均匀性越差，份样量就越多，它大致与废物的最大粒度直径某次方成正比，与废物不均匀性程度成反比。

6. 采样点

①对于堆存、运输虫的同态工业固体废物和大池（坑、塘）中的液体工业固体废物，可按对角线形、梅花形、棋盘形、蛇形等点分布确定采样点。

②对于粉尘状、小颗粒的工业固体废物，可按垂直方向、一定深度的部位确定采样点。

③对于容器内的工业固体废物，可按上部（表面下相当于总体积的 1/6 深处）、中部（表面下相当于总体积的 1/2 深处）、下部（表面下相当于总体积的 5/6 深处）确定采样点。

④在运输一批固体废物时，当车数不多于该批废物规定的份样数时，每车应采份样数按下式计算：

每车应采份样数（小数应进为整数）－规定的份样数 / 车数

⑤废渣堆采样法。在废渣堆两侧距堆底 0.5 m 处画第一条横线，然后每隔 0.5 m 画一条横线；再每隔 2m 画一条横线的垂线，其交点作为采样点。按规定的份样数确定采样点数，在每点上从 0.5 ~ 1.0 m 深处各随机采样一份。

（二）固体废物样品的制备

采集的原始固废样品，往往数量很大，颗粒大小悬殊、组成不均匀，无法进行实验分析。因此在进行实验室分析之前，需对原始固体试样进行加工处理，称为样品的制备。制样的目的是从采取的小样或大样中获取最佳量、最具代表性、能满足试验或分析要求的样品。

1. 准备制样工具

颚式破碎机、圆盘粉碎机、玛瑙研磨机、药碾、玛瑙研钵或玻璃研钵、钢锤、标准套筛、十字分样板、分样铲及挡板、分样器、干燥箱、机械缩分器、盛样容器等。

2. 粉碎

经破碎和研磨以减小样品的粒度。粉碎可用机械或人 E 完成。将干燥后的样品根据其硬度和粒径的大小，采用适宜的粉碎机械，分段粉碎至所要求的粒度。

3. 筛分

根据粉碎阶段排料的最大粒径选择相应的筛号，分阶段筛出一定粒度范围的样品。筛上部分应全部返回粉碎工序重新粉碎，不得随意丢弃。

4. 混合

用机械设备或人工转堆法，使过筛的一定粒度范围内的样品充分混合，以达到均匀分布。

5. 缩分

将样品缩分，以减少样品的质量。根据制样粒度，使用缩分公式求出保证样品具有代表性前提下应保留的最小质量。采用圆锥四分法进行缩分，即将样品置于洁净、平整板面（聚乙烯板、木板等）上，堆成圆锥形，将圆锥尖顶压平，用十字分样板自上压下，分成四等分，保留任意对角的两等分，重复上述操作至达到所需分析试样的最小质量。

三、危险废物鉴别

（一）危险废物的定义

危险废物是指在《国家危险废物名录》中认定的具有危险性的废物：工业固体废物中危险废物量占总量的 5% ~ 10%，并以 3% 的年增长率发展。因此，对危险废物的管理已经成为重要的环境管理问题之一。

我国于 2008 年公布了《国家危险废物名录》，其中包括 49 个类别，133 种行业来源和约 498 种常见危害组分或废物名称。凡《国家危险废物名录》中规定的废物直接属于危险废物，其他废物可按下列鉴别标准予以鉴别。

一种废物是否对人类和环境造成危害可用下列四点来鉴别：

①是否引起或严重导致人类和动、植物死亡率增加；

②是否引起各种疾病的增加；

③是否降低对疾病的抵抗力；

④在贮存、运输、处理、处置或其他管理不当时，对人体健康或环境会造成现实或潜在的危害。

由于上述定义没有量值规定，因此在实际使用时往往根据废物具有潜在危害的各种特性及其物理、化学和生物的标准试验方法对其进行定义和分类。危险废物特性包括易燃性、腐蚀性、反应性、放射性、浸出毒性、急性毒性（包括口服毒性、吸入毒性和皮肤吸收毒性），以及其他毒性（包括生物积累性、刺激性或过敏性、遗传变异性、水生生物毒性和传染性等）。

我国对危险废物有害特性的定义如下：

1. 急性毒性

能引起小鼠（或大鼠）在 48 h 内死亡半数以上的固体废物，参考制定的有害物质卫生标准的试验方法，进行半数致死量（LD50）试验，评定毒性大小。

2. 易燃性

经摩擦或吸湿和自发的变化具有着火倾向的固体废物（含闪点低于 60℃ 的液体），着火时燃烧剧烈而持续，在管理期间会引起危险。

3. 腐蚀性

含水固体废物，或本身不含水但加入定量水后其浸出液的 pH 值 < 2 或 pH 值 ≥ 12.5 的固体废物，或在 55℃ 以下时对钢制品每年的腐蚀深度大于 0.64cm 的固体废物。

4. 反应性

当固体废物具有下列特性之一时为具有反应性：①在无爆震时就很容易发生剧烈变化；②和水剧烈反应；③能和水形成爆炸性混合物；④和水混合会产生毒性气体、蒸气或烟雾；⑤在有引发源或加热时能爆震或爆炸；⑥在常温、常压下易发生爆炸或爆炸性反应；⑦其他法规所定义的爆炸品。

5. 放射性

含有天然放射性元素，放射性比活度大于 3 700 Bq/kg 的固体废物；含有人工放射性元素的固体废物或者放射性比活度（以 Bq/kg 为单位）大于露天水源限值 10 ～ 100 倍（半衰期 > 60 d）的固体废物。

6. 浸出毒性

按规定的浸出方法进行浸取，所得浸出液中有一种或者一种以上有害成分的质量浓度超过《危险废物鉴别标准 浸出毒性鉴别》（GB 5085.3—2007）规定的固体废物。

（二）危险废物的鉴别方法

当无法确定固体废物是否存在危险特性或毒性物质时，需要对其进行鉴别。

1. 反应性鉴别

（1）遇水反应性试验

固体废物与水发生反应放出热量，使体系的温度升高，用半导体点温计来测量固 - 液界面的温度变化，以确定温升值。

测定时，将点温计的探头输出端接在点温计接线柱上，开关置于"校"字样，调整点温计满刻度，使指针与满刻度线重合。将温升实验容器插入绝热泡沫块 12 cm 深处，然后将一定量的固体废物（1g、2g、5g、10g）置于温升实验容器内，加入 20 mL 蒸馏水，再将点温计探头插入固 - 液界面处，用橡皮塞盖紧，观察温升。将点温计开关转到"测"处，读取电表指针最大值，即为所测反应温度，此值减去室温即为温升测定值。

测定方法包括撞击感度测定、摩擦感度测定、差热分析测定、爆炸点测定、火焰感度测定五种方法。

（2）遇酸生成氢氰酸和硫化氢试验

在刻度洗气瓶中加入 50mL0.25mol/L 的氢氧化钠溶液，用水稀释至液面高度。通入氮气，并控制流量为 60 ml/min。向容积为 500 mL 的圆底烧瓶中加入 10g 待测固体废物。保持氮气流量，加入足量硫酸，同时开始搅拌，30 min 后关闭氮气，卸下洗气瓶，分别测定洗气瓶中氰化物和硫化物的含量。

2. 易燃性鉴别

鉴别易燃性即测定闪点。闪点是指在规定条件下，易燃性物质受热后所产生的蒸气与周围空气形成的混合气体，在遇到明火时发生瞬间着火（闪火现象）时的最低温度。闪点的测定有开口杯法和闭口杯法两种。

对于含有固体物质的液态废物来说，若闪点温度低于60℃（闭口杯），则属于易燃性固体废物。

对于固体废物来说，在标准温度和压力（25℃，101.3kPa）下因摩擦或自发性燃烧而着火，或者经点燃后能剧烈持续燃烧的固体废物，属于易燃性固体废物。

3. 腐蚀性鉴别

腐蚀性指通过接触能损伤生物细胞组织或腐蚀物体而引起危害。腐蚀性的鉴别方法一种是测定pH，另一种是测定在55.7℃以下对标准钢样的腐蚀深度。当固体废物浸出液的pH ≤ 2或pH ≥ 12.5时，则有腐蚀性；当在55.7℃以下对标准钢样的腐蚀深度大于0.64 cm/年时，则有腐蚀性。实际应用中一般使用pH判断腐蚀性。

4. 浸出毒性鉴别

若固体废物浸出液中任何一种危害成分含量超过规定的浓度限值，则判定该固体废物为具有浸出毒性特征的危险废物。

5. 急性毒性鉴别

急性毒性试验是指一次或几次投给试验动物较大剂量的化合物，观察在短期内（一般24 h到两周以内）的中毒反应。

由于急性毒性试验的变化因子少、时间短、经济、容易试验，因此被广泛采用。

污染物的毒性和剂量关系可用下列指标区分：半数致死量（浓度），用LD50表示；最小致死量（浓度），用mLD表示；绝对致死量（浓度），用LD50表示；最大耐受量（浓度），用MTD表示。

半数致死量是评价毒物毒性的主要指标之一。根据染毒方式的不同，可将半数致死量分为经口毒性半数致死量LD50、皮肤接触毒性半数致死量LD50和吸入毒性半数致死浓度LD50。

经口染毒法又分为灌胃法和饲喂法两种。这里简单介绍灌胃经口染毒法半数致死量试验。

急性毒性的初筛试验可以简便地鉴别并表达其综合急性毒性，方法如下：

以体重18～24 g的小白鼠（或200～300 g大白鼠）作为实验动物；若是外购鼠，必须在本单位饲养条件下饲养7～10 d，仍活泼健康者方可使用。实验前8～12 h和观察期间禁食。

称取制备好的样品100g，置于500 mL具磨口玻璃塞的锥形瓶中，加入100 mL蒸馏水，振摇3 min，在室温下静止浸泡24 h，用中速定量滤纸过滤，滤液用于灌胃。

灌胃采用1 mL（或5 mL）注射器，注射针采用9（或12）号，去针头，磨光，弯成新月形。对10只小白鼠(或大白鼠)进行一次性灌胃,每只小白鼠不超过0.40 mL/20 g,每只大白鼠不超过1.0 mL/100 g。

灌胃时用左手提住小白鼠,尽量使之呈垂直体位:右手持已吸取浸出液的注射器,对准小白鼠口腔正中,推动注射器使浸出液徐徐流入小白鼠的胃内。对灌胃后的小白鼠(或大白鼠)进行中毒症状观察,记录48 h内动物死亡数,确定固体废物的综合急性毒性。

6. 危险固体废物检测结果判断

在对固体废物进行检测后,若检测结果超过相应标准限值的份样数大于或等于如表6-5所示规定的下限,即可以判断该固体废物具有该种危险特性。

表6-5　检测结果的判断方案

份样数	超标份样数下限	份样数	超标份样数下限
5	1	32	8
8	3	50	11
13	4	80	15
20	9	100	22

若采取的固体废物份样数与表6-5中的份样数不符,可按照与表6-5中份样数量接近的要求进行判断。

若固体份样数为N(N > 100),则超标份样数的下限值用22N/100来计算。

第七章 噪声与放射性物质的监测技术

第一节 噪声监测技术

一、噪声及声学基础

（一）声音与噪声

1. 声音

人类是生活在一个声音的环境中，通过声音进行交谈、表达思想感情以及开展各种活动。而各种各样的声音都起源于物体的振动，凡能发生振动的物体统称为声源。从物体的形态来分，声源可分为固体声源、液体声源和气体声源。声源的振动通过空气介质作用于人耳鼓膜而产生的感觉称为声音。声音的传播介质有空气、水和固体，它们分别称为空气声、水声和固体声等。噪声监测主要讨论空气声。

2. 噪声

从物理现象判断，一切无规律的或随机的声信号叫噪声。例如，震耳欲聋的机器声，呼啸而过的飞机声等。另外噪声的判断还与人们的主观感觉和心理因素有关，即一切不希望存在的干扰声都叫噪声，例如，音乐之声对正在欣赏音乐的人来说，是一种美的享受，是需要的声音，而对正在思考或睡眠的人来说，则是不需要的声音，是噪声。

（1）噪声的危害

噪声污染对人群的危害程度取决于噪声的强度和暴露时间的长短。噪声的危害是多方面的，主要表现在以下几点。

①干扰睡眠。噪声会影响人的熟睡或使人从睡眠中惊醒，使体力和疲劳得不到应有的恢复，从而影响工作效率和安全生产。

②损伤听力。长期在噪声环境中工作和生活，将造成人的听力下降，产生噪声性耳聋。在噪声级为 90dB 条件下长期工作的人，20% 会发生耳聋；在 85dB 时，10% 的人有可能会耳聋。

③干扰语言交谈和通信联络。

④影响视力。长时间处于高噪声环境中的人，很容易发生眼疲劳、眼病、眼花和视物流泪等眼损伤现象。

⑤能诱发多种疾病。噪声会引起紧张的反应，使肾上腺素增加，因而引起心率改变和血压上升；强噪声会刺激耳腔前庭，使人眩晕、恶心、呕吐，症状和晕船一样；在神经系统方面，能够引起失眠、疲劳、头晕、头痛和记忆力减退；噪声还能影响人的心理。

（2）噪声的分类

环境噪声按来源分类有四种：交通噪声，指机动车辆、船舶、航空器（如汽车、火车和飞机等）所产生的噪声；工业噪声，指工矿企业在生产活动中各种机械设备（如鼓风机、汽轮机、织布机和冲床等）所产生的噪声；建筑施工噪声，指建筑施工机械（如打桩机、挖土机和混凝土搅拌机等）发出的声音；社会生活噪声，指人类社会活动和家庭活动所产生的（如高音喇叭、电视机等）发出的过强声音。

（3）噪声的特征

①可感受性。就公害的性质而言，噪声是一种感受公害，许多公害是无感觉公害，如放射性污染和某些有毒化学品的污染，人们在不知不觉中受污染及危害，而噪声则是通过感觉对人产生危害的。一般的公害可以根据污染物排放量来评价，而噪声公害则取决于受污染者心理和生理因素。一般来说，不同的人对相同的噪声可能有不同的反应，因此在噪声评价中，应考虑对不同人群的影响。

②即时性。与大气、水体和固体废弃物等其他物质污染不一样，噪声污染是一种能量污染，仅仅是由于空气中的物理变化而产生的。无论多么强的噪声，还是持续了多么久的噪声，一旦产生噪声的声源停止辐射能量，噪声污染立即消失，不存在任何残存物质。

③局部性。与其他公害相比，噪声污染是局部和多发性的。一般情况下，噪声源辐射出的噪声随着传播距离的增加，或受到障碍物的吸收，噪声能量被很快地减弱，因而噪声污染主要局限在声源附近不大的区域内。此外，噪声又是多发的，城市中噪声源分布既多又散，使得噪声的测量和治理工作很困难。

（二）声音的物理特性和量度

1. 声音的发生、频率、波长和声速

物体在空气中振动，使周围空气发生疏、密交替变化并向外传递，当这种振动频率在 20 ~ 20 000 Hz 之间，人耳可以感觉，称为可听声，简称声音。频率低于 20 Hz 的叫次声，高于 20 000 Hz 的叫超声，它们作用到人的听觉器官时不引起声音的感觉，所以不能听到。

声音是波的一种，叫声波。通常情况下的声音是由许多不同频率、不同幅值的声波构成的，称为复音，而最简单的仅有一个频率的声音称为纯音。

声源在 1s 内振动的次数叫频率，记作 f，单位为赫兹（Hz）。振动一次所经历的时间叫周期，记作 T，单位为秒（s）。$T=1/f$，即频率和周期互为倒数。可听声的周期为 50ms ~ 50 μs。

沿声波传播方向，振动一个周期所传播的距离，或在波形上相位相同的相邻两点间的距离称作波长，记为 λ，单位为米（m）。可听声的波长范围为 0.017 ~ 17m。

单位时间内声波传播的距离叫声波速度，简称声速，记作 c，单位为 m/s。频率、波长 λ 和声速 c 三者的关系是：

$$c=\lambda f$$

（7-1）

声速与传播声音的媒质和温度有关。在空气中，声速（c）和温度（t）的关系可简写为：

$$c=331.45+0.607t$$

（7-2）

常温下，声速约为 345m/s。

2. 声功率、声强和声压

（1）声功率（W）

在声源振动时，总有一定的能量随声波的传播向外发射。声功率是指声源在单位时间内向周围空间所发出的总声能，用 W 表示，其常用单位为瓦（W）。

（2）声强（I）

声强是指单位时间内，与声波传播方向垂直的单位面积上所通过的声能量。声强用 I 表示，其常用单位为瓦/米（W/m^2）。如果是点声源，声音以球面波向外传播，那么距声源 r 处的声强 I 与声功率 W 有如下关系。

$$I=\frac{W}{4\pi r^2}$$

（7-2）

可见，在声功率一定的条件下，某点的声强与该点离声源的距离的平方成反比。这就是离声源越远，人们所听到的声音就越弱的原因。

（3）声压（p）

表征声波的另一个物理量是声压。当声源振动时，它所辐射出的能量会引起空气介质的压力变化，这种压力变化称为声压，用户表示，其常用单位是牛顿 / 米 ^{2}（N/m^2）或帕（Pa）。人耳听声音的感觉直接与声压有关，一般声学仪器直接测量的也是声压。可以引起人耳感觉的声压值（又称闻阈）为 2×10^{-5}Pa，人耳最大承受（引起鼓膜破裂）的声压值（又称痛阈）为 20Pa，两者相差 100 万倍。

声压与声强有密切的关系，在离声源较远而且不发生波的反射作用时。该处的声波可近似地看作是平面波，平面波的声压（p）与声强（I）有如下关系。

$$I = \frac{p^2}{\rho c}$$

（7-3）

式中：p —— 声压，N/m^2；

ρ —— 空气密度，kg/m^3；

c —— 声速，m/s。

在声功率、声强和声压三个物理量中，声功率和声强都不容易直接测定。所以在噪声监测中，一般都是测定声压，就可算出声强，进而算得声功率。

3. 声压级、声强级、声功率级

能够引起人们听觉的噪声不仅要有一定的频率范围（20 ~ 20 000 Hz），而且还要有一定的声压范围（2×10^{-5}Pa ~ 20 Pa）。声压太小，不能引起听觉；声压太大，只能引起痛觉，而不能引起听觉。从听阈声压 2×10^{-5}Pa 到痛阈声压 20 Pa，声压的绝对值数量级相差 100 万倍，声强之比则达 1 万亿倍。因此，在实践中使用声压的绝对值描述噪声的强弱是很不方便的。另外，人耳对声音强度的感觉并不正比于强度（如声压）的绝对值，而更接近正比于其对数值。由于这两个原因，在声学中普遍采用对数标度。

（1）分贝的定义

由于取对数后是无量纲的，因此用对数标度时必须先选定基准量（或称参考量），然后对被量度量与基准量的比值求对数，这个对数称为被量度量的"级"，如果所取对数是以 10 为底，那么级的单位称为贝尔（B）。由于 B 过大，故常将 1B 分为 10 挡，每一挡的单位称为分贝（dB）。

（2）声压级

当用"级"来衡量声压大小时，就称为声压级。这与人们常用级来表示风力大小、地震强度的意义是一样的。声压级用 L$_p$ 表示，单位是 dB，其定义式为：

$$L_p = 10 \lg \frac{p^2}{p_0^2} = 20 \lg \frac{p}{p_0}$$

（7-4）

式中：p —— 声压，Pa；

p_0——基准声压，即 2×10^{-5}Pa。

显然，采用 dB 标度的声压级后，将动态范围 $2 \times 10^{-5} \sim 2 \times 10$Pa 声压转变为动态范围为 $0 \sim 120$dB 的声压级，因而使用方便，也符合人的听觉的实际情况，一般人耳对声音强弱的分辨能力约为 0.5dB。

分贝标度法不仅用于声压，同样用于声强和声功率的标度，当用分贝标度声强或声功率的大小时，就是声强级或声功率级。

（3）声强级

声强级常用 L_I 表示，单位是 dB，其定义式为：

$$L_I = 10\lg\frac{I}{I_0}$$

（7-5）

式中：I——声强，W/m^2；

I_0——基准声强，即 10-12W/m^2。

（4）声功率级

声功率级用 L_W 中表示，单位是 dB，其定义式为：

$$L_W = 10\lg\frac{W}{W_0}$$

（7-6）

式中：W——声功率，W；

I_0——基准声功率，即 10^{-12}W/m^2。

（三）噪声的叠加和相减

1. 噪声的叠加

两个或两个以上的独立声源作用于声场中某一点时，就产生了声音的叠加。声能量是可以进行代数相加的物理量度，而声级由于是对数关系，不能代数相加。假设两个声源的声功率分别是 W_1 和 W_2，那么总声功率 $W_总 = W1 + W2$；同样两个声源在同一点的声强为 I_1 和 I_2，则它的总声强 $I_总 = I_1 + I_2$。但是声压是不能直接进行代数相加的物理量度。根据前面公式可以推导总声压与各声压的关系式。

$$I_1 = \frac{p_1^2}{\rho c} \quad I_2 = \frac{p_2^2}{\rho c}$$

（7-7）

$$I_总 = \frac{p_总^2}{\rho c} = \frac{p_1^2 + p_2^2}{\rho c}$$

（7-8）

几个独立声源在空间某点的总声压级可由下式求出：

$$L_{p_i} = 10\lg \sum_{i=1}^{n} \frac{p_i^2}{p_0^2}$$

（7-9）

式中：p_i——第 i 个声源在此点处的声压；

p_0——基准声压。

因为 $L_{p_i} = 10\lg \sum_{i=1}^{n} \frac{p_i^2}{p_0^2}$，所以有 $\frac{p_i^2}{p_0^2} = 10^{\frac{L_{p_i}}{10}}$

$$L_{p总} = 10\lg \sum_{i=1}^{n} 10^{\frac{L_{pi}}{10}}$$

（7-10）

如果各声源的声压级相等，那么所产生的总声压级可用下式表示：

$$L_{p总} = L_p + 10\lg N$$

（7-11）

式中：L_p——1 个噪声源的声压级，dB；

N——噪声源的数目。

如果两个噪声级不同的噪声源（如 L_{p_1} 和 L_{p2}，且 $L_{p_1} > L_{p2}$）叠加在一起，按上式计算较麻烦。可利用表 7-1 查值来计算，以 $L_{p_1} - L_{p_2}$ 值按表查得 ΔL_p，则总声压级 $L_{p总} = L_{p_1} + L_{p_2}$。

表 7-1　声源声压级叠加增值参数 dB

$L_{p_1} - L_{p_2}$	0	1	2	3	4	5	6	7	8	9	10	11	12	13	14	15
ΔL_p	3	2.5	2.1	1.8	1.5	1.2	1.0	0.8	0.6	0.5	0.4	0.3	0.3	0.2	0.1	0.1

由表 7-1 可见，当声压级相同时，叠加后总声压级增加 3dB，当声压级相差 15dB 时，叠加后的总声压级增加 0.1dB。因此，两个声压级叠加，若两者相差 15dB 以上，其中较小的声压级对总声压级的影响可以忽略。

多个噪声源的叠加与叠加次序无关，叠加时，一般选择两个声压级相近的依次进行，因为两个声压级数值相差较大，则增加值 ΔL_p 很小（有时忽略），影响准确性。当两个声压级相差很大时，即与 $L_{p_1} - L_{p_2} > 5$dB，总的声压级的增加值头可以忽略，因此，在噪声控制中，抓住噪声源中有主要影响的，将这些主要噪声源降下来，才能取得良好的降噪效果。

2. 噪声的相减

在某些实际工作中，常遇到从总的被测噪声级中减去背景或环境噪声级，来确定由单独噪声源产生的噪声级。如某加工车间内的一台机床，在它开动时，辐射的噪声级是不能单独测量的。但是，机床未开动前的背景或环境噪声是可以测量的，机床开动后，机床噪声与背景或环境噪声的总噪声级也是可以测量的，那么，计算机床本身的噪声级就必须采用噪声级的减法。其推导与上面叠加计算一样，可用下式表示：

$$L_I = L_t - \Delta L$$

$$（7-12）$$

式中：L_I —— 机器本身的噪声级，dB；

L_t —— 总噪声级，dB；

ΔL 为增加值，dB，其值可由图 7-1 查得。

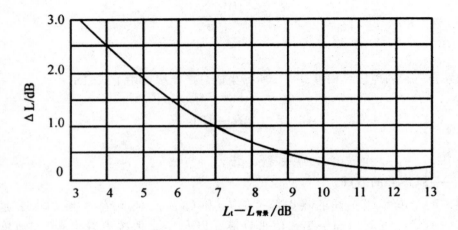

图 7-1　声压级分贝差值曲线

二、噪声污染监测方法

关于噪声的测量方法，目前国际标准化组织和各国都有测量规范，除了一般方法外，对许多机器设备、车辆、船舶和城市环境等均有相应的测量方法。

（一）声环境功能区监测方法

1. 声环境功能区分类

按区域的使用功能特点和环境质量要求，声环境功能区分为以下五种类型。

①0类声环境功能区：指康复疗养区等特别需要安静的区域。

②1类声环境功能区：指以居民住宅、医疗卫生、文化教育、科研设计、行政办公为主要功能，需要保持安静的区域。

③2类声环境功能区：指以商业金融、集市贸易为主要功能，或者居住、商业、工

业混杂，需要维持住宅安静的区域。

④3类声环境功能区：指以工业生产、仓储物流为主要功能，需要防止工业噪声对周围环境产生严重影响的区域。

⑤4类声环境功能区：指交通干线两侧一定距离之内，需要防止交通噪声对周围环境产生严重影响的区域，包括4a类和4b类两种类型。4a类为高速公路、一级公路、二级公路、城市快速路、城市主干路、城市次干路、城市轨道交通（地面段）、内河航道两侧区域；4b类为铁路干线两侧区域。

乡村声环境功能的确定：乡村区域一般不划分声环境功能区，根据环境管理的需要，县级以上人民政府环境保护行政主管部门可按以下要求确定乡村区域适用的声环境质量要求。

位于乡村的康复疗养区执行。类声环境功能区要求；村庄原则上执行1类声环境功能区要求，工业活动较多的村庄以及有交通干线经过的村庄（指执行4类声环境功能区要求以外的地区）可局部或全部执行2类声环境功能区要求；集镇执行2类声环境功能区要求；独立于村庄、集镇之外的工业、仓储集中区执行3类声环境功能区要求；位于交通干线两侧一定距离内的噪声敏感建筑物执行4类声环境功能区要求。

2. 环境噪声监测的要求

（1）测量仪器

测量仪器为积分平均声级计或环境噪声自动监测仪器，测量前后使用声校准器校准测量仪器的示值偏差不得大于0.5dB，否则测量无效。

（2）测点选择

根据监测对象和目的，可选择以下三种测点条件（指传声器所置位置）进行环境噪声的测量。

①一般户外。距离任何反射物（地面除外）至少3.5m外测量，距离地面高度1.2m以上。必要时可置于高层建筑上，以扩大监测受声范围。使用监测车辆测量，传声器应固定在车顶部1.2m高度处。

②噪声敏感建筑物户外。在噪声敏感建筑物外，距墙壁或窗户1m处，距地面高度1.2m以上。

③噪声敏感建筑物室内。距离墙面和其他反射面至少1m，距窗约1.5m处，距地面1.2～1.5m高。

（3）气象条件

测量应在无雨雪、无雷电天气，风速5m/s以下时进行。

3. 声环境功能区监测方法

（1）定点监测法

选择能反映各类功能区声环境质量特征的监测点1个至若干个，进行长期定点监测，每次测量的位置、高度应保持不变。对于0、1、2、3类声环境功能区，该监测点应为户外长期稳定、距地面高度为声场空间垂直分布的可能最大值处，其位置应能避开反射面和附近的固定 153 噪声源；4 类声环境功能区监测点设于 4 类区内第一排噪声敏感建筑物户外交通噪声空间垂直分布的可能最大值处。

全国重点环保城市以及其他有条件的城市和地区宜设置环境噪声自动监测系统，进行不同声环境功能区监测点的连续自动监测。

声环境功能区监测每次至少进行一昼夜 24h 的连续监测，得出每小时及白天、夜间的等效声级 L_{eq}、L_d、L_n 和最大声级 L_{max}。用于噪声分析目的，可适当增加监测项目，如累积百分声级 L_{10}、L_{50}、L_{90} 等。监测应避开节假日和非正常工作日。

各监测点位测量结果独立评价，以白天等效声级 L_d 和夜间等效声级 L_n 作为评价各监测点位声环境质量是否达标的基本依据。一个功能区设有多个测点的，应按点次分别统计昼间、夜间的达标率。

（2）普查监测法

① 0 ~ 3 类声环境功能区普查监测。将要普查监测的某一声环境功能区划分成多个等大的正方格，网络要完全覆盖住被普查的区域，且有效网格总数应多于 100 个；测点应设在每一个网格的中心，测点条件为一般户外条件，监测分别在白天工作时间和夜间 22：00 ~ 24：00（时间不足可顺延）进行。在上述测量时间内，每次每个测点测量 10min 的等效声级 L_{eq}，同时记录噪声主要来源。监测应避开节假日和非正常工作日。将全部网格中心测点测得的 10min 的等效声级 L_{eq}。做算术平均运算，所得到的平均值代表某一声环境功能区的总体环境噪声水平，并计算标准偏差。根据每个网格中心的噪声值及对应的网格面积，统计不同噪声影响水平下的面积百分比，以及白天、夜间的达标面积比例，有条件可估算受影响人口。

② 4 类声环境功能区普查监测。以自然路场、站场、河段等为基础，考虑交通运行特征和两侧噪声敏感建筑物分布情况，划分典型路段（包括河段）。在每个典型路段对应的 4 类区边界上（指 4 类区内无噪声敏感建筑物存在时）或第一排噪声敏感建筑物户外（指 4 类区内有噪声敏感建筑物存在时）选择 1 个测点进行噪声监测。这些测点应与站、场、码头、岔路口、河流汇入口等相隔一定的距离，避开这些地点的噪声干扰。监测分昼、夜两个时段进行，分别测量规定时间内的等效声级 L_{eq} 和交通流量，如铁路、城市轨道交通线路（地面段），应同时测量最大声级 L_{max}，对道路交通噪声应同时测量累积百分声级 L_{10}、L_{50}、L_{90}。根据交通类型的差异，规定的测量时间如下。

铁路、城市轨道交通（地面段）、内河航道两侧：昼、夜各测量不低于平均运行密度的 1h 值，若城市轨道交通（地面段）的运行车次密集，测量时间可缩短至 20min。

高速公路、一级公路、二级公路、城市快速路、城市主干路、城市次干路两侧：昼、夜各测量不低于平均运行密度的 20min 的数值。

监测应避开节假日和非正常工作日。

将某条交通干线各典型路段测得的噪声值，按路段长度进行加权算术平均，以此得出某条交通干线两侧 4 类声环境功能区的环境噪声平均值；也可对某一区域内的所有铁路、确定为交通干线的道路、城市轨道交通（地面段）、内河航道按前述方法进行长度加权统计，得出针对某一区域某一交通类型的环境噪声平均值；根据每个典型路段的噪声值及对应的路段长度，统计不同噪声影响水平下的路段百分比，以及白天、夜间的达标路段比例，有条件瓦估算受影响人口；对某条交通干线或某一区域某一交通类型采取抽样测量的，应统计抽样磁段比例。

4. 噪声敏感建筑物监测方法

监测点一般位于噪声敏感建筑物户外。不得不在噪声敏感建筑物室内监测时，应在门窗全打开状况下进行室内噪声测量，并采用较该噪声敏感建彭物所在声环境功能区对应环境噪声限值低 10dB（A）的值作为评价依据。

对敏感建筑物的环境噪声监测应在周围环境噪声源正常工作条件下测量，视噪声源的运行工况，分昼、夜两个时段连续进行。根据环境噪声源的特征，可优化测量时间。

①受固定噪声源的噪声影响。稳态噪声测量 1min 的等效声级 L_{eq}；非稳态噪声测量摧个正常工作时间（或代表性时段）的等效声级 L_{eq}。

②受交通噪声源的噪声影响。对于铁路、城市轨道交通（地面段）、内河航道，昼、夜各测量不低于平均运行密度的 1h 等效声级 L_{eq}，若城市轨道交通（地面段）的运行车次交集，测量时间可缩短至 20min。对于道路交通，昼、夜各测量不低于平均运行密度的 20min 等效声级 L_{eq}。

③受突发噪声的影响。以上监测对象夜间存在突发噪声的，应同时监测测量时段内最大声级 L_{max}。

以白天、夜间环境噪声源正常工作时段的 L_{eq} 和夜间突发噪声 L_{max} 作为评价噪声敏感建筑物户外（或室内）环境噪声水平是否符合所处声环境功能区的环境质量要求的依据。

（二）工业企业厂界噪声监测方法

1. 测量仪器

测量仪器为积分平均声级计或环境噪声自动监测仪，测量 35dB 以下的噪声应使用 1 型声级计，测量范围应满足所测量噪声的需要。校准所用仪器应符合 GB/T 15173 对 1 级或 2 级声校准器的要求。当需要进行噪声的频谱分析时，仪器性能应符合 GB/T 3241 中对滤波器的要求。

测量仪器和校准仪器应定期检定合格，并在有效使用期限内使用；每次测量前、后必须在测量现场进行声学校准，其前、后校准示值偏差不得大于 0.5dB，否则测量结果无效。测量时传声器加防风罩，测量仪器时间计权特性设为"F"挡，采样时间间隔不大于 1s。

2. 测量条件

（1）气象条件

测量应在无雨雪、无雷电天气，风速为 5m/s 以下时进行。不得不在特殊气象条件下测量时，应采取必要措施保证测量准确性，同时注明当时所采取的措施及气象情况。

（2）测量工况

测量应在被测声源正常工作时间进行，同时注明当时的工况。

3. 测点位置

（1）测点布设

根据工业企业声源、周围噪声敏感建筑物的布局以及毗邻的区域类别，在工业企业厂界布设多个测点，其中包括距噪声敏感建筑物较近以及受被测声源影响位置。

（2）测点位置一般规定

一般情况下，测点选在工业企业厂界外 1m、高度 1.2m 以上。

（3）测点位置其他规定

当厂界有围墙且周围有受影响的噪声敏感建筑物时，测点应选在厂界外 1m、高于围墙 0.5m 以上的位置；当厂界无法测量到声源的实际排放状况时（如声源位于高空、厂界设有声屏障等），应按测点位置一般规定设置测点，同时在受影响的噪声敏感建筑物户外 1m 处另设测点；室内噪声测量，室内测量点位设在距任一反射面至少 0.5m 以上、距地面 1.2m 高度处，在受噪声影响方向的窗户开启状态下测量；固定设备结构传声至噪声敏感建筑物室内，在噪声敏感建筑物室内测量时，测点应距任一反射面至少 0.5m 以上、距地面 1.2m、距外窗 1m 以上，窗户关闭状态下测量。被测房间内的其他可能干扰测量的声源（如电视机、空调机、排气扇以及镇流器较响的日光灯、运转时出声的时针）应关闭。

4. 测量时段

分别在白天、夜间两个时段测量。夜间有频发、偶发噪声影响时同时测量最大声级。被测声源是稳态噪声，采用 1min 的等效声级。被测声源是非稳态噪声，测量被测声源有代表性时段的等效声级，必要时测量被测声源整个正常工作时段的等效声级。

5. 背景噪声测量

①测量环境。不受被测声源影响且其他声环境与测量被测声源时保持一致。

②测量时段。与被测声源测量的时间长度相同。

6. 测量结果

修正噪声测量值与背景噪声值相差大于 10dB（A）时，噪声测量值不做修正；噪声测量值与背景噪声值相差在 3 ~ 10dB（A）之间时，噪声测量值与背景噪声值的差值取整后，按修正表中的数值进行修正；噪声测量值与背景噪声值相差小于 3dB（A）时，应在采取措施降低背景噪声后，视情况按前面两条的规定执行，仍无法满足这两条要求的，应按环境噪声监测技术规范的有关规定执行。

7. 结果评价

各个测点的测量结果应单独评价。同一测点每天的测量结果按白天、夜间进行评价。最大声级 L_{max} 直接评价。

（三）社会生活环境噪声监测方法

1. 测量仪器

测量仪器为积分平均声级计或环境噪声自动监测仪，测量 35dB 以下的噪声应使用

1 型声级计，且测量范围应满足所测量噪声的需要。

测量仪器和校准仪器应定期检定合格，并在有效使用期限内使用；每次测量前、后必须在测量现场进行声学校准，其前、后校准示值偏差不得大于 0.5dB，否则测量结果无效。测量时传声器加防风罩，测量仪器时间计权特性设为"F"挡，采样时间间隔不大于 1s。

2. 测量条件

①气象条件。测量应在无雨雪、无雷电天气，风速为 5m/s 以下时进行。不得不在特殊气象条件下测量时，应采取必要措施保证测量准确性，同时注明当时所采取的措施及气象情况。

②测量工况。测量应在被测声源正常工作时间进行，同时注明当时的工况。

3. 测点位置

①测点布设。根据社会生活噪声排放源、周围噪声敏感建筑物的布局以及毗邻的区域类别，在社会生活噪声排放源边界布设多个测点，其中包括距噪声敏感建筑物较近以及受被测声源影响大的位置。

②测点位置一般规定。一般情况下，测点选在社会生活噪声排放源边界外 1m、高度 1.2m 以上。

③测点位置其他规定。当边界有围墙且周围有受影响的噪声敏感建筑物时，测点应选在边界外 1m、高于围墙 0.5m 以上的位置；当边界无法测量到声源的实际排放状况时（如声源位于高空、厂界设有声屏障等），应按测点位置一般规定设置测点，同时在受影响的噪声敏感建筑物户外 1m 处另设测点；室内噪声测量，室内测量点位设在距任一反射面至少 0.5m 以上、距地面 1.2m 高度处，在受噪声影响方向的窗户开启状态下测量；社会生活噪声排放源的固定设备结构传声至噪声敏感建筑物室内，在噪声敏感建筑物室内测量时，测点应距任一反射面至少 0.5m 以上、距地面 1.2m、距外窗 1m 以上，在窗户关闭状态下测量。被测房间内的其他可能干扰测量的声源（如电视机、空调机、排气扇以及镇流器较响的日光灯、运转时出声的时钟）应关闭。

4. 测量时段

分别在白天、夜间两个时段测量。夜间有频发、偶发噪声影响时同时测量最大声级。被测声源是稳态噪声，采用 1min 的等效声级。被测声源是非稳态噪声，测量被测声源有代表性时段的等效声级，必要时测量被测声源整个正常工作时段的等效声级。

5. 背景噪声测量

①测量环境不受被测声源影响且其他声环境与测量被测声源时保持一致。

②测量时段与被测声源测量的时间长度相同。

6. 测量结果

修正噪声测量值与背景噪声值相差大于 10dB（A）时，噪声测量值不做修正；噪声测量值与背景噪声值相差在 3 ～ 10dB（A）之间时，噪声测量值与背景噪声值的差值

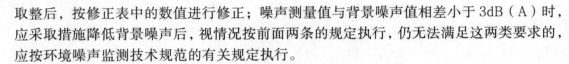

取整后，按修正表中的数值进行修正；噪声测量值与背景噪声值相差小于 3dB（A）时，应采取措施降低背景噪声后，视情况按前面两条的规定执行，仍无法满足这两类要求的，应按环境噪声监测技术规范的有关规定执行。

7. 结果评价

各个测点的测量结果应单独评价。同一测点每天的测量结果按白天、夜间进行评价。最大声级 L_{max} 直接评价。

（四）建筑施工场界噪声监测方法

可根据城市建设部门提供的建筑方案和其他与施工现场情况有关的数据确定建筑施工场地边界线，并应在测量表中标出边界线与噪声敏感区域之间的距离；根据被测建筑施工场地的建筑作业方位和活动形式，确定噪声敏感建筑或区域的方位，并在建筑施工场地边界线上选择离敏感建筑物或区域最近的点作为测点。由于敏感建筑物方位不同，对于一个建筑施工场地，可同时有几个测点。

采用环境噪声自动监测仪进行测量时，仪器动态特性为"快"响应，采样时间间隔不大于 1s。白天以 20min 的等效 A 声级表征该点的昼间噪声值，夜间以 8h 的平均等效 A 声级表征该点的夜间噪声值。测量期间，各施工机械应处于正常运行状态，并应包括不断进入或离开场地的车辆，例如卡车、施工机械车辆、搅拌机等以及在施工场地上运转的车辆，这些都属于施工场地范围以内的建筑施工活动。在测量报告中应包括以下内容：建筑施工场地及边界线示意图；敏感建筑物的方位、距离及相应边界线处测点；各测点的等效连续 A 声级 L_{eq}。

（五）机场周围飞机噪声监测方法

在规定的测量条件下（无雪、无雨，地面上 10m 高处风速不大于 5m/s，30%W 相对湿度 ≤ 90%，传声器离地面 1.2m）用 2 型声级计或机场噪声监测系统进行测量。机场周围飞机噪声测量方法包括精密测量和简易测量。精密测量是通过声级计将飞机噪声信号送到测量录音机记录在磁带上，然后在实验室按原速回放录音信号并对信号进行频谱分析。简易测量是只需经频率计权的测量。

三、噪声测量仪器

为了测量噪声的强度、大小是否超过标准，了解噪声对人体健康的危害，研究或降低噪声等，都需要噪声测量仪器。噪声测量技术的一个重要组成部分就是对测量仪器的操作使用。了解噪声测量仪器的基本结构和工作原理，掌握仪器的功能和适用场合，学会仪器的正确使用方法，并能判别和排除仪器的常见故障，应是监测人员所具备的最基本技能。随着现代电子技术的飞速发展，噪声测量仪器发展也很快。在噪声测量中，人们可根据不同的测量与分析目的，选用不同的仪器，采用相应的测量方法。常用的测量仪器有声级计、声级频谱仪、噪声级分析仪。

（一）声级计

声级计也称噪声计，它是用来测量噪声的声压级和计权声级的最基本的测量仪器，它适用于环境噪声和各种机器（如风机、空压机、内燃机、电动机）噪声的测量，也可用于建筑声学、电声学的测量。

1. 声级计的种类

声级计按其用途可分为：普通声级计、精密声级计、脉冲声级计、积分声级计和噪声剂量计等。按其精度可分为四种类型：O 型声级计、Ⅰ型声级计、Ⅱ型声级计和Ⅲ型声级计，它们的精度分别为 ±0.4dB、±0.7dB、±1.0dB、±1.5dB。按其体积大小可分为便携式声级计和袖珍式声级计。国产声级计有 ND-2 型精密声级计和 PSJ-2 普通声级计。国际标准化组织（ISO）及国际电工委员会（IEC）规定普通声级计的频率范围是 20 ~ 8 000 Hz，精密声级计的频率范围为 20 ~ 12 500 Hz。

2. 声级计的基本构造

声级计主要由传声器、放大器、衰减器、计权网络、电表电路及电源等部分组成。

声级计的工作原理是：声压经传声器后转换成电压信号，此信号经前置放大器放大后，最后从显示仪表上指示出声压级的分贝数值。

（1）传声器

也称话筒或麦克风，它是将声能转换成电能的元件。声压由传声器膜片接受后，将声压信号转换成电信号。传声器的质量是影响声级计性能和测量准确度的关键。优质的传声器应满足以下要求：灵敏度高、工作稳定；频率范围宽、频率响应特性平直、失真小；受外界环境（如温度、湿度、振动、电磁波等）影响小；动态范围大。

在噪声测量中，根据换能原理和结构的不同，常用的传声器分为晶体传声器、电动式传声器、电容传声器和驻极体传声器。晶体和电动式传声器一般是用于普通声级计；电容和驻极体传声器多用于精密声级计。

电容传声器灵敏度高，一般为 10 ~ 50mV/Pa；在很宽的频率范围内（10 ~ 20 000 Hz）频率响应平直；稳定性良好，可在 50 ~ 150℃、相对湿度为 0 ~ 100% 的范围内使用。所以电容传声器是目前较理想的传声器。

传声器对整个声级计的稳定性和灵敏度影响很大，因此，使用声级计要合理选择传声器。

（2）放大器和衰减器

放大器和衰减器是声级计和频谱分析仪内部放大和衰减电信号的电子线路。传声器把声音信号变成电信号，此电信号一般很微弱，既达不到计权网络分离信号所需的能量，也不能在电表上直接显示，所以需要将信号加以放大，这个工作由前置放大器来完成；当输入信号较强时，为避免表头过载，需对信号加以衰减，这就需要用输入衰减器进行衰减。经过前边处理后的信号必须再由输入放大器进行定量的放大才能进入计权网络。用于声级测量的放大器和衰减器应满足下面几个条件：要有足够大的增益而且稳定；频率响应特性要平直；在声频范围（20 ~ 20 000 Hz）内要有足够的动态范围；放大器和衰减器的固有噪声要低；耗电量小。

（3）计权网络

它是由电阻和电容组成的、具有特定频率响应的滤波器，能使欲测定的频带顺利地通过，而把其他频率的波尽可能地除去。为了使声级计测出的声压级的大小接近人耳对声音的响应，用于声级计的计权网络是根据等响曲线设计的，即A、B、C三种计权网络。

（4）电表、电路和电源

经过计权网络后的信号由输出衰减器衰减到额定值，随即送到输出放大器放大，使信号达到响应的功率输出，输出的信号被送到电表电路进行有效值检波（RMS检波），送出有效电压，推动电表，显示所测得声压级分贝值。声级计上有阻尼开关能反映人耳听觉动态特性，"F"表示表头为"快"的阻尼状态，它表示信号输入0.2s后，表头上就迅速达到其最大读数，一般用于测量起伏不大的稳定噪声。如果噪声起伏变化超过4dB，应使用慢挡"S"，它表示信号输入0.5s后，表头指针就达到它的最大读数。

为了适用于野外测量，声级计电源一般要求电池供电。为了保证测量精度，仪器应进行校准。声级计类型不同其性能也不一样，普通声级计的测量误差约为±3dB，精密声级计的误差约为±1dB。

（二）其他噪声测量仪器

由于测量对象和测量目的的不同，需要了解声源和声场的声学特性和声源的性能参数、环境状况等，光用声级计是不行的，还需要其他的测量仪器。本节再介绍声级频谱仪和噪声级分析仪。

1. 声级频谱仪

频谱仪是测量噪声频谱的仪器，它的基本组成大致与声级计相似。但是频谱分析仪中，设置了完整的计权网络（滤波器），借助于滤波器的作用，可以将声频范围内的频率分成不同的频带进行测量。例如做倍频程划分时，若将滤波器置于中心频率500Hz，通过频谱分析仪的，则是335～710Hz的噪声，其他频率就不能通过，因此在频谱分析仪上所显示的就是频率为355～710Hz噪声的声压级，其他类推。由于频谱分析仪能分别测量噪声中所包含的各种频带的声压级，所以它是进行噪声频谱分析不可缺少的仪器。一般情况下，进行频谱分析时，都采用倍频程划分频带。如果对噪声要进行更详细的频谱分析，就要用窄频带分析仪，例如用1/3频程划分频带。在没有专用的频谱分析仪时，也可以把适当的滤波器接在声级计上进行频谱测定。

2. 噪声级分析仪

在声级计的基础上配以自动信号存储、处理系统和打印系统，便成为噪声级分析仪。噪声级分析仪的工作原理是噪声信号经传声器转换为交变的电压信号，经放大、计权、检波后，利用微机和单板机存储并处理，处理后的结果由数字显示，测量结束后，由打印机打出计算结果，微机和单板机还将控制仪器的取样间隔、取样时间和量程进行切换。一般噪声级分析仪均可测量声压级、A计权声级、累计百分声级、等效声级、标准偏差、概率分布和累积分布。更进一步可测量 L_d、声暴露级 L_{AET}、车流量、脉冲噪声等，外接滤波器可作频谱分析。噪声分析仪与声级计相比，显著优点：一是完成取样和数据处理的自动化；二是高密度取样，提高了测量精度。

第二节　放射性污染监测技术

一、放射性污染概述

放射性污染监测是环境监测的重要组成部分，随着原子能工业的迅速发展和放射性同位素的广泛应用，环境中的放射性水平有可能高于天然本底值，甚至超过规定标准，构成放射性污染，危害人类和生物，因此对环境中的放射性物质进行监测、控制和治理是环境保护工作的一项重要任务。

（一）放射性污染的来源

自然界中各种物质都是由元素组成的，而组成元素的基本单位是原子。原子是由原子核和围绕原子核按一定能级运动的电子所组成，原子核由中子和质子组成，通常把具有相同质子数而不同中子数的元素称为同位素。各种同位素的原子核分为两类：一类是能够稳定的原子核；另一类是不稳定的原子核，这种不稳定的原子核能自发地有规律地改变其结构而转变成另外一种原子核，这种现象称为核衰变或放射性衰变。在衰变的过程中，总是放出具有一定动能的带电或不带电的粒子，如 α、β 和 γ 射线，这种现象称为放射性。如 16O，17O，18O 就是天然氧的 3 种非放射性同位素，234U、235U、238U 就是铀的 3 种放射性同位素。

天然不稳定原子核自发放出射线的特性称为"天然放射性"，通过核反应由人工制造出来的原子核的放射性称为"人为放射性"。

1. 天然核辐射来源

（1）宇宙射线

宇宙射线是从宇宙空间辐射到地球表面的射线，它由初级宇宙射线和次级宇宙射线组成。初级宇宙射线是指从外层空间射到地球大气的高能辐射，主要由质子、α 粒子、原子序数为 4～26 的原子核及高能电子所组成，初级宇宙射线的能量很高，穿透力很强。初级宇宙射线与地球大气层中的氧或氮原子核相互作用，产生的次级粒子和电磁辐射称为次级宇宙射线，次级宇宙射线能量比初级宇宙射线低。大气层对宇宙射线有强烈的吸收作用，到达地面的几乎全是次级宇宙射线。

（2）天然放射性核素

天然放射性核素是指具有一定原子序数和中子数，处于特定能量状态的原子。自然界中天然放射性核素主要包括以下 3 个方面：宇宙射线产生的放射性核素，主要是初级宇宙射线与大气层中某些原子核反应的产物，如 3H、14C 等；中等质量的天然放射性核素，这类核素数量不多，如 40K，87Rb 等；重天然放射性核素，原子序数大于 83 的天然放射性核素，一般分为铀系、位系及钢系 3 个放射性系列。它们大都放射 α 粒子，有的随 α、β 衰变同时放出 γ 射线。

放射线中有 α 射线、β 射线、γ 射线、X 射线等 4 种放射线，它们可分为电磁波和高速运动的粒子流。而粒子流又可分为带电荷与不带电荷的。

2. 人为放射性来源

随着核工业和军事工业的发展及一些核素的各种应用，使大气中的放射性物质不断增加，环境中的放射性水平高于天然本底值或超过规定标准，造成了放射性污染。引起环境放射性污染的来源主要是人为放射源。人为放射性污染源有废水、核武器试验、核工业的铀矿开采、矿石加工、核反应堆和原子能电站及燃料后处理、核动力潜艇和航空器、高能加速器以及医学科研、工农业各部门开放性使用放射性核素等。另外，日常生活中也有放射性物质，如磷肥、打火石、火焰喷射玩具、夜光表、彩色电视机、装饰用大理石等均可产生不同强度和剂量的放射线。

（二）放射性污染度量单位

1. 放射性活度

放射性活度（强度）（Radio Activity）是度量放射性物质的一种物理量，它以放射性物质在单位时间内发生的核衰变数目来表示。活度单位为贝可勒尔，简称贝可，用符号 Bq 表示。1Bq 表示放射性核素在 1s 内发生 1 次衰变。放射性活度反映某种放射性核素的数量值，该值的大小与核衰变相关。可表示为

$$A = \frac{dN}{dt} = \lambda N$$

（7-13）

式中：A —— 放射性强度，Bq 或 s^{-2}；

N —— 某时刻的核素数；

t —— 时间，s；

λ —— 衰变常数，表示放射性核素在单位时间内的衰变概率，s^{-2}。

2. 吸收剂量

电离辐射在机体的生物效应与机体所吸收的辐射能量有关。吸收剂量（Absorbed Dose）是反映物体对辐射能量的吸收状况，是指在电离辐射与物质发生相互作用时，单位质量的物质吸收电离辐射能量大小的物理量。其定义为

$$D = \frac{d\overline{E}_D}{dm}$$

（7-14）

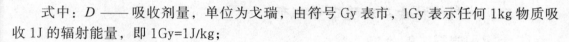

式中：D —— 吸收剂量，单位为戈瑞，由符号 Gy 表市，lGy 表示任何 1kg 物质吸收 1J 的辐射能量，即 1Gy=1J/kg；

$\mathrm{d}\bar{E}_D$ —— 电离辐射给予质量为 ds 的物质的平均能量。

3. 剂量当量

电离辐射所产生的生物效应与辐射的类型、能量等有关。尽管吸收剂量相同，但若射线类型、照射条件不同时，对生物组织的危害程度是不同的。因此在辐射防护工作中引入了剂量当量（equivalent dose）这一概念，以表证所吸收辐射能量对人体可能产生的危害情况。剂量当量定义为在生物机体组织内所考虑的一个体积单元上吸收剂量、品质因子和所有修正因素的乘积，即

$$H = DQN$$

（7-15）

式中：H —— 剂量当量，单位是希沃特 Sv，1Sv=lJ/kg；

D —— 吸收剂量，Gy；

Q —— 品质因子；

N —— 所有其他修正因素的乘积。

品质因子 Q，用以粗略地表示吸收剂量相同时各种辐射的相对危险程度。Q 越大，危险性越大。Q 值是依据各种电离辐射带电粒子的电离密度而相应规定的。国际放射防护委员会建议对内外照射皆可使用表 7-2 给出的品质因子 Q 值。

在辐射防护中应用剂量当量，可以评价总的危险程度。

表 7-2　各种辐射的品质因子

辐射类型	品质因子	辐射类型	品质因子	辐射类型	品质因子
X、γ 射线和电子	1	快中子（> 10ke V）	10	反冲核	20
中子（< 10ke V）	3	a 粒子	10		

4. 照射量

照射量是指在一个体积的单元的空气中（质量为 dm），γ 或 X 射线全部被空气所阻止时，空气电离所形成的离子总电荷的绝对值（负的或正的），其单位是 C/kg（库伦 /kg）。通常照射量用符号 "X" 表示。其关系式如下：

$$D = \frac{\mathrm{d}Q}{\mathrm{d}m}$$

（7-16）

式中：$\mathrm{d}Q$ —— 个体积单元内形成的离子的总电荷绝对值，C；

$\mathrm{d}m$ —— 一个体积单元中空气的质量，kg。

照射量只使用 X 和 7 辐射透过空气介质的情况，不能用于其他类型的辐射和介质。照射量有时用照射率来表示，其定义为单位时间内的照射量，单位是 C/（kg·s）。

（三）放射性核素在环境中的分布

1. 土壤和岩石中的分布

土壤和岩石中天然放射性核素的含量变动很大，主要决定于岩石层的性质及土壤的类型。某些天然放射性核素在土壤和岩石中含量的估计值列于表 7-3。

表 7-3　土壤、岩石中天然放射性核素的含量

核素	土壤	岩石
^{40}K	$2.96 \times 10^{-2} \sim 8.88 \times 10^{-2}$	$8.14 \times 10^{-2} \sim 8.14 \times 10^{-1}$
^{226}Ra	$3.7 \times 10^{-3} \sim 7.03 \times 10^{-2}$	$1.48 \times 10^{-2} \sim 4.81 \times 10^{-2}$
^{232}Th	$7.4 \times 10^{-4} \sim 5.55 \times 10^{-2}$	$3.71 \times 10^{-3} \sim 4.81 \times 10^{-2}$
^{238}U	$1.11 \times 10^{-3} \sim 2.22 \times 10^{-2}$	$1.48 \times 10^{-2} \sim 4.81 \times 10^{-2}$

2. 水体中的分布

海水中天然放射性核素主要是 40K、87Rb 和铀系元素。其含量与所处地理区域、流动状态、淡水和淤泥入海情况等因素有关。淡水中天然放射性核素的含量与所接触的岩石、水文地质、大气交换及自身理化性质等因素有关。一般地下水所含放射性核素高于地面水，且铀、镭的变化大。表 7-4 列出各类淡水中 226Ra 及其子体产物的含量。

表 7-4　各类淡水中 226Ra 及其子体产物的含量 Bq/L

核素	矿泉及深井水	地下水	地面水	雨水
^{226}Ra	$3.7 \times 10^{-2} \sim 3.7 \times 10^{-1}$	$< 3.7 \times 10^{-2}$	$< 3.7 \times 10^{-2}$	—
^{222}Rn	$3.7 \times 10^{-2} \sim 3.7 \times 10^{3}$	$3.7 \sim 37$	3.7×10^{-1}	$3.7 \times 10 \sim 3.7 \times 10^{3}$
^{210}Pb	$< 3.7 \times 10^{-3}$	$< 3.7 \times 10^{-3}$	$< 1.85 \times 10^{-2}$	$1.85 \times 10^{-2} \sim 1.11 \times 10^{-1}$
^{210}Po	$\approx 7.4 \times 10^{-4}$	$\approx 3.7 \times 10^{-4}$	—	$\approx 1.85 \times 10^{-2}$

3. 大气中的分布

多数放射性核素均可出现在大气中，但主要是氡的同位素（特别是 222Rn），它是镭的衰变产物，能从含镭的岩石、土壤、水体和建筑材料中逸散到大气，其衰变产物是金属元素，极易附着于气溶胶颗粒上。

大气中氡的浓度与气象条件有关，日出前浓度高，日中较低，二者间可相差 10 倍以上。一般情况下，陆地和海洋上的近地面大气中氡的浓度分别在 $1.11 \times 10^{-3} \sim 9.61 \times 10^{-3}$Bq/L 和 $1.9 \times 10^{-3} \sim 2.2 \times 10^{-3}$Bq/L 范围。

4. 动植物组织中的分布

任何动植物组织中都含有一些天然放射性核素，主要有 40K、226Ra、14C、210pb 和 210Po 等。其含量与这些核素参与环境和生物体之间发生的物质交换过程有关，如植物与土壤、水、肥料中的核素含量有关；动物与饲料、饮水中的核素含量有关。

（四）放射性污染的特点

放射性污染与一般化学污染物的污染有着显著的区别，具有以下特点。

①放射性污染物的放射性与物质的化学状态无关；

②每一种放射性都有其固有的半衰期，不因温度和压力的改变而改变，短的可以快到 $10{-}7s$，长的可达 109 年之久；

③每一种放射性核素都能放射出具有一定能量的一种或几种射线；

④除了核反应条件外，任何化学、物理和生物的处理都不能改变放射性污染物的放射性质；

⑤放射性物质进入环境后，可随介质的扩散或流动在自然界迁移，还可在生物体内被富集，进入人体后产生内照射，对人体的危害更大。

（五）放射性污染的危害

1. 放射性进入人体的途径

放射性物质主要从呼吸道、消化道、皮肤或黏膜侵入人体。不同途径进入人体的放射性核素，具有不同的吸收、蓄积和排出的特点。放射性核素的吸收率会受多种因素影响，如肠道内的酸碱度、胃肠道蠕动及分泌程度等。

由呼吸道吸入的放射性物质，其吸收程度与气态物质的性质和状态有关。难溶性气溶胶吸收较慢，可溶性则较快。气溶胶粒径越大，在肺部的沉积越少。气溶胶被肺泡膜吸收时，可直接进入血液流向全身；由消化道进入的放射性物质由肠胃吸收后，经肝脏随血液进入全身；从皮肤或黏膜侵入可溶性物质易被皮肤吸收，由伤口侵入的污染物吸收频率极高；进入人体的放射性核素能在人体内累积。通常每人每年从环境中受到的放射性辐射总量不超过 2mSv，其中天然放射性本底辐射占 50%，其余为放射性污染辐射。

2. 放射性的危害

一切形式的放射线对人体都是有害的。由放射引起的原子激发和电离作用，使机体内起着重要作用的各种分子变得不稳定、化学键断裂生成新分子或诱发癌症。α 射线的电离能力最强、射程短、致伤集中，进入机体后产生的内照射危害最大，β、γ 射线次之。γ 射线穿透能力最强，体外危害性最大，α、β 射线次之。人体受到过量的辐射所引起的病症称为"放射病"。其主要有以下几种。

①急性放射病。由大剂量照射引起，一般出现在意外核辐射事故和核爆炸时。

②慢性放射病。由多次照射、长期累积引起。放射性物质进入环境后，进入环境中的物质循环，产生外照射。通过呼吸、饮水和食物链以及皮肤接触进入人体并产生内照射。主要危害为白血球减少、白细胞等。

③远期影响。是由于急性、慢性危害导致的潜伏性危害。例如照射量在 150rad 以下时死亡率为零，但在 10～20 年之后其结果才表现出来。躯体效应有白血病、骨癌、肺癌、卵巢癌、甲状腺癌和白内障等。遗传效应有基因突变和染色体畸变。

（六）放射性污染的处理方法

与其他废物的处理相比，放射性废物处理一般只改变放射性物质存在的形态，以达安全处置的目的。对于中、高浓度的放射性物质，采用浓缩、贮存和固化的方法；对于低浓度放射性废物，则采用净化处理或滞留衰减到一定浓度以下再稀释排放。

1. 放射性废水的处理

①稀释排放法。我国"放射防护法"中对放射性废水排放有明确的规定，规定要求排入本单位下水道的浓度不得超过露天水源中限制浓度的100倍，并必须保证单位总排出口水中放射性浓度不超过露天水源中限制浓度。凡是超过上述浓度的放射性废水，必须经稀释或净化处理。

②放置衰变法。对含放射性物质半衰期短的废水，也可放置在专门容器内，待放射性强度降低后再稀释排放。存放容器要坚固，不易破裂泄露。

③混凝沉降法。采用凝聚剂（如硫酸铝、磷酸盐、三氯化铁等）在水中产生胶状沉淀，将放射性物质沉淀下来。

④离子交换法。使废水通过装有离子交换剂的设备，阳离子态的放射性核素与交换剂 H^+、Na^+ 等进行交换；阴离子态的核素与 Cl^- 等交换，从而使废水净化。

⑤蒸发法。目前使用较广。在蒸发过程中的雾沫、冷凝液可能带有放射性，需经检验合格才能排放，原则上仍需处理。

⑥固化法。经过混凝沉降、离子交换、蒸发等处理后，放射性物质已浓集到较小体积的液体中。对这些浓缩液一般采用钢贮槽存放。为防钢储槽腐蚀、损坏、泄露，多采用固化法处理。对中低浓度的放射性浓缩液，一般采用沥青、水泥、塑料固化法；对于高浓度放射性浓缩液，采用玻璃固化法，此外陶瓷固化以及人工合成岩技术也正处在试验中。

2. 放射性废气的处理

对铀开采过程中产生的粉尘、废气及其子体，可通过改善操作条件和通风系统来解决。燃料后处理中产生的废气，多为放射性碳和惰性气体，先将燃料冷却 9～10d，待放射性衰变后，用活性炭或银质反应器系统去除大量挥发性碘。铀矿山、水冶厂排出的氡浓度一般较低，多采用高烟囱排放在大气中扩散稀释的办法。对放射性气溶胶可采用普通的空气净化方法，用过滤、离心、洗涤、静电除尘等方法处理。

3. 放射性固体废弃物的处理

主要是指被放射性物质污染的各种物件，例如报废的设备、仪表、管道、过滤器、离子交换树脂以及防护衣具、抹布、废纸、塑料等。对这些废物可分别采用焚烧、压缩、洗涤去污等方法。焚烧使可燃性固体废物体积缩小，并防止废物散失，但需注意放射性废气、灰尘及有机挥发物的处理；压缩是将密度小的放射性废物装在容器内压缩减容；洗涤时对一些可以重新使用的设备器材，用洗涤剂进行去污处理。对放射性固体的最终处理还是广泛采用金属密封容器或混凝土容器包装后，贮存于安全之处，让其衰变。目前切实可行的方法是将其埋置于地下 300 ~ 1 000 m，甚至更深的地层中永久储存。埋置法要求地层屏障能在 104 ~ 105 年内阻止核废物进入生物圈。

目前，对放射性核废弃物的最终处置，全世界都还未妥善解决，各核国家都还处于积极探索研究之中。

二、放射性监测仪器

放射性监测仪器种类多，需根据监测目的、试样形态、射线类型、强度及能量等因素进行选择。最常用的监测器有三类，即电离探测器、闪烁探测器和半导体探测器。

（一）电离探测器

电离探测器是利用射线通过气体介质时能使气体发生电离的特性而制成的探测器，是通过收集射线在气体中产生的电离电荷而进行测量的。

常用的电离探测器如电离室、正比计数管和盖革（GM）计数管，都是在密闭的充气容器中设置一对电极，将直流电压加在电极上，当气体发生电离时，产生的正离子和电子在外电场的作用下分别移向两极而产生电离电流。电离电流的大小与外加电压的大小及进入电离室的辐射粒子数目有关，外加电压与电离电流的关系曲线如图 7-2 所示，可分为六个区域。

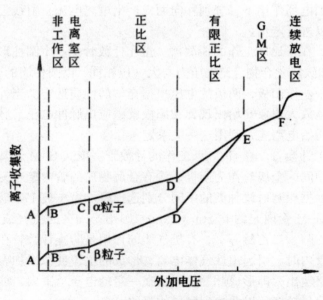

图 7-2　外加电压与电离电流的关系曲线

①非工作区。在这一区域，电压较低，正离子和电子的复合概率大，电流随外加电压的增大而增大。

②电离室区。在这一区域，外加电压已足够大，离子几乎全被收集，电流会达到一

个饱和值，并将是一个常数，不再随电压的增加而改变。

③正比区。在这一区域，电离电流突破饱和值，随电压增加而继续增加。这时的外加电压，能使初始电离产生的电子在电场的作用下，向阳极加速运动，并在运动中与气体分子发生碰撞，使之发生次级电离，次级电离产生的大量电子又将继续碰撞气体分子，又有可能再发生三级电离，形成了"电子雪崩"，最终，使到达阳极的电子数大大增加，这一过程被称为"气体放大"。"气体放大"后电离总数与初始电离数之比称为气体放大倍数。由于在此区域内，在电压一定的情况下，气体放大的倍数是相同的（约104），最后在阳极收集到的电子数与初始电离的电子数成正比，此区域被称为正比区。

④有限正比区。在此区域内，气体放大倍数与初始电离无关，不再是常数，故探测器在这一区域无法工作。

⑤G-M区（盖革－弥勒区）。在这一区域，当外加电压继续增加，分子激发产生光子的作用更加显著，收集到的电荷与初始电离的电子数毫无关系。即不论什么粒子，只要能够产生电离，无论其电离出的电子数目有多少（哪怕只有一对离子），经气体放大后，到达阳极的电子数目基本上是一个常数，因此最终的电离电流是相同的。

⑥连续放电区。在此区域，"电子雪崩"无限制地进行，探测器无法工作。

根据此图不同区域的特性规律，分别制成了三种电离型探测器。

①电离室。是利用电离室区的特性制成的探测器。从结构上看，电离室由一个充气的密闭容器、两个电极和两极间有效灵敏体积组成。当射线进入电离室，则主体产生的正离子和电子在外加电场作用下，分别移向两极产生电离电流，射线强度越大，电流越大，利用此关系可以进行定量。

②正比计数管。在正比区工作的探测器。正比计数管是一个圆柱形的电离室，管内充甲烷（或氯气）和碳氢化合物，充气压力与大气压相同，以圆柱筒的金属外壳作阴极，安装在中央的金属细丝作阳极，两极的电压根据充气的性质选定。当外加电压超过正比区的阈电压时，气体放大现象开始出现，在阳极就感应出脉冲电压，脉冲电压的大小，正比于入射粒子的初始电离能，利用这一关系定量。

③盖革（G-M）计数管。在G-M区工作的计数管。窗式G-M管其基本结构是一个密闭的充气容器，中间的金属丝作为阳极，涂有金属物质的管内壁或另加入一个金属筒作为阴极，窗可以根据探测射线种类的不同分别选择厚端窗（玻174璃）或薄端窗（云母或聚酯薄膜）。G-M管内充约l/5atm（1atm=101 325Pa）的氯气或氧气等惰性气体和少量有机气体（乙醇、二乙醚等），有机气体的作用是防止计数管在一次放电后连续放电。当射线进入管内时，引起惰性气体电离，形成的电流使原来加有的电压产生瞬时电压降，向电子线路输出，即形成脉冲信号，在一定的电压范围内，放射性越强，单位时间内输出的脉冲信号越多，以此达到测量的目的。

（二）闪烁探测器

闪烁探测器的工作原理是：当射线照在闪烁体上时，发射出荧光光子，光子被收集于用光导和反光材料制成的光电倍增管的光阴极上。光子在灵敏阴极上打出光电子，经倍增放大后，在阳极上产生较小的电压脉冲，此脉冲再经电子线路放大和处理后记录下来。由于脉冲信号的大小与放射性的能量成正比，故可用以定量。

常用的闪烁体材料有硫化锌粉末（探测 α 射线）、蒽等有机物（探测 β 射线）和碘化钠晶体（探测，射线）。

无论是无机或有机闪烁剂，都具有受带电粒子作用后其内部原子或分子被激发而发射光子的特性。

（三）半导体探测器

半导体探测器的工作原理与电离探测器的工作原理相似，所不同的是其检测原件是固态半导体。射线粒子与半导体晶体相互作用时产生的电子 – 空穴对，在外电场的作用下，分别移向两极，并被电极所收集，从而产生脉冲电流，再经电子线路放大后记录。

由于产生电子 – 空穴对能量较低，所以该种探测器以其具有能量分辨率高且线性范围宽等优点，被广泛地应用于放射性探测中。如用于 α 粒子计数及 α、β 能谱测定的硅半导体探测器；用于，能谱测定的错半导体探测器 [Ge（Li）γ 谱仪] 等。我国生产的半导体探测器有 GL-5、GL-16、GL-20、GM-5、GM-20、GM-30 等多种型号。

另外，还可以利用照相乳胶曝光法探测放射性。当含放射性样品的射线照在照相乳胶上时，射线与乳胶作用产生电子，电子使卤化银还原成金属银，如同可见光一样，会产生一个潜在的图像，使底片显影后，根据曝光的程度来测定射线强度。

三、放射性监测

（一）监测对象及内容

放射性监测按照监测对象可分为：①现场监测，即对放射性物质生产或应用单位内部工作区域所做的监测；②个人剂量监测，即对放射性专业工作人员或公众做内照射和外照射的剂量监测；③环境监测，即对放射性生产和应用单位外部环境，包括空气、水体、土壤、生物、固体废物等所做的监测。

在环境监测中，主要测定的放射性核素为：① α 放射性核素，即 239pu、226Ra、224Ra、222Rn、210Po、222Th、234U 和 235U；② β 放射性核素，即 3H、90Sr、89Sr、134Cs、137Cs、131I、60Co。这些核素在环境中出现的可能性较大，其毒性也较大。

对放射性核素具体测量的内容有：①放射源强度、半衰期、射线种类及能量；②环境和人体中放射性物质含量、放射性强度、空间照射量或电离辐射剂量。

（二）放射性监测方法

环境放射性监测方法有定期监测和连续监测。定期监测的一般步骤是采样、样品预处理、样品总放射性或放射性核素的测定；连续监测是在现场安装放射性自动监测仪器，实现采样、预处理和测定自动化。

对环境样品进行放射性测量和对非放射性环境样品监测过程一样，也是经过样品采集、样品前处理和选择适宜方法、仪器测定三个过程。

1. 样品采集

（1）放射性沉降物的采集

沉降物包括干沉降物和湿沉降物，主要来源于大气层核爆炸所产生的放射性尘埃，小部分来源于人工放射性微粒。

对于放射性于沉降物样品可用水盘法、黏纸法、高罐法采集。水盘法是用不锈钢或聚乙烯塑料制圆形水盘采集沉降物，盘内装有适量稀酸，沉降物过少的地区再酌加数毫克硝酸钠或氯化钠载体。将水盘置于采样点暴露24h，应始终保持盘底有水。采集的样品经浓缩、灰化等处理后，做总 β 放射性测量。黏纸法系用涂一层黏性油（松香加蓖麻油等）的滤纸贴在圆形盘底部（涂油面向外），放在采样点暴露24h，然后再将黏纸灰化，进行总 β 放射性测量。也可以用蘸有三氯甲烷等有机溶剂的滤纸擦拭落有沉降物的刚性固体表面（如道路、门窗等），以采集沉降物。高罐法系用一不锈钢或聚乙烯圆柱形罐暴露于空气中采集沉降物。因罐壁高，故不必放水，可用于长时间收集沉降物。

湿沉降物系指随雨（雪）降落的沉降物。其采集方法除上述方法以外，常用一种能同时对雨水中核素进行浓集的采样器。这种采样器由一个承接漏斗和一根离子交换柱组成。交换柱上下层分别装有阳离子交换树脂和阴离子交换树脂，欲收集核素被离子交换树脂吸附浓集后，再进行洗脱，收集洗脱液进一步做放射性核素分离。也可以将树脂从柱中取出，经烘干、灰化后制成干样品做总 β 放射性测量。

（2）放射性气溶胶的采集

放射性气溶胶包括核爆炸产生的裂变产物，各种来源于人工放射性物质以及氡、位射气的衰变子体等天然放射性物质。这种样品的采集常用滤料阻留采样法，其原理与大气中颗粒物的采集相同。

对于其他类型如水体、土壤、生物样品的采集、制备和保存方法与非放射性样品所用的方法类同。

2. 样品预处理

对样品进行预处理的目的是将样品处理成适于测量的状态，将样品的欲测核素转变成适于测量的形态并进行浓集，以及去除干扰核素。常用的样品预处理方法有衰变法、有机溶剂溶解法、蒸馏法、灰化法、溶剂萃取法、离子交换法、共沉淀法、电化学法等。

衰变法是样品采集后，将其放置一段时间，让样品中一些短寿命的非欲测核素衰变除去，然后再进行放射性测量。如测定大气中气溶胶的总 α 和总 β 放射性时常用这种方法，即用过滤法采样后，放置 $4 \sim 5h$，使短寿命的氡、钍子体衰变除去。

共沉淀法是指用一般化学沉淀法分离环境样品中放射性核素，因核素含量很低，达不到溶度积，故不能达到分离目的，但如果加入毫克数量级与欲分离放射性核素性质相近的非放射性元素载体，那么由于两者之间发生同晶共沉淀或吸附共沉淀作用，载体将放射性核素载带下来，达到分离和富集的目的。若用 59Co 作载体共沉淀。60Co，则发生同晶共沉淀；若用新沉淀出来的水合二氧化锰作载体沉淀水样中的钚，则两者间发生吸附共沉淀。这种分离富集方法具有简便、实验条件容易满足等优点。

灰化法是指对蒸干的水样或固体样品，可在瓷坩埚内于500℃马弗炉中灰化，冷却后称重，再转入测量盘中铺成薄层检测其放射性。

电化学法是通过电解将放射性核素沉积在阴极上，或以氧化物形式沉积在阳极上。如 Ag^+、Bi^{2+}、Pb^{2+} 等可以金属形式沉积在阴极；Pb^{2+}、Co^{2+} 可以氧化物的形式沉积在阳极。其优点是分离核素的纯度高。若使放射性核素沉积在惰性金属片电极上，可直接进行放射性测量；若将其沉积在惰性金属丝电极上，可先将沉积物溶出，再制备成样品源。

环境样品经上述方法分解和对欲测放射性核素分离、浓集、纯化后，有的已成为可供放射性测量的样品源，有的尚需用蒸发、悬浮、过滤等方法将其制备成适于测量要求状态（液态、气态、固态）的样品源。蒸发系指将样品溶液移入测量盘或承托片上，在红外灯下徐徐蒸干，制成固态薄层样品源；悬浮系将沉淀形式的样品用水或适当的有机溶剂进行混悬，再移入测量盘用红外灯徐徐蒸干，过滤是将待测沉淀抽滤到已称重的滤纸上，用有机溶剂洗涤后，将沉淀连同滤纸一起移入测量盘中，置于干燥器内干燥后进行测量。还可以用电解法制备无载体的a或β辐射体的样品源；用活性炭等吸附剂浓集放射性惰性气体，再进行热解吸并将其导入电离室或正比计数管等探测器内测量；将低能β辐射体的液体试样与液体闪烁剂混合制成液体源，置于闪烁瓶中测量等。

3. 环境中放射性监测

（1）水样的总 α 放射性活度的测定

水体中常见辐射 α 粒子的核素有226Ra、222Rn 及其衰变产物等。目前公认的水样总 α 放射性安全浓度是 0.1Bq/L，当大于此值时，就应对放射 α 粒子的核素进行鉴定和测量，确定主要的放射性核素，判断水质污染情况。

测定水样总 α 放射性活度的方法是：取一定体积水样，过滤除去固体物质，滤液加硫酸酸化，蒸发至干，在不超过 350℃温度下灰化。将灰化后的样品移入测量盘中并铺成均匀薄层，用闪烁检测器测量。在测量样品之前，先测量空测量盘的本底值和已知活度的标准样品。测定标准样品（标准源）的目的是确定检测器的计数效率，以计算样品源的相对放射性活度，即比放射性活度。标准源最好是欲测核素，并且两者强度相差不大。如果没有相同核素的标准源，可选用放射同一种粒子而能量相近的其他核素。测量总α放射性活度的标准源常选择硝酸铀酰。水样的总α比放射性活度(Q_α)用下式计算。

$$Q_\alpha = (n_c - n_b)/(n_s V)$$

（7-17）

式中：Q_α——比放射性活度，Bq/L；

V——所取水样体积，L；

n_b——空测量盘的本底计数率，计数/min；

n_s——根据标准源的活度计数率计算出的检测器的计数率，计数/（Bq·min）；

n_c——用闪烁检测器测量水样得到的计数率，计数/min。

（2）水样的总 β 放射性活度测量

水样总 β 放射性活度测量步骤基本上与总 α 放射性活度测量相同，但检测器用低本底的盖革计数管，且以含 ^{40}K 的化合物作标准源。

水样中的 β 射线常来自 ^{40}K、^{90}Sr、^{129}I 等核素的衰变，其目前公认的安全水平为 1Bq/L。^{40}K 标准源可用天然钾的化合物（如氯化钾或碳酸钾）制备。天然钾化合物中含 0.0119% 的 ^{40}K，比放射性活度约为 1×10^7Bq/g，发射率为 28.3β 粒子 /（g•s）和 3.3γ 射线 /（g·s）。用 KCl 制备标准源的方法是：取经研细过筛的分析纯 KCl 试剂于 120～130℃烘干 2h，置于干燥器内冷却。准确称取与样品源同样质量的 KCl 标准源，在测量盘中铺成中等厚度层，用计数管测定。

（3）土壤中总 α、β 放射性活度的测量

土壤中 α、β 总放射性活度的测量方法是：在采样点选定的范围内，沿直线每隔一定距离采集一份土壤样品，共采集 4～5 份。采样时用取土器或小刀取 10×10cm^2、深 1cm 的表土。除去土壤中的石块、草类等杂物，在实验室内晾干或烘干，移至干净的平板上压碎，铺成 1～2cm 厚方块，用四分法反复缩分，直到剩余 200～300g 土样，再于 500℃灼烧，待冷却后研细、过筛备用。称取适量制备好的土样放于测量盘中，铺成均匀的样品层，用相应的探测器分别测量 α 和 β 比放射性活度（测 β 放射性的样品层应厚于测 α 放射性的样品层）。α 比放射性活度（Q_α）和 β 比放射性活度（Q_β）分别用以下两式计算：

$$Q_\alpha = (n_c - n_b) \times 10^6 / (60\varepsilon slF)$$

（7-18）

$$Q_\beta = 1.48 \times 10^4 n_\beta / n_{KCl}$$

（7-19）

式中：Q_α——α 比放射性活度，Bq/kg 干土；

Q_β——β 比放射性活度，Bq/kg 干土；

n_c——样品 a 放射性总计数率，计数 /min；

n_b——本底计数率，计数 /min；

ε——检测器计数率，计数 /（Bq·min）；

s——样品面积，cm^2；

F——自吸收校正因子，对较厚的样品一般取 0.5；

l——样品厚度，mg/cm^2；

n_β——样品 β 放射性总计数率，计数 /min；

n_{KCl}——氯化钾标准源的计数率，计数 /min；

1.48×10^4——1kg 氯化钾所含 40K 的 β 放射性的贝可数。

4. 个人外照射剂量监测

个人外照射剂量用佩戴在身体适当部位的个人剂量计测量，这是一种小型、轻便、容易使用的仪器。常用的个人剂量计有袖珍电离室、胶片剂量计、热释光体和荧光玻璃。

四、电磁辐射污染监测

（一）电磁辐射

1. 电磁辐射的含义

在电磁振荡的发射过程中，电磁波在自由空间以一定速度向四周传播，这种以电磁波传递能量的过程或现象称为电磁辐射。电磁辐射能随频率的增高而增大，低频率的辐射能则较弱。一般发电厂发出的交流电的频率约为 50Hz，在电路中它所辐射的电磁波能量可忽略不计，若要产生有效的辐射，波源的最低频率需在 105Hz 以上。

2. 电磁辐射产生的方式

电磁辐射以其产生方式可分为天然和人工两种。天然产生的电磁辐射主要来自地球的热辐射、太阳的辐射、宇宙射线和雷电等；人工产生的电磁辐射主要来自某些电子设备和电气装置的工作系统，其中包括：①高频感应加热设备，如高频焊接、高频熔炼等；②高频介质加热设备，如塑料热合机、干燥处理机等；③短波、超短波理疗设备；④微波发射设备；⑤无线电广播与通讯等各种射频设备。

（二）电磁辐射污染的危害

电磁辐射污染是指天然和人为的各种电磁波干扰，和对人体有害的电磁辐射。虽然电磁辐射属于非电离辐射，其危害性远低于放射性污染，但电磁辐射对环境和人类仍然存在威胁，其危害性主要体现为以下几个方面。

1. 引燃引爆

极高频辐射场可使导弹系统控制失灵，造成电爆管效应的提前或滞后；更为严重的是由于高频电磁的振荡可使金属器件之间相互碰撞而打火，引起火药、可燃油类或气体燃烧爆炸。

2. 干扰信号

电磁辐射可直接影响电子设备、仪器仪表的正常工作，造成信息失真、控制失灵，以致酿成大祸。如会引起火车、飞机、导弹或人造卫星的失控；干扰医院的脑电图、心电图等信号，使之无法正常工作。

3. 危害人体健康

电磁辐射可对人体产生不良影响，其影响程度与电磁辐射强度、接触时间、设备防护措施等因素有关。若人体长期受到较强的电磁辐射，将造成中枢神经系统及植物神经系统机能障碍与失调。常见的有头晕、头痛、乏力、睡眠障碍、记忆力减退等为主的神经衰弱症候及食欲不振、脱发、多汗、心悸、女性月经紊乱等症状。反映在心血管系统可见心律不齐、心动过缓等。微波对人体的影响除上述症状外，还可能造成眼睛损伤（如晶体混浊、白内障等），甚至会影响男性睾丸功能。

（三）电磁辐射监测

电磁辐射的监测按监测场所分为作业环境、特定公众暴露环境、一般公众暴露环境监测；按监测参数分为电场强度、磁场强度和电磁场功率通量密度等监测。监测仪器根据测量目的分为非选频式宽带辐射测量仪和选频式辐射测量仪。

第八章 现代环境监测技术的方法优化

第一节 环境污染自动监测

一、空气污染自动监测技术

（一）空气污染连续自动监测系统的组成及功能

空气污染连续自动监测系统是一套区域性空气质量实时监测网，在严格的质量保证程序控制下连续运行，无人值守。它由一个中心站和若干个子站（包括移动子站）及信息传输系统组成。为保证系统的正常运转，获得准确、可靠的监测数据，还设有质量保证机构，负责监控、监督、改进整个系统的运行质量，及时检修出现故障的仪器设备，保管仪器设备、备件和有关器材。

中心站配有功能齐全、存储容量大的计算机，应用软件，收发传输信息的无线电台和打印、绘图、显示仪器等输出设备，以及数据存储设备。其主要功能是：向各子站发送各种工作指令，管理子站的工作；定时收集各子站的监测数据，并进行数据处理和统计检验；打印各种报表，绘制污染物质分布图；将各种监测数据储存到磁盘或光盘上，建立数据库，以便随时检索或调用；当发现污染指数超标时，向污染源行政管理部门发出警报，以便采取相应的对策。

监测子站除作为监测环境空气质量设置的固定站外，还包括突发性环境污染事故或者特殊环境应急监测用的流动站，即将监测仪器安装在汽车、轮船上，可随时开到需要场所开展监测工作。子站的主要功能是：在计算机的控制下，连续或间歇地监测预定污染物；按一定时间间隔采集和处理监测数据，并将其打印和短期储存；通过信息传输系统接收中心站的工作指令，并按中心站的要求向其传输监测数据。

（二）子站布设及监测项目

1. 子站数目和站位选址

自动监测系统中子站的设置数目取决于监测目的、监测网覆盖区域面积、地形地貌、气象条件、污染程度、人口数量及分布、国家的经济力量等因素，其数目可用经验法或统计法、模式法、综合优化法确定。经验法是常用的方法，包括人口数量法、功能区布点法、几何图形布点法等。

由于子站内的监测仪器长期连续运转，需要有良好的工作环境，如房屋应牢固，室内要配备控温、除湿、除尘设备；连续供电，且电源电压稳定；仪器维护、维修和交通方便等。

2. 监测项目

监测空气污染的子站监测项目分为两类：一类是温度、湿度、大气压、风速、风向及日照量等气象参数；另一类是二氧化硫、氮氧化物、一氧化碳、可吸入颗粒物或总悬浮颗粒物、臭氧、总烃、甲烷、非甲烷烃等污染参数。随子站代表的功能区和所在位置不同，选择的监测参数也有差异。我国《环境监测技术规范》规定，安装空气污染自动监测系统的子站的测点分为Ⅰ类测点和Ⅱ类测点。Ⅰ类测点的监测数据要求存入国家环境数据库，Ⅱ类测点的监测数据由各省、市管理。Ⅰ类测点测定温度、湿度、大气压、风向、风速五项气象参数，Ⅱ类测点的测定项目可根据具体情况确定。

（三）子站内的仪器装备

子站内装备有自动采样和预处理装置、污染物自动监测仪器及其校准设备、气象参数监测仪、计算机及其外围设备、信息收发及传输设备等。

采样系统可采用集中采样和单独采样两种方式。集中采样是在每个子站设一总采样管，由引风机将空气样品吸入，各仪器均从总采样管中分别采样，但总悬浮颗粒物或可吸入颗粒物应单独采样。单独采样系指各监测仪器分别用采样泵采集空气样品。在实际工作中，多将这两种方式结合使用。

校准设备包括校正污染监测仪器零点、量程的零气源和标准气源（如标准气发生器、标准气钢瓶）、标准流量计和气象仪器校准设备等。在计算机和控制器的控制下，每隔一定时间（如8 h或24 h）依次将零气和标准气输入各监测仪器进行零点和量程校准，校准完毕，计算机给出零值和跨度值报告。

（四）空气污染连续自动监测仪器

1. 二氧化硫自动监测仪

用于连续或间歇自动测定空气中 SO_2 的监测仪器以脉冲紫外荧光 SO_2 自动监测仪应用最广泛，其他还有紫外荧光 SO_2 自动监测仪、电导式 SO_2 自动监测仪、库仑滴定式 SO_2 自动监测仪及比色式 SO_2 自动监测仪等。

（1）脉冲紫外荧光 SO_2 自动监测仪

该仪器是依据荧光光谱法原理设计的干法仪器，具有灵敏度高、选择性好、适用于连续自动监测等特点，被世界卫生组织（WHO）推荐在全球监测系统采用。

当用波长 190～230 nm 脉冲紫外线照射空气样品时，则空气中的 SO_2 分子对其产生强烈吸收，被激发至激发态，即：

$$SO_2 + hv_1 \rightarrow SO_2^*$$

激发态的 SO_2^* 分子不稳定，瞬间返回基态，发射出波长为 330 nm 的荧光，即：

$$SO_2^* \rightarrow SO_2 + hv_2$$

当 SO_2 浓度很低、吸收光程很短时，发射的荧光强度和 SO_2 浓度成正比，用光电倍增管及电子测量系统测量荧光强度，并与标准气发射的荧光强度比较，即可得知空气中 SO_2 的浓度。

该方法测定 SO_2 主要干扰物质是水分和芳香烃化合物。水分从两个方面产生干扰，一是使 SO_2 溶于水造成损失，二是 SO_2 遇水发生荧光猝灭造成负误差，可用渗透膜渗透法或反应室加热法除去。芳香烃化合物在 190～230 nm 紫外线激发下也能发射荧光造成正误差，可用装有特殊吸附剂的过滤器预先除去。

脉冲紫外荧光 SO_2 自动监测仪由荧光计和气路系统两部分组成。

荧光计的工作原理是：脉冲紫外光源发射的光束通过激发光滤光片（光谱中心波长220 nm）后获得所需波长的脉冲紫外光射入反应室，与空气中的 SO_2 分子作用，使其激发而发射荧光，用设在入射光垂直方向上的发射光滤光片（光谱中心波长 330 nm）和光电转换装置测其强度。脉冲光源可将连续光变为交变光，以直接获得交流信号，提高仪器的稳定性。脉冲光源可通过使用脉冲电源或切光调制技术获得。

气路系统的流程是：空气样品经除尘过滤器后，通过采样电磁阀进入渗透膜除湿器、除烃器到达反应室，反应后的干燥气体经流量计测量流量后由抽气泵抽引排出。

仪器日常维护工作主要是定期进行零点和量程校准，定期更换紫外灯、除尘过滤器、渗透膜除湿器等。

（2）电导式 SO_2 自动监测仪

电导法测定空气中二氧化硫的原理基于：用稀的过氧化氢水溶液吸收空气中的二氧化硫，并发生氧化反应：

$$SO_2 + H_2O \rightarrow 2H^+ + SO_3^{2-}$$

$$SO_3^{2-} + H_2O_2 \rightarrow SO_4^{2-} + H_2O$$

生成的硫酸根离子和氢离子，使吸收液电导率增加，其增加值取决于气样中二氧化硫含量，故通过测量吸收液吸收二氧化硫前后电导率的变化，并与吸收液吸收 SO_2 标准气前后电导率的变化比较，便可得知气样中二氧化硫的浓度。

电导式 SO_2 自动监测仪有间歇式和连续式两种类型。间歇式测量结果为采样时段的平均浓度，连续式测量结果为不同时间的瞬时值。电导式 SO_2 连续自动监测仪有两个电导池，一个是参比电导池，用于测量空白吸收液的电导率（κ_1），另一个是测量电导池，用于测量吸收 SO_2 后的吸收液电导率（κ_2），而空白吸收液的电导率在一定温度下是恒定的，因此，通过测量电路测知两种吸收液电导率差值（$\kappa_2 - \kappa_1$），便可得到任一时刻气样中的 SO_2 浓度。也可以通过比例运算放大电路测量，κ_2/κ_1 来实现对 SO_2 浓度的测定。当然，仪器使用前需用 SO_2 标准气或标准硫酸溶液校准。

影响仪器测定准确度的因素有温度、可电离的共存物质（如 NH_3、Cl_2、HCl、NO_X 等）、系统的污染等，可采取相应的消除措施。

2. 臭氧自动监测仪

连续或间歇自动测定空气中 O_3 的仪器以紫外吸收 O_3 自动监测仪应用最广，其次是化学发光 O_3 自动监测仪。

（1）紫外吸收 O_3 自动监测仪

该仪器测定原理基于对 254 nm 附近的紫外线有特征吸收，根据吸光度确定空气中 O_3 的浓度。气样和经 O_3 去除器除 O_3 为后的背景气交变地通过气室，分别吸收紫外线光源经滤光器射出的特征紫外线，由光电检测系统测量透过气样的光强和透过背景气的光强 I_0，经数据处理器根据 I/I_0 计算出气样中 O_3 浓度，直接显示和记录消除背景干扰后的测定结果。仪器还定期输入零气、标准气进行零点和量程校正。

（2）化学发光 O_3 自动监测仪

该仪器的测定原理基于：O_3 能与乙烯发生气相化学发光反应，即气样中 O_3 与过量乙烯反应，生成激发态甲醛，而激发态甲醛分子瞬间返回基态，放出波长为 300 ~ 600 nm 的光，峰值波长 435 nm，其发光强度与浓度呈线性关系。化学发光反应如下：

$$2O_3 + 2C_2H_4 \rightarrow 2C_2H_4O_3 \rightarrow 4HCHO^* + O_2$$

$$HCHO^* \rightarrow HCHO + h\nu$$

上述反应对 O_3 是特效的，SO_2、NO、NO_2、Cl_2 等共存时不干扰测定。

化学发光 O_3 自动监测仪一般设有多挡量程范围，最低检出质量浓度为 0.005 mg/

m^3，响应时间小于 1 min，主要缺点是使用易燃、易爆的乙烯 [爆炸极限 2.7% ~ 36%（体积分数）]，因此，要特别注意乙烯高压容器漏气。

二、环境监测网

环境监测网是运用计算机和现代通信技术将一个地区、一个国家，乃至全球若干个业务相近的监测站及其管理层按照一定组织、程序相互联系，传递环境监测数据、信息的网络系统。通过该系统的运行，达到信息共享，提高区域性监测数据的质量，为评价大尺度范围环境质量和科学管理提供依据的目的。下面介绍我国环境监测网情况。

（一）环境监测网管理与组成

我国环境监测网由环境保护部会同资源管理、工业、交通、军队及公共事业等部门的行政领导组成的国家环境监测协调委员会负责行政领导，其主要职责是商议全国环境监测规划和重大决策问题。由各部门环境监测专家组成国家环境监测技术委员会负责技术管理，主要职责是：审议全国环境监测技术决策和重要监测技术报告；制定全国统一的环境监测技术规范和标准监测分析方法，并进行监督管理。环境监测技术委员会秘书组设在中国环境监测总站。

全国环境监测网由国家环境监测网、各部门环境监测网及各行政区域环境监测网组成。国家环境监测网由各类跨部门、跨地区的生态与环境质量监测系统组成，其主要监测点是从各部门、各行政区域现行的监测点中优选出来的，由各部门分工负责，开展生态监测和环境质量监测工作。部门环境监测网为资源管理、环境保护、工业、交通、军队等部门自成体系的纵向环境监测网，它们在国家环境监测网分工的基础上，根据自身功能特点和减少重复的原则，工作各有侧重，如资源管理部门以生态环境质量监测为主，工业、交通、军队等部门以污染源监测为主。行政区域环境监测网由省、市级横向环境监测网组成，省级环境监测网以对所辖地区环境质量监测为主，市级环境监测网以污染源监测为主。

环境监测网的实体是环境质量监测网和污染源监测网。国家环境质量监测网由生态监测网、空气质量监测网、地表水质量监测网、地下水质量监测网、海洋环境质量监测网、酸沉降监测网、放射性监测网等组成。

（二）国家空气质量监测网

该监测网由空气质量监测中心站和从城市、农村筛选出的若干个空气质量监测站组成。空气质量监测中心站分为空气质量背景监测站、城市空气污染趋势监测站和农村居住环境空气质量监测站三类。

空气质量背景监测站设在无工业区、远离污染源的地方，其监测结果用于评价所在区域空气质量，与城市空气质量相比较。城市空气污染趋势监测站分为一般趋势（监测）站和特殊趋势（监测）站两类。前者进行常规项目（TSP、SO_2、NO_x、PM10 及气象参数）例行监测，发布空气达标情况；后者是选择国家确定的空气污染重点城市开展特征有机污染物、臭氧监测。农村居住环境空气质量监测站建在无工业生产活动的村庄，开展空气污染常规项目的定期监测，评价空气质量状况。

（三）国家地表水质量监测网

国家地表水质量监测网由地表水质量监测中心站和若干个地表水质量监测子站组成。地表水质量监测子站设在各水域，委托地方监测站负责日常运行和维护。监测子站的类型有背景监测站、污染趋势监测站、生产性水域监测站和污染物通量监测站。子站的监测断面布设在重要河流的省界，重要支流入河（江）口和入海口，重要湖泊及出入湖河流、国界河流及出入境河流，湖泊、河流的生产性水域及重要水利工程处等。

（四）其他国家环境质量监测网

海洋环境质量监测网由国家海洋局组建，设有海洋环境质量监测网技术中心站、近岸海域污染监测站、近岸海域污染趋势监测断面、远海海域污染趋势监测断面。通过开展监测工作，掌握各海域水质状况和变化趋势。同时，从海洋环境质量监测网的监测站中选择部分监测站开展海洋生态监测，形成生态与环境相统一的监测网。海洋环境质量监测网的信息汇入中国环境监测总站。

地下水监测已形成由一个国家级地质环境监测院、31 个省级地质环境监测中心、200 多个地（市）级地质环境监测站组成的三级监测网，布设了两万多个监测点，并陆续建设和完善了全国地下水监测数据库，完成了大量地下水监测数据的入库管理，基本上控制了全国主要平原、盆地地区地下水质量动态状况。

在生态监测网建设方面，已利用建成的生态监测站和生态研究基地，围绕农业生态系统、林业生态系统、海洋生态系统、淡水（江、河流域和湖、库）生态系统、地质环境系统开展了大量生态监测工作，逐步形成农业、林业、海洋、水利、地质矿产、环境保护部门及中国科学院等多部门合作，空中与地面结合、骨干站与基本站结合、监测与科研结合的国家生态监测网。

（五）污染源监测网

建立污染源监测网的目的是为了及时、准确、全面地掌握各类固定污染源、流动污染源排放达标情况和排污总量。污染源监测涉及部门多、单位多，适于以城市为单元组建污染源监测网。城市污染源监测网由环境保护部门监测站（中心）负责，会同有关单位监测站组成。工业、交通、铁路、公安、军队等系统也都组建了行业污染源监测网。

（六）环境监测信息网

环境监测数据、信息是通过信息系统传递的。按照我国环境监测系统组成形式、功能和分工，国家环境监测信息网分为三级运行和管理。

一级网为各类环境质量监测网基层站、城市污染源监测网基层站（城市网络组长单位）。它们将获得的各类监测数据、信息输入原始数据库，按照上级规定的内容和格式将数据、信息传送至专业信息分中心（设在省或自治区、直辖市环境监测中心站）。污染源监测数据、信息由城市网络中心（设在市级监测站）传递给专业信息分中心。基层站的硬件以微型计算机平台为主。

二级网为专业信息分中心，负责本网络基层站上报监测数据和信息的收集、存储和处理，编制监测报告，建立二级数据库，并将汇总的监测数据、信息按统一要求传送至国家环境监测信息中心。专业信息分中心的硬件以小型计算机工作站为主。

三级网为国家环境监测信息中心（设在中国环境监测总站），负责收集、存储和管理二级网上报的监测数据、信息和报告，建立三级数据库，并编制各类国家环境监测报告。

此外，各环境监测网信息分中心、国家环境监测信息中心除实现国内联网外，还应通过互联网与国际相关网络联网，如全球环境监测系统（GEMS）、欧洲大气监测与评估计划网络（EMEP）等，以及时交流并获得全球环境监测信息。

第二节　超痕量分析技术

一、超痕量分析中常用的前处理方法

（一）液－液萃取法

液－液萃取法是一种传统经典的提取方法。它是利用相似相溶原理，选择一种极性接近于待测组分的溶剂，把待测组分从水溶液中萃取出来。常用的萃取溶剂有正己烷、苯、乙醚、乙酸乙酯、二氯甲烷等，正己烷一般用于非极性物质的萃取，苯一般用于芳香族化合物的萃取，乙醚和乙酸乙酯对极性大的含氧化合物的萃取比较合适。二氯甲烷对非极性到极性的宽范围的化合物都有较高的萃取率，而且由于其沸点低，容易浓缩，密度大，分液操作方便，所以适用于多组分同时分析。但是由于二氯甲烷和苯具有强致癌性，从发展方向上来看，属于控制使用的溶剂。液－液萃取法有许多局限性，例如需要大量的有机溶剂、有时产生乳化现象影响分层以及溶剂蒸发造成样品损失等。

（二）固相萃取法

固相萃取是一种基于液固分离萃取的试样预处理技术，由液固萃取和柱液相色谱技术相结合发展而来。固相萃取具有有机溶剂用量少、简便快速等优点，作为一种环境友好型的分离富集技术在环境分析中得到了广泛应用。一般固相萃取包括预处理（活化）、加样或吸附、洗去干扰杂质和待测物质的洗脱收集四个步骤。预处理一方面可以除去吸附剂中可能存在的杂质，减少污染；另一方面也是一个活化的过程，增加吸附剂表面和样品溶液的接触面积。加样或吸附就是用正压推动或负压抽吸使样品溶液以适当的流速通过固相萃取柱，待测物质就被保留在吸附剂上。洗去干扰杂质就是去除吸附在柱子上的少量基体干扰成分。洗脱收集就是用尽可能少量的溶剂把待测物质洗脱下来，再进行分析测定。

固相萃取的核心是固相吸附剂，不但能迅速定量吸附待测物质，而且还能在合适的溶剂洗脱时迅速定量释放出待测物质，整个萃取过程最好是完全可逆的。这就要求固相吸附剂具有多孔、很大的表面积、良好的界面活性和很高的化学稳定性等特点，还要有很高的纯度以降低空白值。

吸附剂能把待测物质尽量保留下来，如何用合适的溶剂定量洗脱也很重要。洗脱溶剂的强度、后续测定的衔接和检测器是否匹配是应该考虑的几个问题。溶剂强度大，待测物质的保留因子就小，可以保证吸附在固定相上的待测物质定量洗脱下来。用于洗脱的溶剂易挥发，这样方便浓缩和溶剂转换。另外，溶剂在检测器上的响应尽可能小。

固相萃取柱基本上分两种：固相萃取柱和固相萃取盘。商品化的固相萃取柱容积为 1～6mL，填料质量多在 0.1～2g 之间，填料的粒径多为 40μm，上下各有一个筛板固定。这种结构导致了萃取过程中有沟流现象产生，降低了传质效率，使得加样流速不能太快，否则回收率会很低。样品中有颗粒物杂质时容易造成堵塞，萃取时间比较长。固相萃取盘与过滤膜十分相似，一般是由粒径很细（8～12am）的键合硅胶或吸附树脂填料加少量聚四氟乙烯或玻璃纤维丝压制而成，其厚度约为 0.5～1mm。这种结构增大了面积，降低了厚度，提高了萃取效率，增大了萃取容量和萃取流速，也不容易堵塞。盘片内紧密填充的填料基本消除了沟流现象。固相萃取盘的规格大小用盘的直径来表示，最常用的是 47mm 萃取盘，适合于处理 0.5～1L 的水样，萃取时间 10～20min。固相萃取盘的种种优点及现有商品化固相萃取盘填料种类的多样性，使得盘式固相萃取法在各种饮用水、地下水、地表水及废水样品的痕量有机物分析测定中得到广泛应用。

（三）固相微萃取法

固相微萃取技术是以固相萃取为基础发展而来的。最初仅利用具有很好耐热性和化学稳定性的熔融石英纤维作为吸附层进行萃取，定量定性分析茶和可乐中的咖啡因。后来又将气相色谱固定液涂渍在石英纤维表面，提高了萃取效率。20 世纪 90 年代，美国 Supelco 公司推出了商品化固相微萃取装置，使得固相微萃取作为一种较成熟的商品化技术在环境分析、医药、生物技术、食品检测等众多领域得到应用，显示出它简单、快速，集采样、萃取、浓缩和进样于一体的优点和特点。

（四）吹脱捕集法和静态顶空法

吹脱捕集和静态顶空都是气相萃取技术，它们的共同特点是用氮气、氩气或其他惰性气体将待测物质从样品中抽提出来。但吹脱捕集与静态顶空不同，它使气体连续通过样品，将其中的挥发组分萃取后在吸附剂或冷阱中捕集，是一种非平衡态的连续萃取，因此吹脱捕集法又称为动态顶空法。由于气体的连续吹扫，破坏了密闭容器中气、液两相的平衡，使挥发组分不断地从液相进入气相，也就是说在液相顶部的任何组分的分压都为零，从而使更多的挥发性组分不断逸出到气相中，所以它比静态顶空法的灵敏度更高，检测限能达到 μg/L 水平以下。但是吹脱捕集法也不能将待测物质从样品中百分百抽提出来，它与吹扫温度、待测物质在样品中的溶解度和吹扫气的流速及流量等因素有关。吹扫温度高，样品容易被吹脱，但是温度升高使水蒸气量增加，影响吸附和后续测定，一般50℃比较合适。溶解度高的组分，很难被吹脱，加入盐能提高吹扫效率。吹扫气的流速太快或总流量太大，待测组分不容易被吸附或是吸附之后又被吹落，一般以40mL/min的流速吹扫10～15min为宜。

静态顶空法是将样品加入管形瓶等封闭体系中，在一定温度下放置达到气液平衡后，用气密性注射器抽取存在于上部顶空中的待测组分，注入气相色谱仪或气相色谱质谱仪中进行测定。该方法必须保持平衡条件恒定不变，才能保证样品测定的重复性，测定的灵敏度也没有吹脱捕集法高，但操作简便、成本低廉。

（五）超声提取法

用超声振荡的方法提取土壤、底泥和废弃物中的非挥发性和半挥发性有机化合物。为了保证样品和萃取溶剂的充分混合，称取30g样品与无水硫酸钠混合拌匀呈散沙状，加入100mL萃取溶剂浸没样品，用超声振荡器振荡3min，转移出萃取溶剂上清液，再加入100mL新鲜萃取溶剂重复萃取3次。合并3次的提取液用减压过滤或低速离心的方法除去可能存在的样品颗粒，即可用于进一步净化或浓缩后直接分析测定。超声提取法简单快速，但有可能提取不完全。必须进行方法验证，提供方法空白值、加标回收率、替代物回收率等质控数据，以说明得到的数据结果的可信度。

（六）压力液体萃取法（PLE）和亚临界水萃取法（SWE）

压力液体萃取法和亚临界水萃取法是目前发展最快、为环境分析研究人员普遍看好的两种从固体基体中提取有机污染物的方法。压力液体萃取法也被称为加速溶剂萃取法，是在提高压力和增加温度的条件下，用萃取溶剂将固体中的目标化合物提取出来。它能大大加快萃取过程又明显减少溶剂的使用量。在高温高压的条件下，待测目标化合物的溶解度增加，样品基质对它的吸附作用或相互之间的作用力降低，加快了它从样品基质中解析出来并快速进入溶剂。增加压力使溶剂在较高温度下保持液态，提高温度也降低了溶剂的黏度，有利于溶剂分子向样品基质中扩散。它的特点是萃取时间短、消耗溶剂少、提取回收率高，正逐渐取代传统的超声提取等方法。亚临界水萃取法其实就是压力热水萃取法，是在亚临界压力和温度下（100～374℃，并加压使水保持液态），用水提取土壤、底泥和废弃物中的待测目标化合物。

二、超痕量分析测试技术

环境样品中被测组分通常是痕量或超痕量的，除了需要采用预处理技术进行富集和净化外，还需要高灵敏度的分析方法，才能满足环境样品中痕量或超痕量组分测定的要求。

常用的具有高灵敏度的分析方法概述如下：

（一）光谱分析法

光谱分析法是基于光与物质相互作用时，测量由物质内部发生量子化的能级之间的跃迁而产生的发射或吸收光谱的波长和强度变化的分析方法。它包括荧光分析法、发光分析法、原子发射光谱法和原子吸收光谱法等。

1. 荧光分析法

荧光物质分子吸收一定波长的紫外线以后被激发至高能态，经非发光辐射损失部分能量，回到第一激发态的最低振动能级，再跃迁到基态时，发出波长大于激发光波长的荧光。根据荧光的光谱和荧光强度，对物质进行定性或定量的方法称为荧光分析法。

2. 发光分析法

发光分析是基于化学发光和生物发光而建立起来的一种新的超微量分析技术。它通过发光体系光强度测定来定量某一分析物浓度。对于一个固定的发光反应体系，发光强度正比于分析物浓度，测定发光强度的大小可以计算出分析物的含量。根据建立发光分析方法的不同反应体系，可将发光分析分为化学发光分析、生物发光分析、发光免疫分析和发光传感技术等。

发光分析因具有简便、快速、灵敏度高、样品用量少等特点，被广泛应用于环境样品中污染物的痕量检测。

3. 原子发射光谱分析法

发射光谱分析是利用物质受电能或热能的作用，产生气态的原子或离子价电子的跃迁特征光谱线来研究物质的一种检测方法。用不同元素光谱线的波长可以进行定性检测，光谱线的强度则可以用来定量分析。

原子发射光谱分析常用高压火花或电弧激发，产生原子发射特征光谱。本法选择性好，样品用量少，不需要化学分离便可同时测定多种元素，可用于汞、铅、砷、铬、镉等几十种元素的测定。近年来已用电感耦合等离子体作为原子化装置和激发源。电感耦合等离子体发射光谱法是利用高频等离子矩为能源使试样裂解为激发态原子，通过测定激发态原子回到基态时所发出谱线而实现定性定量的方法，可分析环境样品中几十种元素。

4. 原子吸收光谱法

原子吸收光谱法又称原子吸收分光光度法。它是一种测量基态原子对其特征谱线的吸收程度而进行定量分析的方法。其原理是：试样中待测元素的化合物在高温下被解离成基态原子，光源发出的特征谱线通过原子蒸气时，被蒸气中待测元素的基态原子吸收。在一定条件下，被吸收的程度与基态原子数目成正比。原子吸收光谱仪主要由光源、原子化装置、分光系统和检测系统四部分组成。使用的光源为空心阴极灯，它是用被测元素作为阴极材料制成的相应待测元素灯，此灯可发射该金属元素的特征谱线。

原子吸收光谱法具有灵敏度高、干扰小、操作简便、迅速等特点。它可测定 70 多种元素，是环境中痕量金属污染物测定的主要方法，在世界上得到普遍、广泛的应用，并成为标准测定方法实施。

（二）电化学分析法

电化学分析是应用电化学原理和实验技术建立的分析方法。通常是将待测组分以适当的形式置于化学电池中，然后测量电池的某些参数或这些参数的变化并进行定性和定量分析。

1. 电位滴定法

电位滴定是用标准溶液滴定待测离子的过程中，用指示电极的电位变化来代替指示剂颜色变化显示终点的一种方法。进行电位滴定时，在被测溶液中插入一个指示电极和一个参比电极，组成一个工作电池。随着滴定剂的加入，由于发生化学变化使被测离子浓度不断发生变化，因此指示电极的电位也相应发生变化。滴定达到终点附近离子浓度发生突变，这时指示电极电位也发生突变，由此来确定反应终点。

2. 极谱分析法

极谱分析法是以测定电解过程中所得电压－电流曲线为基础的电化学分析方法。极谱分析法有经典极谱法、单扫描极谱法、脉冲极谱法等，其中经典极谱法的灵敏度较低。目前我国常用单扫描极谱法、脉冲极谱法来测定大气中的氮氧化物，水中亚硝酸盐及铅、镉、钒等金属离子含量。

（三）色谱分析法

色谱分析法是利用不同物质在两相中吸附力、分配系数、亲和力等的不同，当两相做相对运动时，这些物质在两相中反复多次分配，从而使各物质得到完全的分离并能由检测器检测。按流动相所处的物理状态不同，色谱分析法又分为气相色谱法和液相色谱法。

1. 气相色谱法

气相色谱法是以气体为流动相对混合物组分进行分离分析的色谱分析法。根据固定相不同，气相色谱法可分为气－固色谱和气－液色谱。气－固色谱的固定相是固体吸附剂颗粒。气－液色谱的固定相是表面涂有固定液的担体。固体吸附剂品种少、重现性较差，用得较少，主要用于分离分析永久性气体和 C1～C4，低分子碳氢化合物。气－液色谱的固定液纯度高，色谱性能重现性好，品种多，可供选择范围广，因此目前大多数气相色谱分析是气－液色谱法。气相色谱法具有高效、灵敏、快速、能同时分离分析多种组分、样品用量少等特点，在环境有机污染物的分析中得到广泛的应用，如苯、二甲苯、多环芳烃、酚类、农药等。

2. 高效液相色谱法

高效液相色谱法是在经典液相色谱法的基础上，采用气相色谱法的理论和技术发展起来的一类分离分析的方法。高效液相色谱法具有高效、高速、高灵敏度等特点，它已成为环境中有机污染物分析不可缺少的重要分析方法之一。按分离机制不同，高效液相色谱法分为液－固色谱、液－液色谱、离子交换色谱（离子色谱）、空间排斥色谱。

3. 色谱－质谱联用技术

气相色谱是强有力的分离手段，特别适合于分离复杂的环境有机污染物样品。同时，质谱和气相色谱在工作状态上均为气相动态分析，除了工作气压之外，色谱的每一特征都能和质谱相匹配，且都具有灵敏度高、样品用量少的共同特点。因此，GC-MS 联用既发挥了气相色谱的高分离能力，又发挥了质谱法的高鉴别力，已成为鉴定未知物结构的最有效工具之一，广泛应用于环境样品检测中。在 GC-MS 联用技术中，气相色谱仪相当于质谱仪的进样、分离装置，而质谱仪相当于气相色谱仪的检测器。

第三节　遥感监测技术

一、遥感的基本过程

遥感过程是指遥感信息的获取、传输、处理，以及分析判读和应用的全过程。遥感过程实施的技术保证依赖于遥感技术系统。遥感技术系统是一个从信息收集、存储、传输处理到分析判读、应用的完整技术体系。

遥感信息通过装载于遥感平台上的传感器获取。遥感平台是搭载传感器的工具。根据运载工具的类型划分为航天平台（如卫星，150km 以上）、航空平台（如飞机，100m 至 10 余千米）和地面平台（如雷达，0～50m）。其中航天遥感平台目前发展最快，应用最广。常用的遥感器包括航空摄影机、全景摄影机、多光谱摄影机、多光谱扫描仪、专题制图仪、高分辨率可见光相机、合成孔径侧视雷达等。

遥感信息传输是指遥感平台上的传感器所获取的目标物信息传向地面的过程，一般有直接回收和无线电传输两种方式。

遥感信息处理是指通过各种技术手段对遥感探测所获得的信息进行的各种处理。例如，为了消除探测中的各种干扰和影响，使其信息更准确可靠而进行的各种校正（辐射校正、几何校正等）处理，为了使所获遥感图像更清晰，以便于识别和判读、提取信息而进行的各种增强处理等。

遥感信息应用是遥感的最终目的。遥感信息应用则应根据专业目标的需要，选择适宜的遥感信息及其工作方法进行，以取得较好的社会效益和经济效益。

二、电磁波谱遥感的基本理论

（一）电磁波谱的划分

无线电波、红外线、可见光、紫外线、X 射线、γ 射线都是电磁波，不过它们的产生方式不尽相同，波长也不同，把它们按波长（或频率）顺序排列就构成了电磁波谱。

依把它们按波长（或频率）顺序排列就构成了电磁波谱。依

1. 无线电波

波长为 0.3 ~ 几千米左右，一般的电视和无线电广播的波段就是用这种波。无线电波是人工制造的，是振荡电路中自由电子的周期性运动产生的。依波长不同分为长波、中波、短波、超短波和微波。微波波长为 1mm ~ 1m，多用在雷达或其他通信系统。

2. 红外线

波长为 7.8×10^{-7} ~ 10^{-3}m，是原子的外层电子受激发后产生的。其又可划分为近红外（0.78 ~ 3 μm）、中红外（3 ~ 6 μm）、远红外（6 ~ 15 μm）和超远红外（15 ~ 1000 μm）。

3. 可见光

可见光是电磁波谱中人眼可以感知的部分，一般人的眼睛可以感知的电磁波的波长在（78 ~ 3.8）× 10^{-6}cm 之间。正常视力的人眼对波长约为 555nm 的电磁波最为敏感，这种电磁波处于光学频谱的绿光区域。

4. 紫外线

波长为 6×10^{-10} ~ 3×10^{-7}m。这些波产生的原因和光波类似，常常在放电时发出。由于它的能量和一般化学反应所牵涉的能量大小相当，因此紫外线的化学效应最强。

5. γ 射线（伦琴射线）

这部分电磁波谱，波长为 6×10^{-12} ~ 2×10^{-9}m。X 射线是原子的内层电子由一个能态跃迁至另一个能态时或电子在原子核电场内减速时所发出的。

6. X 射线

波长为 10^{-14} ~ 10^{-10}m 的电磁波。这种不可见的电磁波是从原子核内发出来的，放射性物质或原子核反应中常有这种辐射伴随着发出。γ 射线的穿透力很强，对生物的破坏力很大。

（二）遥感所使用的电磁波段及其应用范围

遥感技术所使用的电磁波集中在紫外线、可见光、红外线、微波光波段。

紫外线具较高能量，在大气中散射严重。太阳辐射的紫外线通过大气层时，波长小于 0.3 μm 的紫外线几乎都被吸收，只有 0.3 ~ 0.38 的紫外线部分能穿过大气层到达地面，目前主要用于探测碳酸盐分布。此外，水面飘浮的油膜比周围水面反射的紫外线要强，因此，紫外线也可用于油污染的监测。

可见光是遥感中最常用的波段。在遥感技术中，可以直接光学摄影方式记录地物对可见光的反射特征。也可将可见光分成若干波段，在同一时间对同一地物获得不同波段的影像，还可以采用扫描方式接收和记录地物对可见光的反射特征。

近红外波段也是遥感技术的常用波段。近红外在性质上与可见光近似，由于它主要是地表面反射太阳的红外辐射，因此又称为反射红外。其可以用摄影和扫描方式接收和记录地物对太阳辐射的红外反射。中红外、远红外和超远红外是产生热感的原因，所以

195

又称为热红外。自然界中的任何物体，当其温度高于热力学温度（-273.15℃）时，均能向外辐射红外线。红外遥感是采用热感应方式探测地物本身的辐射，可用于森林火灾、热污染等的全天候遥感监测。

微波又可分为毫米波、厘米波和分米波。微波辐射也具有热辐射性质，由于微波的波长比可见光、红外线长，能穿透云、雾而不受天气影响，且能透过植被、冰雪、土壤等表层覆盖物，因此能进行多种气象条件下的全天候遥感探测。

三、遥感的分类和特点

（一）遥感的分类

遥感技术依其遥感仪器所选用的波谱性质可分为电磁波遥感技术、声呐遥感技术、物理场（如重力和磁力场）遥感技术。通常所讲的遥感往往是指电磁波遥感。电磁波遥感技术是利用各种物体/物质反射或发射出不同特性的电磁波进行遥感的，其可分为可见光、红外、微波等遥感技术。

按照传感器工作方式的不同可分为主动式遥感技术和被动式遥感技术。所谓主动式是指传感器带有能发射信号（电磁波）的辐射源，工作时向目标物发射，同时接收目标物反射或散射回来的电磁波，以此所进行的探测。被动式遥感则是利用传感器直接接收来自地物反射自然辐射源（如太阳）的电磁辐射或自身发出的电磁辐射而进行的探测。

按照记录信息的表现形式可分为图像方式和非图像方式。图像方式就是将所探测到的强弱不同的地物电磁波辐射转换成深浅不同的（黑白）色调构成直观图像的遥感资料形式，如航空相片、卫星图像等。非图像方式则是将探测到的电磁辐射转换成相应的模拟信号（如电压或电流信号）或数字化输出，或记录在磁带上而构成非成像方式的遥感资料，如陆地卫星CCT数字磁带等。

按照遥感器使用的平台可分为航天遥感技术、航空遥感技术、地面遥感技术。

按照遥感的应用领域可分为地球资源遥感技术、环境遥感技术、气象遥感技术、海洋遥感技术等。

（二）遥感的特点

①感测范围大，具有综合、宏观的特点。遥感从飞机上或人造地球卫星上，居高临下获取航空相片或卫星图像，比在地面上观察的视域范围大得多。②信息量大，具有手段多、技术先进的特点。它不仅能获得地物可见光波段的信息，而且可以获得紫外、红外、微波等波段的信息。其不但能用摄影方式获得信息，而且还可以用扫描方式获得信息。遥感所获得的信息量远远超过了用常规传统方法所获得的信息量。③获取信息快，更新周期短，具有动态监测特点。遥感通常为瞬时成像，可获得同一瞬间大面积区域的景观实况，现实性好；而且可通过不同时相取得的资料及相片进行对比、分析和研究地物动态变化的情况，为环境监测以及研究分析地物发展演化规律提供了基础。

四、环境遥感检测

（一）大气遥感原理

大气不仅本身能够发射各种频率的流体力学波和电磁波；而且，当这些波在大气中传播时，会发生折射、散射、吸收、频散等经典物理或量子物理效应。由于这些作用，当大气成分的浓度、气温、气压、气流、云雾和降水等大气状态改变时，波信号的频谱、相位、振幅和偏振度等物理特征就发生各种特定的变化，从而储存了丰富的大气信息，向远处传送，这样的波称为大气信号。应用红外、微波、激光、声学和电子计算机等一系列的技术手段，揭示大气信号在大气中形成和传播的物理机制和规律，区别不同大气状态下的大气信号特征，确立描述大气信号物理特征与大气成分浓度、运动状态和气象要素等空间分布之间定量关系的大气遥感方程，从而最终建立从大气信号物理特征中提取大气信息的理论和方法。

关于电磁波在大气传输过程中所发生的物理变化，以大气吸收为例，主要包括：①大气中的臭氧 O_3、二氧化碳（CO_2）和水汽（H_2O）对太阳辐射能的吸收最有效。②O_3 在紫外段（$0.22 \sim 0.32 \mu m$）有很强的吸收。③CO_2 的最强吸收带出现在 $13 \sim 17.5 \mu m$ 远红外段。④H_2O 的吸收远强于其他气体的吸收。最重要的吸收带在 $2.5 \sim 3.0 \mu m$、$5.5 \sim 7.0 \mu m$ 和大于 $27.0 \mu m$ 处。

利用上述大气组分在不同波段处对电磁波的吸收特点，可以开展各组分的含量水平等方面的遥感监测。

例如，秸秆焚烧是农作物秸秆被当作废弃物焚烧，会对大气环境、交通安全和灾害防护产生极大影响。利用环境卫星、MOD1S 等卫星数据，可以开展秸秆焚烧卫星遥感监测，为环境监察工作提供有效的技术手段。

（二）水环境遥感监测

利用遥感技术进行水质监测的主要机理是被污染水体具有独特的有别于清洁水体的光谱特征，这些光谱特征体现在其对特定波长的光的吸收或反射，而且这些光谱特征能够为遥感器所捕获并在遥感图像中体现出来。对所监测水体的遥感图像进行几何校正、大气校正和解译，得出所需的光谱信息，利用经验、半经验或者其他数据分析方法，可筛选出合适的遥感波段或波段组合，将该波段组合光谱信息与水质参数的实测数据结合，可以建立相关的水质参数遥感估测模型，达到一定的精度后可用来反演水体中水质参数的相关数据，从而达到利用遥感技术对水体进行环境水质定量监测的目的。

内陆水体中影响光谱反射率的物质主要有四类：①纯水；②浮游植物，主要是各种藻类；③由浮游植物死亡而产生的有机碎屑以及陆生或湖体底泥经再悬浮而产生的无机悬浮颗粒，总称为非色素悬浮物；④由黄腐酸、腐殖酸等组成的溶解性有机物，通常称为黄色物质。

水的光谱特征主要由水本身的物质组成决定，同时又受到各种水状态的影响。在可见光波段 $0.6 \mu m$ 之前，水的吸收少，反射率较低，多为透射。对于清水，在蓝光、绿光波段反射率为 4% ~ 5%，0.6μm 以下的红光波段反射率降到 2% ~ 3%，在近红外、短波红外部分几乎吸收全部的入射能量。这一特征与植被和土壤光谱形成明显的差异，因而在红外波段识别水体较为容易。

目前，在遥感对水质的定量监测机理方面，主要研究内容有悬浮泥沙、叶绿素、可溶性有机物（黄色物质）、油污染和热污染等，其中水体浑浊度（或悬浮泥沙）和叶绿素浓度是国内外研究最多也最为成熟的两部分。综合考虑空间、时间、光谱分辨率和数据可获得性，TM 数据是目前内陆水质监测中最有用也是使用最广泛的多光谱遥感数据。SPOT 卫星的 HRV 数据、JRS-1C 卫星数据、气象卫星 NOAA 的 AVH RR 数据以及中巴资源卫星数据也可用于内陆水体的遥感监测。

第四节　环境快速监测技术

一、便携水质多参数检测技术

便携式仪器法是利用根据污染物的热学、光学、电化学、电磁波学、气相色谱学、生物学等特点设计的仪器进行污染物现场检测的方法。便携式仪器具有防尘、防水、质轻和耐腐蚀等特性，一些还配有手提箱，所有附件一应俱全，十分便于野外操作。下面介绍几种典型或新型的水质便携式多参数检测仪。

（一）手持电子比色计

手持电子比色计是由同济大学设计的半定量颜色快速鉴定装置，结构简单，小巧轻便，手持使用。该装置与传统的目视比色卡片不同，不受外部环境条件（光线、影响，晚上亦可正常使用。该比色计存储多种物质标准色列，用于多种环境污染物和化学物质的识别与半定量分析，配合 GEE 显色检测剂或其他水质检测包（盒）等，可对数十种化学物质或离子进行快速半定量分析，非专业人员亦可自主操作，适合于环境监测、排污监督、水质分析、食品质量检验、应急监测等。

（二）水质检验手提箱

水质检验手提箱由微型液体比色计、现场快速检测剂、显色剂、过滤工具等组成，由同济大学污染控制与资源化研究国家重点实验室研制。

根据使用目的不同配置有氮磷硫氯检测手提箱、重金属手提箱、广谱检测手提箱等多种规格，手提箱工具齐备、小巧轻便，采用高亮度手（笔）触 LED 屏，界面清晰、直观，适合于户外使用，在水质分析、环境监测、食品检验及其他分析检验领域，尤其对矿山、企事业单位、农村、山区、高原、事故现场等水质快速或应急检测具有重要价值。

水质检验手提箱中，配备的微型液体比色仪是一种全新的小型现场检测仪器，微型液体比色仪工作原理与传统分光光度计不同，直接采用颜色传感器，无滤光、信号放大系统，避免了因部件转动、光电转换引起的测量误差。颜色测量计算系统是基于 CIE Lab 双锥色立体而设计开发，通过色调、色度和明度的三维矢量运算处理，计算混合体系中各颜色的色矢量，在配色技术和颜色检测反应中有重要的应用价值。其中，在痕量物质检测领域，待测物标准系列采用二次函数拟合，误差小、范围宽，并设计单点校正标准曲线，方便操作人员修正因测量条件改变而引起的检测误差。

手提箱提供快速检测粉剂，胶囊包装，性能稳定，携带方便，可对氨、亚硝酸盐、硝酸盐、磷酸盐、硫酸盐、硫化物、氯化物、余氯、溶解氧、铬、铁、铜、锌、铅、镍、锰、总硬度、甲醛、挥发酚、苯胺、肼等数十种物质（离子）进行快速定量检测，灵敏度高，重现性好。

（三）现场固相萃取仪

常规固相萃取装置只能在实验室内使用，水样流速慢，萃取时间长，不适用于水样现场快速采集。同济大学研制的微型固相萃取仪为水环境样品的现场浓缩分离提供了新的方法和技术。

与常规固相萃取装置工作原理不同，微型固相萃取仪是将 1 ~ 2g 吸附材料直接分散到 500 ~ 2000mL 水样中，对目标物进行选择性吸附后，通过蠕动泵导流到萃取柱，使液固得到分离，再使用 5 ~ 10mL 洗脱剂洗脱出吸附剂上的目标物，即可用 AAS、1CP、GC、HPLC 等分析方法对目标物进行测定。

固相萃取仪小巧轻便，采用锂电池供电，保证充电后可连续工作 8h 以上。该装置富集效率高（100 ~ 400 倍），现场使用可减少大量水样的运输和保存带来的困难，尤其适合于偏远地区、山区、高原、极地和远洋等水样品的采集。改变吸附剂，可富集水体中的目标重金属或有机物，适应性广。

该仪器已成功用于天然水体中痕量重金属和酚类化合物等污染物的现场浓缩、分离。

（四）便携式多参数水质现场监测仪

便携式多参数水质现场监测仪是专为现场水质测量的可靠性和耐用性而设计的仪器，可同时实现多个参数数据的实时读取、存储和分析。如便携式多参数水质现场监测仪 Move100，内置 430nm、530nm、560nm、580nm、610nm、660nm 的 LED 发光二极管，可以测试氨氮、COD、砷、镉、铅、六价铬、铜、镍、挥发酚等 100 多个常见水质分析项目。

仪器内置的大部分方法符合国际标准。IP68 完全密封的防护等级，可以持续浸泡在水中（水深小于 18m 至少 24h），特别适用于野外环境测试或现场测试。仪器在现场进行测试后，可以带回实验室采用红外的方式进行数据传输，IRiM（红外数据传输模块）使用现代的红外技术，将测试结果从测试仪器传输到 3 个可选端口上，通过连接电脑实现 DAExcel 或文本文件格式储存以及打印。同时，该仪器具有 AQA 验证功能，包括吸光度值验证和在此波长下的检测结果验证。

二、大气快速监测技术

大气快速监测技术是采用便携、简易、快速的仪器或装置，在尽可能短的时间内对目标污染物的种类、浓度、污染范围及危险性做出准确科学判断的重要依据。下面对常见的几种大气污染和空气质量现场快速分析技术进行简单介绍。

气体检测管是一种简便、快速、直读式的气体定量检测仪，可在已知有害气体或蒸气种类的条件下进行现场快速检测。其测试原理为：先用特定的试剂浸渍少量多孔性材料（如硅胶、凝胶、沸石和浮石等），然后将浸渍过试剂的多孔性材料放入玻璃管内，使空气通过玻璃管。如果空气中含有被测成分，则浸渍材料的颜色就有变化，根据其色柱长度，计算出污染物的浓度。气体检测管既可用于室内空气监测、公共场所的空气质量监测、作业现场的空气及特定气体的测试、大气环境监测等许多方面，也可用于需要控制气体成分的生产工艺中。

气体检测管根据其构造和用途可分为普通型、试剂型、短期测量管、长期测量管和扩散式测量管等。普通型是玻璃管内仅放置指示剂，能直接与待测物质起颜色反应而定性定试剂型是在玻璃管内不但装有指示剂，而且装有试剂溶液小瓶，在采样检测前或后，打破试剂溶液小瓶，待测物质与试剂反应产生颜色变化。扩散式测量管的特别之处是不需要抽气动力，而是利用待测物质的分子扩散作用达到采样检测的目的。气体检测管法具有体积小、质量轻、携带方便、操作简单快速、灵敏度较高和费用低等优点，且对使用人的技术要求不高，经过短时间培训就能够进行监测工作。目前，市售气体检测管种类较多，能够检测的污染物超过 500 种，可以检测的环境介质包括空气、水及土壤、有毒气体（如 CO、H_2S、Cl_2 等）、蒸气（如丙酮、苯及酒精等）、气雾及烟雾（如硫酸烟雾）等，可参照《气体检测管装置》（GB/T 7230-2008）选用合适的检测管。然而，气体检测管不能精确给出大气污染物的浓度，易受温度等因素的干扰。

（二）便携式 PM2.5 检测仪

德国 Grimm Aerosol 公司的小型颗粒物分析仪，不需要切割头，可实时分析可吸入颗粒物和可呼吸颗粒物，同时分析 8，16，32 通道不同粒径的粉尘分散度。该仪器采用激光 90° 散射，不受颗粒物颜色的影响，内置可更换的 EPA 标准 47mm PTFE 滤膜，同时进行颗粒物收集，用于称重法和化学分析。自动、精确的流量控制能够保证分析结果的可靠，特别的保护气幕使光学系统免受污染，可靠性极高，维护量少。数据存储卡可以保存 1 个月到 1 年的连续测试数据，有线或无线的通信方式，便于在线自动监测和数据下载。内置充电池，适合各种场合的工作。

我国首款便携式 PM2.5 检测仪 —— "汉王蓝天震表"。该"霾表"能实时获取微环境下的 PM2.5 和 PM10 数据，并得到空气质量等级的提示，最长响应时间为 4s。其大小相当于一款手机，质量为 150g。该仪器采用了散射粒子加速度测量法，通过特殊传感器获得粒子质量、运动速度、粒径、反光强度，进一步对空气中颗粒物的粒径大小分布进行统计和分析，从而实时获取 PM2.5 和 PM10 的浓度。霾表侧重于个人微环境中的当前空气质量，比如家庭中的吸烟、油烟、周边环境等因素对家庭健康的影响。

（三）便携式烟气二氧化硫分析仪

便携式烟气二氧化硫分析仪采用定电位电解法进行测定。仪器主要由两部分组成，即气路系统和电路系统。气路系统完成烟气的采样、处理、传送等功能；电路系统则完成气电转换、信号放大、数据处理、数据的显示打印和仪器的工作状态控制等功能。仪器预热后，烟气通过烟尘过滤器去除粗烟尘。过滤后的烟气经过采样枪进入气水分离器，在气水分离器内水分和细烟尘与烟气分离，从而使基本洁净的干烟气经过薄膜泵进入传感器气室，在气室内扩散后，采集的烟气再从气室出口排出仪器。在气室里扩散的烟气与传感器发生氧化还原反应，使传感器输出微安级的电流信号。该信号进入前置放大器后，经过电流／电压的变换和信号放大，模拟量信号经数模转换器转换成计算机可识别的数字信号，经数据处理后可将测试结果显示出来。

（四）便携式甲醛检测仪

美国 InterScan 便携式甲醛检测仪采用电压型传感器，是一种化学气体检测器，在控制扩散的条件下运行。样气的气体分子被吸收到电化学敏感电极，经过扩散介质后，在适当的敏感电极电位下气体分子发生电化学反应，这一反应产生一个与气体浓度成正比的电流，这一电流转换为电压值并送给仪表读数或记录仪记录。传感器有一个密封的储气室，这不仅使传感器寿命更长，而且消除了参比电极污染的可能性，同时可用于厌氧环境的检测。传感器电解质是不活动的类似闪光灯和镍镉电池中的电解质，所以不须要考虑电池损坏或酸对仪器的损坏。

（五）手持式多气体检测仪

PortaSens Ⅱ型仪器可用于检测现场环境空气中的各种气体，通过更换即插即用型传感器模块可以检测氯气、过氧化氢、甲醛、CO、NO、NO_2、H_2S、HF、HCN、SO_2、AsH，等三十余种不同气体。传感器不需要校准，精度一般为测量值的 5%，灵敏度为量程的 1%，可根据监测需要切换、设定量程 RS232 输出接口、专用接口电缆和专用软件用于存储气体浓度值，存储量达 12 000 个数据点；采用碱性，D 型电池，质量为 1.4kg。

第五节　生态监测技术

一、生态监测的定义

所谓生态监测，是以生态学原理为理论基础，运用可比的和较成熟的方法，在时间和空间上对特定区域范围内生态系统和生态系统组合体的类型、结构和功能及其组合要素进行系统的测定，为评价和预测人类活动对生态系统的影响，为合理利用资源、改善生态环境提供决策依据。

二、生态监测的原理

生态监测是环境监测工作的深入与发展，由于生态系统本身的复杂性，要完全将生态系统的组成、结构、功能进行全方位的监测十分困难。随着生态学理论与实践的不断发展与深入，特别是景观生态学的发展，为生态监测指标的确立、生态质量评价及生态系统的管理与调控提供了基础框架。景观生态学中的一些基础理论即等级（层次）理论、空间异质性原理等成为生态监测的基本指导思想。研究生态系统的组成要素、结构与功能、发展与演替以及人为影响与调控机制的生态系统生态学理论也为生态监测提供理论支持。生态系统生态学的研究领域主要涵盖了自然生态系统的保护和利用，生态系统的调控机制、生态系统退化的机理、恢复模型及修复技术、生态系统可持续发展问题以及全球生态问题等。

三、生态监测、环境监测和生物监测之间的关系

在环境科学、生态学及其分支学科中，生态监测、生物监测及环境监测都有各自的特点和要求。环境监测是伴随着环境科学的形成和发展而出现的，以环境为对象，运用物理、化学和生物技术方法对其中的污染物及其有关的组成成分进行定性、定量和系统的综合分析，运用环境质量数据、资料来表征环境质量的变化趋势及污染的来龙去脉。因此，环境监测属于环境科学范畴。

长期以来，生物监测属于环境监测的重要组成部分，是利用生物在各种污染环境中所发出的各种信息，来判断环境污染的状况，即通过观察生物的分布状况，生长、发育、繁殖状况，生化指标及生态系统工程的变化规律来研究环境污染的情况、污染物的毒性，并与物理、化学监测和医药卫生学的调查结合起来，对环境污染做出正确评价。

对生态监测一直有争议的，主要表现在生态监测与生物监测的相互关系上。一种观点认为生态监测包括生物监测，是生态系统层次的生物监测，是对生态系统的自然变化及人为变化所做反应的观测和评价，包括生物监测和地球物理化学监测等方面内容；也有的将生态监测与生物监测统一起来，统称为生态监测，认为生态监测是环境监测的组成部分，是利用各种技术测定和分析生命系统各层次对自然或人为的反应或反馈效应的综合表征来判断这些干扰对环境产生的影响、危害及其变化规律，为环境质量的评估、调控和环境管理提供科学依据。这种观点表明，生态监测是一种监测方法，是对环境监测技术的一种补充，是利用"生态"做"仪器"进行环境质量监测。

而另一种观点认为，随着环境科学的发展以及社会生产、科学研究等领域的监测工作实践，生态监测远远超出了现有的定义范畴，生态监测的内容、指标体系和监测方法都表现出了全面性、系统性，既包括对环境本质、环境污染、环境破坏的监测，也包括对生命系统（系统结构、生物污染、生态系统功能、生态系统物质循环等）的监测，还包括对人为干扰和自然干扰造成生物与环境之间相互关系的变化的监测。

因此，生态监测是指通过物理、化学、生物化学、生态学等各种手段，对生态环境中的各个要素、生物与环境之间的相互关系、生态系统结构和功能进行监控和测试，为

评价生态环境质量、保护生态环境、恢复重建生态、合理利用自然资源提供依据，它包括了环境监测和生物监测。

四、生态检测的类别

生态监测从时空角度可概括地分为两大类，即宏观监测或微观监测。

（一）宏观监测

宏观监测至少应在一定 X 域范围之内，对一个或若干个生态系统进行监测，最大范围可扩展至一个国家、一个地区乃至全球，主要监测区域范围内具有特殊意义的生态系统的分布、面积及生态功能的动态变化。

（二）微观监测

微观监测指对一个或几个生态系统内各生态要素指标进行物理、化学、生态学方面的监测。根据监测的目的一般可分为干扰性监测、污染性监测、治理性监测、环境质量现状评价监测等。

1. 干扰性监测

是指对人类固有生产活动所造成的生态破坏的监测，例如，滩涂围垦所造成的滩涂生态系统的结构和功能、水文过程和物质交换规律的改变监测；草场过牧引起的草场退化、沙化、生产力降低监测；湿地开发环境功能下降，对周边生态系统及鸟类迁徙影响的监测等。

2. 污染性监测

主要是对农药、一些重金属及各种有毒有害物质在生态系统中所造成的破坏及食物链传递富集的监测，如六六六、DDT、SO_2、Cl_2、H_2S 等有害物质对农田、果树污染监测；工厂污水对河流、湖泊、海洋生态系统污染的监测等。

3. 治理性监测

指对破坏了的生态系统经人类的治理后生态平衡恢复过程的监测，如沙化土地经客土、种草治理过程的监测；退耕还林、还草过程的生态监测；停止向湖泊、水库排放超标废水后，对湖泊、水库生态系统恢复的监测等。

4. 环境质量现状评价监测

该监测往往用于较小的区域，用于环境质量本底现状评价监测，如某生态系统的本底生态监测；南极、北极等很少有人为干扰的地区生态环境质量监测；新修铁路要通过某原始森林附近，对某原始森林现状的生态监测；拟开发的风景区本底生态监测等。

总之，宏观监测必须以微观监测为基础，微观监测必须以宏观监测为指导，二者相互补充，不能相互替代。

五、生态监测的任务与特点

（一）生态监测的基本任务

生态监测的基本任务是对生态系统现状以及因人类活动所引起的重要生态问题进行动态监测；对破坏的生态系统在人类的治理过程中生态平衡恢复过程的监测；通过监测数据的积累，研究上述各种生态问题的变化规律及发展趋势，建立数学模型，为预测预报和影响评价打下基础；支持国际上一些重要的生态研究及监测计划，如 GEMS（全球环境监测系统）、MAB（人与生物圈）等，加入国际生态监测网络。

（二）生态监测的特点

1. 综合性

生态监测涉及多个学科，涉及农、林、牧、副、渔、工等各个生产行业。

2. 长期性

自然界中生态过程的变化十分缓慢，而且生态系统具有自我调控功能，短期监测往往不能说明问题，长期监测可能有一些重要的和意想不到的发现。

3. 复杂性

生态系统本身是一个庞大的复杂的动态系统，生态监测中要区分自然因素和人为干扰这两种因素的作用有时十分困难，加之人类目前对生态过程的认识是逐步积累和深入的，这就使得生态监测不可能是一项简单的工作。

4. 分散性

生态监测站点的选取往往相隔较远，监测网的分散性很大。同时由于生态过程的缓慢性，生态监测的时间跨度也很大，所以通常采取周期性的间断监测。

（三）生态监测指标体系

根据生态监测的定义和监测内容，传统的生态监测指标体系无法适应现今对生态环境质量监测的要求。从我国正在开展的生态监测工作来看，生态监测构成了一个复杂的网络，各地纷纷建立生态监测网站与网络，生态监测的指标体系丰富而庞杂。

1. 非生命系统的监测指标

气象条件：包括太阳辐射强度和辐射收支、日照时数、气温、气压、风速、风向、地温、降水量及其分布、蒸发量、空气湿度、大气干湿沉降等，以及城市热岛强度。

水文条件：包括地下水位、土壤水分、径流系数、地表径流量、流速、泥沙流失量及其化学组成、水温、水深、透明度等。

地质条件：主要监测地质构造、地层、地震带、矿物岩石、滑坡、泥石流、崩塌、地面沉降量、地面塌陷量等。

土壤条件：包括土壤养分及有效态含量（N、P、K、S）、土壤结构、土壤颗粒组成、土壤温度、土壤 pH、土壤有机质、土壤微生物量、土壤酶活性、土壤盐度、土壤肥力、交换性酸、交换性盐基、阳离子交换量、土壤容重、孔隙度、透水率、饱和含水量、凋萎水量等。

化学指标：包括大气污染物、水体污染物、土壤污染物、固体废物等方面的监测内容。

大气污染物：有颗粒物、SO_2、NO_2、CO、烃类化合物、H_2S、HF、PAN、O_3等。

水体污染物：包括水温、pH、溶解氧、电导率、透明度、水的颜色、气味、流速、悬浮物、浑浊度、总硬度、矿化度、侵蚀性二氧化碳、游离二氧化碳、总碱度、碳酸盐、重碳酸盐、氨氮、硝酸盐氮、亚硝酸盐氮、挥发酚、氰化物、氟化物、硫酸盐、硫化物、氯化物、总磷、钾、钠、六价铬、总汞、总砷、镉、铅、铜、溶解铁、总锰、总锌、硒、铁、镱、锌、银、大肠菌群、细菌总数、COD、BOD_5、石油类、阴离子表面活性剂、有机氯农药、六六六、滴滴涕、苯并芘、叶绿素 a、油、总 α 放射性、总 β 放射性、丙烯醇、苯类、总有机碳、底质（颜色、颗粒分析、有机质、总 N、总 P、pH、总汞、甲基汞、镉、铬、砷、硒、酮、铅、锌、氰化物和农药）。

土壤污染物：包括镉、汞、砷、铜、铅；铬、锌、镣、六六六、DDT、pH、阳离子交换量。

固体废物监测：包括氨、硫化氢、甲硫醇、臭气浓度、悬浮物（SS）、COD、BOD_5、大肠菌群，以及苯酚类、酞酸酯类、苯胺类、多环芳烃类等。

其他指标，如噪声、热污染、放射性物质等。

2. 生命系统的监测内容

生物个体的监测，主要对生物个体大小、生活史、遗传变异、跟踪遗传标记等监测。

物种的监测，包括优势种、外来种、指示种、重点保护种、受威胁种、濒危种、对人类有特殊价值的物种、典型的或有代表性的物种。

种群的监测，包括种群数量、种群密度、盖度、频度、多度、凋落物量、年龄结构、性别比例、出生率、死亡率、迁入率、迁出率、种群动态、空间格局。

群落的监测，包括物种组成、群落结构、群落中的优势种统计、群落外貌、季相、层片、群落空间格局、食物链统计、食物网统计等。

生物污染监测，包括放射性、镉、六六六、DDT、西维因、敌菌丹、倍硫磷、异狄氏剂、杀螟松、乐果、氟、钠、钾、锂、氯、溴、副、铺、牡、铅、钙、朝、锢、镭、被、碘、汞、铀、硝酸盐、亚硝酸盐、灰分、粗蛋白、粗脂肪、粗纤维等。

3. 生态系统的监测指标

主要对生态系统的分布范围、面积大小进行统计，在生态图上绘出各生态系统的分布区域，然后分析生态系统的镶嵌特征、空间格局及动态变化过程。

4. 生物与环境之间相互作用关系及其发展规律的监测指标

生态系统功能指标包括：生物生产量（初级生产、净初级生产、次级生产、净次级生产）、生物量、生长量、呼吸量、物质周转率、物质循环周转时间、同化效率、摄食效率、生产效率、利用效率等。

5. 社会经济系统的监测指标

其包括人口总数、人口密度、性别比例、出生率、死亡率、流动人口数、工业人口、农业人口、工业产值、农业产值、人均收入、能源结构等。

（四）生态监测的新技术手段

由于生态监测的内容和指标体系的丰富和完善，分析测试方法涉及的学科领域庞杂，如气象学、海洋学、水文学、土壤学、植物学、动物学、微生物学、环境科学、生态科学。此外，新技术新方法在生态监测中的运用也十分广泛。

六、生态监测的主要技术支持

（一）"3S"技术

生态监测的新内涵中包括对大范围生态系统的宏观监测，因此，许多传统的监测技术不适用于大区域的生态监测，只有借助于现代高新技术，才能高效、快速地了解大区域生态环境的动态变化，为迅速制订治理、保护的方案和对策提供依据。遥感、地理信息系统与全球定位系统（统称3S集成）一体化的高新技术可以解决这个问题，在实际中通过建立生态环境动态监测与决策支持系统，有效获取生态环境信息，实时监测区域环境的动态变化，进而掌握该区域生态环境的现状、演变规律、特征与发展趋势，为管理者提供依据。

"3S"技术是遥感（RS）、地理信息系统（GIS）和全球定位系统（GPS）的统称。其中GPS主要是实时、快速地提供目标的空间位置，RS用于实时、快速地提供监测数据，GIS则是多种来源时空数据的综合处理和应用分析平台。传统的生态环境监测、评价方法应用范围小，只能解决局部生态环境监测和评价问题，很难大范围、实时地开展监测工作，而综合整体且准确完全的监测结果必须依赖"3S"技术，利用RS和GPS获取遥感数据、管理地貌及位置信息，然后利用GIS对整个生态区域进行数字表达，形成规则、决策系统。

（二）电磁台网监测系统

电磁台网监测系统克服了天然地震层析、卫星遥感等技术对包括沙漠、黄土、冰川、湖泊沉积在内的地球表层和浅层监测的不足，以其对外境变化敏感、有一定穿透深度、不同频率信号反映不同深度信息、台网观测技术方便等优点而应用到生态监测中来。该系统通过对中长电磁波衰减因子数据的研究，利用现代层析成像技术，建立高分辨率浅层三维电导率地理信息系统，为监测、研究、预测环境变化提供依据。

第九章 环境污染控制与保护措施

第一节 工业废水处理技术

一、废水处理方法

现代废水处理技术，按作用原理可分为物理法、化学法、物理化学法和生物法四大类。

物理法是利用物理作用来分离废水中的悬浮物或乳浊物。常见的有格栅、筛滤、离心、澄清、过滤、隔油等方法。

化学法是利用化学反应的作用来去除废水中的溶解物质或胶体物质。常见的有中和、沉淀、氧化还原、催化氧化、光催化氧化、微电解、电解絮凝、焚烧等方法。

物理化学法是利用物理化学作用来去除废水中溶解物质或胶体物质。常见的有混凝、气浮、吸附、离子交换、膜分离、萃取、气提、吹脱、蒸发、结晶、焚烧等方法。

生物处理法是利用微生物代谢作用，使废水中的有机污染物和无机微生物营养物转化为稳定、无害的物质。常见的有活性污泥法、生物膜法、厌氧生物消化法、稳定塘与湿地处理等。生物处理法也可按是否供氧而分为好氧处理和厌氧处理两类，前者主要有活性污泥法和生物膜法两种，后者包括各种厌氧消化法。

二、废水处理系统

按处理程度，废水处理技术可分为一级、二级和三级处理。一般进行某种程度处理的废水均进行前面的处理步骤。例如，一级处理包括预处理过程，如经过格栅、沉砂池和调节池。同样，二级处理也包括一级处理过程，如经过格栅、沉砂池、调节池及初沉池。

预处理的目的是保护废水处理厂的后续处理设备。

一级处理通常被认为是一个沉淀过程，主要是通过物理处理法中的各种处理单元如沉降或气浮来去除废水中悬浮状态的固体、呈分层或乳化状态的油类污染物。出水进入二级处理单元进一步处理或排放。在某些情况下还加入化学剂以加快沉降。一级沉淀池通常可去除 90% ~ 95% 的可沉降颗粒物、50% ~ 60% 的总悬浮固形物以及 25% ~ 35% 的 BOD_5，但无法去除溶解性污染物。

二级处理的主要目的是去除一级处理出水中的溶解性 BOD，并进一步去除悬浮固体物质。在某些情况下，二级处理还可以去除一定量的营养物，如氮、磷等。二级处理主要为生物过程，可在相当短的时间内分解有机污染物。二级处理过程可以去除大于 85% 的 BOD，及悬浮固体物质，但无法显著地去除氮、磷或重金属，也难以完全去除病原菌和病毒。一般工业废水经二级处理后，已能达到排放标准。

当二级处理无法满足出水水质要求时，需要进行废水三级处理。污水三级处理是污水经二级处理后，进一步去除污水中的其他污染成分（如氮、磷、微细悬浮物、微量有机物和无机盐等）的工艺处理过程。主要方法有生物脱氮法、化学沉淀法、过滤法、反渗透法、离子交换法和电渗析法等。一般三级处理能够去除 99% 的 BOD、磷、悬浮固体和细菌，以及 95% 的含氮物质。三级处理过程除常用于进一步处理二级处理出水外，还可用于替代传统的二级处理过程。

三、废水的物理、化学及物化处理

（一）格栅

格栅的主要作用是去除会阻塞或卡住泵、阀及其机械设备的大颗粒物等。格栅的种类有粗格栅、细格栅。粗格栅的间隙为 40 ~ 150mm，细格栅的间隙范围在 5 ~ 40mm。

（二）调节池

为尽可能减小或控制废水水量的波动，在废水处理系统之前，设调节池。根据调节池的功能，调节池分为均量池、均质池、均化池和事故池。

1. 均量池
主要作用是均化水量，常用的均量池有线内调节式、线外调节式。

2. 均质池（又称水质调节池）
均质池的作用是使不同时间或不同来源的废水进行混合，使出流水质比较均匀。常用的均质池形式有：①泵回流式；②机械搅拌式；③空气搅拌式；④水力混合式。前三种形式利用外加的动力，其设备较简单、效果较好，但运行费用高；水力混合式无需搅拌设备，但结构较复杂，容易造成沉淀堵塞等问题。

3. 均化池

均化池兼有均量池和均质池的功能，既能对废水水量进行调节，又能对废水水质进行调节。如采用表面曝气或鼓风曝气，除能避免悬浮物沉淀和出现厌氧情况外，还可以有预曝气的作用。

4. 事故池

事故池的主要作用就是容纳生产事故废水或可能严重影响污水处理厂运行的事故废水。

（三）沉砂池

沉砂池一般设置在泵站和沉淀池之前，用以分离废水中密度较大的砂粒、灰渣等无机固体颗粒。

平流沉砂池：最常用的一种形式，它的截留效果好、工作稳定、构造较简单。

曝气沉砂池：集曝气和除砂为一体，可使沉砂池中的有机物含量降低至5%以下，由于池中设有曝气设备，具有预曝气、脱臭、防止污水厌氧分解、除油和除泡等功能，为后续的沉淀、曝气及污泥消化池的正常运行以及污泥的脱水提供有利条件。

在废水一级处理中沉淀是主要的处理工艺，去除悬浮于污水中可沉淀的固体物质。处理效果基本上取决于沉淀池的沉淀效果。根据池内水流方向，沉淀池可分为平流沉淀池、辐流式沉淀池和竖流沉淀池。

平流沉淀池：池内水沿池长水平流动通过沉降区并完成沉降过程。

辐流式沉淀池：是一种直径较大的圆形池。

竖流沉淀池：池面多呈圆形或正多边形。

在二级废水处理系统中，沉淀池有多种功能，在生物处理前设初沉池，可减轻后续处理设施的负荷，保证生物处理设施功能的发挥；在生物处理设备后设二沉池，可分离生物污泥，使处理水得到澄清。

（四）隔油

采用自然上浮法去除可浮油的设施，称为隔油池。常用的隔油池有平流式隔油池和斜板式隔油池两类。平流式隔油池的结构与平流式沉淀池基本相同。

（五）中和处理

中和适用于酸性、碱性废水的处理，应遵循以废治废的原则，并考虑资源回收和综合利用。废水中含酸、碱浓度差别很大，一般来说，如果酸、碱浓度在3%以上，则应考虑综合回收或利用；酸碱浓度在3%以下时，因回收利用的经济意义不大，才考虑中和处理。在中和后不平衡时，考虑采用药剂中和。

酸碱废水相互中和一般是在混合反应池内进行，池内设有搅拌装置。一般在混合反应池前设均质池，以确保两种废水相互中和时，水量和浓度保持稳定。

酸性废水的中和药剂有石灰（CaO）、石灰石（CaCO₃）和氢氧化钠（NaOH）等。碱性废水的投药中和主要是采用工业盐酸，使用盐酸的优点是反应产物的溶解度大，泥渣量小，但出水溶解固体浓度高。中和流程和设备与酸性废水投药中和基本相同。

（六）化学沉淀处理

化学沉淀处理是向废水中投加某些化学药剂（沉淀剂），使其与废水中溶解态的污染物直接发生化学反应，形成难溶的固体生成物，然后进行固废分离，除去水中污染物。

废水中的重金属离子（如汞、镉、铅、锌、镍、铬、铁、铜等）、碱土金属（如钙、镁）、某些非重金属（如砷、氟、硫、硼）均可采用化学沉淀处理过程去除。沉淀剂可选用石灰、硫化物、银盐和铁屑等。化学沉淀法除磷通常是加入铝盐或铁盐及石灰。最常用的铝盐是明矾（AIK（SO₄）₂·12H₂O）。铝离子能絮凝磷酸根离子，形成磷酸铝沉淀。明矾和氯化铁的加入会降低水质的 pH 值，而加入石灰会使水的 pH 值升高。

化学沉淀处理的工艺过程：①投加化学沉淀剂，与水中污染物反应，生成难溶的沉淀物析出；②通过凝聚、沉降、浮上、过滤、离心等方法进行固液分离；③泥渣的处理和回收利用。采用化学沉淀法时，应注意避免沉淀污泥产生二次污染。

（八）气浮

气浮适用于去除水中密度小于 1kg/L 的悬浮物、油类和脂肪，可用于污（废）水处理，也可用于污泥浓缩。通过投加混凝剂或絮凝剂使废水中的悬浮颗粒、乳化油脱稳、絮凝，以微小气泡作为载体，黏附水中的悬浮颗粒，随气泡挟带浮升至水面，通过收集泡沫或浮渣分离污染物。

浮选过程包括气泡产生、气泡与颗粒附着以及上浮分离等连续过程。气浮工艺类型包括加压溶气气浮、浅池气浮、电解气浮等。

（九）混凝

混凝法可用于污（废）水的预处理、中间处理或最终处理，可去除废水中胶体及悬浮污染物，适用于废水的破乳、除油和污泥浓缩。

（十）过滤

过滤适用于混凝或生物处理后低浓度悬浮物的去除，多用于废水深度处理，包括中水处理。可采用石英砂、无烟煤和重质矿石等作为滤料。

四、废水的生物处理

生物处理适用于可以被微生物降解的废水，按微生物的生存环境可分为好氧法和厌氧法。好氧生物处理宜用于进水 $BOD_5/COD \geq 0.3 W$ 废水。厌氧生物处理宜用于高浓度、难生物降解有机废水和污泥等的处理。

（一）好氧处理

好氧处理包括传统活性污泥、氧化沟、序批式活性污泥法（SBR）、生物接触氧化、生物滤池、曝气生物滤池等，其中前三种方式属活性污泥法好氧处理，后三种属生物膜法好氧处理。

1. 传统活性污泥法

适用于以去除污水中碳源有机物为主要目标，无氮、磷去除要求的情况。目前有着许多不同类型的活性污泥处理工艺。按反应器类型划分，有推流式活性污泥法、阶段曝气法、完全混合法、吸附再生法，以及带有微生物选择池的活性污泥法；按供氧方式以及氧气在曝气池中分布特点，处理工艺分为传统曝气工艺、渐减曝气工艺和纯氧曝气工艺；按负荷类型分为传统负荷法、改进曝气法、高负荷法、延时曝气法。

传统活性污泥处理法：传统（推流式）活性污泥法的曝气池为长方形，经过初沉的废水与回流污泥从曝气池的前端，借助空气扩散管或机械搅拌设备进行混合。一般沿池长方向均匀设置曝气装置。在曝气阶段有机物进行吸附、絮凝和氧化。活性污泥在二沉池进行分离。

阶段曝气法：阶段曝气法（又称为阶段进水法）通过阶段分配进水的方式避免曝气池中局部浓度过高的问题。采用阶段曝气后，曝气池沿程污染物浓度分布和溶解氧消耗明显改善。由于废水中常含有抑制微生物产生的物质，以及会出现浓度波动幅度大的现象，因此阶段曝气法得到较广泛的使用。

完全混合法：完全混合法活性污泥处理工艺（又称为带沉淀和回流的完全混合反应器工艺）。在完全混合系统中废水的浓度是一致的，污染物的浓度和氧气需求沿反应器长度没有发生变化。在完全混合法工艺中，只要污染物是可被微生物降解的，反应器内的微生物就不会直接暴露于浓度很高的进水污染物中。因此，该工艺适合于含可生物降解污染物及浓度适中的有毒物质的废水。与运行良好的推流式活性污泥法工艺相比，它的污染物去除率较低。

吸附再生法：吸附再生工艺（又称为接触稳定工艺）由接触池、稳定池和二沉池组成。来自初沉池的废水在接触反应器中与回流污泥进行短暂的接触（一般为 10 ~ 60min），使可生物降解的有机物被氧化或被细胞吸收，颗粒物则被活性污泥絮体吸附，随后混合液流入二沉池进行泥水分离。分离后的废水被排放，沉淀后浓度较高的污泥则进入稳定池继续曝气，进行氧化过程。浓度较高的污泥回流到接触池中继续用于废水处理。吸附再生法适用于运行管理条件较好并无冲击负荷的情况。

带选择池的活性污泥法：该工艺在曝气池前设置一个选择池。回流污泥与污水在选择池中接触 10 ~ 30min，使有机物部分被氧化，改变或调节活性污泥系统的生态环境，从而使微生物具有更好的沉降性能。

传统负荷法经过不断地改进，对于普通城市污水，BOD，和悬浮固体（SS）的去除率都能达到 85% 以上。传统负荷类型的经验参数范围是：混合液污泥浓度在 1200 ~ 3000mg/L，曝气池的水力停留时间为 6h 左右，BOD_5负荷约为 0.56kg/（$m^3 \cdot d$）。

改进曝气类型适用于不须要实现过高去除率（BOD 去除率 > 85%），通过沉淀即可达到去除要求的情况。负荷经验参数范围是：混合液污泥浓度 300 ~ 600mg/L，曝气时间为 1.5 ~ 2h，BOD_5 和 SS 的去除率在 65% ~ 75%。

高负荷类型是通过维持更高的污泥浓度，在不改变污泥龄的情况下，减小水力停留时间来减少曝气池的体积，同时保持较高的去除率。污泥浓度达到 4000 ~ 10000mg/L 时，BOD_5 容积负荷可以达到 1.6 ~ 3.2kg/（$m^3 \cdot d$）。在氧气供应充足并不存在污泥沉降问题的条件下，高负荷法可以有效地减小曝气池体积并达到 90% 以上的 BOD,和 SS 去除率。目前，许多高负荷法使用纯氧曝气来提高传氧速率，以避免曝气池紊动度过大引起污泥絮凝性和沉降性变差。如果不能提供充足的氧气，会引起严重的污泥沉降，尤其是污泥膨胀的问题。

延时曝气工艺采用低负荷的活性污泥法以获取良好稳定出水水质。延时曝气法中停留时间一般为 24h，污泥质量浓度一般为 3000 ~ 6000mg/L，BOD_5 负荷 < 0.24kg/（$m^3 \cdot d$）。由于污泥负荷低、停留时间长，污泥处于内源呼吸阶段，剩余污泥量少（甚至不产生剩余污泥），因此污泥的矿化程度高，无异臭、易脱水，实际上是废水和污泥好气消化的综合体。

2. 氧化沟

氧化沟属延时曝气活性污泥法，氧化沟的池型，既是推流式，又具备完全混合的功能。氧化沟与其他活性污泥法相比，具有占地大、投资高、运行费用也略高的缺点，适用于土地资源较丰富地区；在寒冷地区，低温条件反应池表面易结冰，影响表面曝气设备的运行，因此不宜用于寒冷地区。

3. 序批式活性污泥法（SBR）

适用于建设规模为 Ⅲ 类、Ⅳ 类、Ⅴ 类的污水处理厂和中小型废水处理站，适合于间歇排放工业废水的处理。SBR 反应池的数量不应少于两个。SBR 以脱氮为主要目标时，应选用低污泥负荷、低充水比；以除磷为主要目标时，应选用高污泥负荷、高充水比。

4. 生物接触氧化

适用于低浓度的生活污水和具有可生化性的工业废水处理，生物接触氧化池应根据进水水质和处理程度确定采用一段式或多段式。生物接触氧化池的个数不应少于两个。

5. 生物滤池

适用于低浓度的生活污水和具有可生化性的工业废水处理。生物滤池应采用自然通风方式供应空气，应按组修建，每组由 2 座滤池组成，一般为 6 ~ 8 组。曝气生物滤池适用于深度处理或生活污水的二级处理。

（二）厌氧处理

废水厌氧生物处理是指在缺氧条件下通过厌氧微生物（包括兼氧微生物）的作用，将废水中的各种复杂有机物分解转化成甲烷和二氧化碳等物质的过程，也称厌氧消化。厌氧处理工艺主要包括升流式厌氧污泥床（UASB）、厌氧滤池（AF）、厌氧流化床（AFB）。厌氧处理产生的气体，应考虑收集、利用和无害化处理。

1. 升流式厌氧污泥床反应器（UASB 反应器）

适用于高浓度有机废水，是目前应用广泛的厌氧反应器之一。该反应器运行的重要前提是反应器内能形成沉降性能良好的颗粒污泥或絮状污泥。

废水自下而上通过 UASB 反应器。在反应器的底部有一高浓度（污泥浓度可达 60 ~ 80g/L）、高活性的污泥层，大部分的有机物在此转化为 CH_4 和 CO_2。

UASB 反应器的上部为澄清池，设有气、液、固三相分离器。被分离的消化气从上部导出，污泥自动落到下部反应区。

在食品工业、化工、造纸工业废水处理中有许多成功的 UASB。典型的设计负荷是 4 ~ 15kgCOD/（m^3•d）。

2. 厌氧滤池

适用于处理溶解性有机废水。

3. 厌氧流化床

适用于各种浓度有机废水的处理。典型工艺参数以 COD 去除 80% ~ 90% 计，污泥负荷为 0.26 ~ 4.3kgCOD/（m^3•d）。

（三）生物脱氮除磷

当采用生物法去除污水中的氮、磷污染物时，污水中的五日生化需氧量与总凯氏氮之比大于 4；除磷时，污水中的五日生化需氧量与总磷之比大于 17。仅需要脱氮时，应采用缺氧/好氧法；仅需要除磷时，应采用厌氧/好氧法；当需要同时脱氮除磷时，应采用厌氧/缺氧/好氧法。缺氧/好氧法和厌氧/好氧法工艺单元前不设初沉池时，不应采用曝气沉砂池。厌氧/好氧法的二沉池水力停留时间不宜过长。当出水总磷不能达到排放标准要求时，应采用化学除磷作为辅助手段。

五、废水的生态处理

当水量较小、污染物浓度低、有可利用土地资源、技术经济合理时，可结合当地的自然地理条件审慎地采用污水生态处理。污水自然处理应考虑对周围环境以及水体的影响，不得降低周围环境的质量，应根据区域地理、地质、气候等特点选择适宜的污水生态处理方式。

（一）土地处理

用污水土地处理时，应根据土地处理的工艺形式对污水进行预处理。在集中式给水水源卫生防护带、含水层露头地区、裂隙性岩层和熔岩地区，不得使用污水土地处理。地下水埋深小于 1.5m 地区不应采用污水土地处理工艺。

（二）人工湿地

人工湿地适用于水源保护、景观用水、河湖水环境综合治理、生活污水处理的后续除磷脱氮、农村生活污水生态处理等。人工湿地可选用表面流湿地、潜流湿地、垂直流湿地及其组合。人工湿地宜由配水系统、集水系统、防渗层、基质层、湿地植物组成。人工湿地应选择净化和耐污能力强、有较强抗逆性、年生长周期长、生长速度快而稳定、易于管理且具有一定综合利用价值的植物，宜优选当地植物。人工湿地基质层（填料）应根据所处理水的水质要求，选择砾石、炉渣、沸石、钢渣、石英砂等。人工湿地防渗层应根据当地情况选用黏土、高分子材料或湿地底部的沉积污泥层。

六、废水的消毒处理

是否需要消毒以及消毒程度应根据废水性质、排放标准或再生水要求确定。为避免或减少消毒时产生的二次污染物，最好采用紫外线或二氧化氯消毒，也可用液氯消毒。同时应根据水质特点考虑消毒副产物的影响并采取措施消除有害消毒副产物。

臭氧消毒适用于污水的深度处理（如脱色、除臭等）。在臭氧消毒之前，应增设去除水中 SS 和 COD 的预处理设施（如砂滤、膜滤等）。

七、污泥处理与处置

在污水的一级、二级和三级处理过程中会产生膨化污泥。污泥量及其特性与原污水特点及污水处理过程有关，污水处理的程度越高，产生的污泥量也越大，污泥的主要特性包括：总固态物含量、易挥发固态物含量、pH 值、营养物、有机物、病原体、重金属、有机化学品、危险性污染物等。

应根据工程规模、地区环境条件和经济条件进行污泥的减量化、稳定化、无害化和资源化处理与处置。污水污泥的减量化处理包括使污泥的体积减小和污泥的质量减少，前者如采用污泥浓缩、脱水、干化等技术，后者如采用污泥消化、污泥焚烧等技术。污水污泥的稳定化处理是使污泥得到稳定（不易腐败），以利于对污泥做进一步处理和利用。可以达到减少有机组分含量、改善污泥脱水性能、便于污泥的贮存和利用、抑制细菌代谢、降低污泥臭味、产生沼气、回收资源等目的，实现污泥稳定可采用厌氧消化、好氧消化、污泥堆肥、加碱稳定等技术。污水污泥的无害化处理减少污泥中的致病菌、寄生虫卵数量及多种重金属离子和有毒有害的有机污染物，降低污泥臭味，广义的无害化处理还包括污泥稳定。污泥处置应逐步提高污泥的资源化程度，变废为宝，将污泥广泛用于农业生产、燃料和建材等方面，做到污泥处理和处置的可持续发展。

污泥处理工艺的选择应考虑污泥性质与数量、技术条件、运行管理费用、环境保护要求及有关法律法规、农业发展情况、当地气候条件和污泥最终处置的方式等因素。

（一）污泥处理方法

1. 污泥浓缩处理

污泥浓缩应根据污水处理工艺、污泥性质、污泥量和污泥含水率要求进行选择，其目的是减少后续污泥处理单元（泵、消化池、脱水设备）所处理的污泥体积。可采用重力浓缩、气浮浓缩、离心浓缩、带式浓缩机浓缩和转鼓机械浓缩等。当要求浓缩污泥含固率大于 6% 时，可适量加入絮凝剂。固态物含量为 3% ~ 8% 的污泥经浓缩后体积可减少 50%。

2. 污泥消化处理

污泥可采用厌氧消化或好氧消化工艺处理，污泥消化工艺选择应考虑污泥性质、工程条件、污泥处置方式以及经济适用、管理方便等因素。污泥厌氧消化系统由于投资和运行费用相对较省、工艺条件（污泥温度）稳定、可回收能源（沼气综合利用）、占地较小等原因，采用比较广泛；但工艺过程的危险性较大。污泥好氧消化系统由于投资和运行费用相对较高、占地面积较大、工艺条件（污泥温度）随气温变化波动较大、冬季运行效果较差、能耗高等原因，采用较少；但好氧消化工艺具有有机物去除率较高、处理后污泥品质好、处理场地环境状况较好、工艺过程没有危险性等优点。污泥好氧消化后，氮的去除率可达 60%，磷的去除率可达 90%，上清液流到污水处理系统后，不会增加污水脱氮除磷的负荷。一般在污泥量较少的污水处理厂，或由于受工业废水的影响，污泥进行厌氧消化有困难时，可考虑采用好氧消化工艺。

3. 污泥脱水处理

污泥脱水的主要目的是减少污泥中的水分。脱水可去除污泥异味，使污泥成为非腐败性物质。污泥产量较大、占地面积有限的污（废）水处理系统应采用污泥机械脱水处理。工业废水处理站的污泥不应采用自然干化脱水方式。污泥脱水设备可采用压滤脱水机和离心脱水机。

4. 污泥好氧发酵

日处理能力在 5 万 m^3 以下的污水处理设施产生的污泥，应采用条垛式好氧发酵处理和综合利用；日处理能力在 5 万 m^3 以上的污水处理设施产生的污泥，应采用发酵槽（池）式发酵工艺。污泥好氧发酵产物可用于城市园林绿化、苗圃、林用、土壤修复及改良等。

5. 污泥干燥处理

污泥干燥处理宜采用直接式干燥器，主要有带式干燥器、转筒式干燥器、急骤干燥器和流化床干燥器。污泥干燥的尾气应处理达标后排放。

6. 污泥焚烧处理

污泥焚烧工艺适用于下列情况：①污泥不符合卫生要求、有毒物质含量高、不能为农副业利用；②污泥自身的燃烧热值高，可以自燃并利用燃烧热量发电；③可与城镇垃圾混合焚烧并利用燃烧热量发电。污泥焚烧的烟气应处理达标后排放。污泥焚烧的飞灰应妥善处置，避免二次污染。采用污泥焚烧工艺时，所需的热量依靠污泥自身所含有机物的燃烧热值或辅助燃料，故前处理不必用污泥消化或其他稳定处理，以免由于有机物减少而降低污泥的燃烧热值。

（二）河泥处置与利用

污泥的最终处置应优先考虑资源化利用。在符合相应标准后，污泥可用于改良土地、园林绿化和农田利用。污泥的最终处置如用于制造建筑材料时应考虑有毒害物质浸出等安全性问题。污泥卫生填埋时，应严格控制污泥中和土壤中积累的重金属和其他有毒物质的含量，含水率应小于60%，并采取必要的环境保护措施，防止污染地下水。

八、恶臭污染治理

除臭的方法较多，必须结合当地的自然环境条件进行多方案的比较，在技术经济可行、满足环境评价、满足生态环境和社会环境要求的基础上，选择适宜的除臭方法。目前除臭的主要方法有物理法、化学法和生物法三类。常见的物理方法有掩蔽法、稀释法、冷凝法和吸附法等；常见的化学法有燃烧法、氧化法和化学吸收法等。在相当长的时期内，脱臭方法的主流是物理、化学方法，主要有酸碱吸收、化学吸附、催化燃烧三种。这些方法各有其优点，但都存在着所使用设备繁多且工艺复杂，二次污染后再生困难和后处理过程复杂、能耗大等问题。因此国外从20世纪50年代开始便致力于用生物方法来处理恶臭物质。

恶臭污染治理应进行多种方案的技术比较后再确定，应优先考虑生物除臭方法。无须经常人工维护的设施，如沉砂池、初沉池和污泥浓缩池等，应采用固定式的封闭措施控制臭气；须经常维护和保养的设施，如格栅间、泵房的集水井和污水处理厂的污泥脱水机房等，应采用局部活动式或简易式的臭气隔离措施控制臭气。

九、工艺组合

废水中的污染物质种类很多，不能设想只用一种处理方法就能把所有污染物质去除殆尽，应根据原水水质特性、主要污染物类型及处理出水水质目标，在进行技术比较的基础上选择适宜的处理单元或组合工艺。废水处理组合工艺中各处理单元要相互协调，在各处理单元的协同作用下去除废水中的目标污染物质，最终使废水达标排放或回用。

采用厌氧和好氧组合工艺处理废水时，厌氧工艺单元应设置在好氧工艺单元前，当废水中含有生物毒性物质，且废水处理工艺组合中有生物处理单元时，应在废水进入生物处理单元前去除生物毒性物质。在污（废）水达标排放、技术经济合理的前提下应优先选用污泥产量低的处理单元或组合工艺。

城镇污水处理应根据排放和回用要求选用一级处理、二级处理、三级处理、再生处理的工艺组合。一级处理主要去除污水中呈悬浮或飘浮状态的污染物。二级处理主要去除污水中呈胶体和溶解状态的有机污染物及植物性营养盐。三级处理是对经过二级处理后没有得到较好去除的污染物质进行深化处理。当有污水回用需求时，应设置污水再生处理工艺单元。城镇污水脱氮、除磷应以生物处理单元为主，生物处理单元不能达到排放标准要求时，应辅以化学处理单元。

第二节　大气污染控制技术

一、大气污染治理的典型工艺

（一）除尘

除尘技术是治理烟（粉）尘的有效措施，实现该技术的设备称为除尘器。除尘器主要有机械式除尘器、湿式除尘器、袋式除尘器和静电除尘器。

选择除尘器应主要考虑如下因素：①烟气及粉尘的物理、化学性质；②烟气流量、粉尘浓度和粉尘允许排放浓度；③除尘器的压力损失以及除尘效率；④粉尘回收、利用的价值及形式；⑤除尘器的投资以及运行费用；⑥除尘器占地面积以及设计使用寿命；⑦除尘器的运行维护要求。

对除尘器收集的粉尘或排出的污水，根据生产条件、除尘器类型、粉尘的回收价值、粉尘的特性和便于维护管理等因素，按照国家、行业、地方相关标准，采取妥善的回收和处理措施。

1. 机械除尘器

包括重力沉降室、惯性除尘器和旋风除尘器等。机械除尘器用于处理密度较大、颗粒较粗的粉尘，在多级除尘工艺中作为高效除尘器的预除尘。重力沉降室适用于捕集粒径大于 $50\mu m$ 的尘粒，惯性除尘器适用于捕集粒径 $10\mu m$ 以上的尘粒，旋风除尘器适用于捕集粒径 $5\ \mu m$ 以上的尘粒。

2. 湿式除尘器

包括喷淋塔、填料塔、筛板塔（又称泡沫洗涤器）、湿式水膜除尘器、自激式湿式除尘器和文氏管除尘器等。

3. 袋式除尘器

包括机械振动袋式除尘器、逆气流反吹袋式除尘器和脉冲喷吹袋式除尘器等。袋式除尘器具有除尘效率高、能够满足极其严格排放标准的特点，广泛应用于冶金、铸造、建材、电力等行业。主要用于处理风量大、浓度范围广和波动较大的含尘气体。当粉尘具有较高的回收价值或烟气排放标准很严格时，优先采用袋式除尘器，焚烧炉除尘装置应选用袋式除尘器。

4. 静电除尘器

包括板式静电除尘器和管式静电除尘器。静电除尘器属高效除尘设备，用于处理大

217

风量的高温烟气，适用于捕集电阻率在 $1 \times 10^4 \sim 5 \times 10^{10} \Omega$ 范围内的粉尘。我国静电除尘器技术水平基本赶上国际同期先进水平，已较普遍地应用于火力发电厂、建材水泥厂、钢铁厂、有色冶炼厂、化工厂、轻工造纸厂、电子工业和机械工业等工业部门的各种炉窑。其中，火力发电厂是我国静电除尘器的第一大用户。

（二）气态污染物吸收

吸收法净化气态污染物是利用气体混合物中各组分在一定液体中溶解度的不同而分离气体混合物的方法，是治理气态污染物的常用方法。主要用于吸收效率和速率较高的有毒有害气体的净化，尤其是对于大气量、低浓度的气体多使用吸收法。吸收法使用最多的吸收剂是水：一是价廉，二是资源丰富。只有在一些特殊场合使用其他类型的吸收剂。

吸收工艺的选择应考虑：废气流量、浓度、温度、压力、组分、性质、吸收剂性质、再生、吸收装置特性以及经济性因素等。高温气体应采取降温措施；对于含尘气体，须回收副产品时应进行预除尘。

1. 吸收装置

常用的吸收装置有填料塔、喷淋塔、板式塔、鼓泡塔、湍球塔和文丘里等。吸收装置应具有较大的有效接触面积和处理效率、较高的界面更新强度、良好的传质条件、较小的阻力和较高的推动力。早期的吸收法大都采用填料塔。随着处理气体量的增大以及喷淋塔技术的发展，对于大气量（如大型火电厂湿法脱硫）一般都选择喷淋塔，即空塔。

选择吸收塔时应遵循以下原则：①填料塔用于小直径塔及不易吸收的气体，不宜用于气液相中含有较多固体悬浮物的场合；②板式用于大直径塔及容易吸收的气体；③喷淋塔用于反应吸收快、含有少量固体悬浮物、气体最大的吸收工艺；④鼓泡塔用于吸收反应较慢的气体。

2. 吸收液后处理

吸收液应循环使用或经过进一步处理后循环使用，不能循环使用的应按照相关标准和规范处理处置，避免二次污染。使用过的吸收液可采用沉淀分离再生、化学置换再生、蒸发结晶回收和蒸馏分离。吸收液再生过程中产生的副产物应回收利用，产生的有毒有害产物应按照有关规定处理处置。

（三）气态污染物吸附

吸附法净化气态污染物是利用固体吸附剂对气体混合物中各组分吸附选择性的不同而分离气体混合物的方法，主要适用于低浓度有毒有害气体净化。吸附法在环境工程中得到广泛的应用，是由于吸附过程能有效地捕集浓度很低的有害物质，因此，当采用常规的吸收法去除液体或气体中的有害物质特别困难时，吸附可能就是比较满意的解决办法。吸附操作也有它的不足之处，首先，由于吸附剂的吸附容量小，因而须耗用大量的吸附剂，使设备体积庞大。其次，由于吸附剂是固体，在工业装置上固相处理较困难，从而使设备结构复杂，给大型生产过程的连续化、自动化带来一定的困难。吸附工艺分为变温吸附和变压吸附，目前在大气污染治理工程中广泛采用的是变温吸附法，而且多采用固定床设计。

尤其是在挥发性有机物的治理方面有大量应用；随着环保要求力度的加大，目前已将变压吸附应用在有毒有害气体（如氯乙烯）的治理回收上。

1. 吸附装置

常用的吸附设备有固定床、移动床和流化床。工业应用采用固定床。

2. 吸附剂的选择

常用吸附剂包括：活性炭（包括活性炭纤维）、分子筛、活性氧化铝和硅胶等。

选择吸附剂时，应遵循以下原则：①比表面积大、孔隙率高、吸附容量大；②吸附选择性强；③有足够的机械强度、热稳定性和化学稳定性；④易于再生和活化；⑤原料来源广泛，价廉易得。

3. 脱附和脱附产物处理

脱附操作可采用升温、降压、置换、吹扫和化学转化等脱附方式或几种方式的组合。

有机溶剂的脱附宜选用水蒸气和热空气，对不溶于水的有机溶剂冷凝后直接回收，对溶于水的有机溶剂应进一步分离回收。

（四）气态污染物催化燃烧

催化燃烧法净化气态污染物是利用固体催化剂在较低温度下将废气中的污染物通过氧化作用转化为二氧化碳和水等化合物的方法。催化燃烧法适用于由连续、稳定的生产工艺产生的固定源气态及气溶胶态有机化合物的净化，净化效率不应低于95%。

有机废气催化燃烧装置是目前国内外喷涂和涂装作业、汽车制造、制鞋等固定源工业有机废气净化的主要手段，适用于气态及气溶胶态烃类化合物、醇类化合物等挥发性有机化合物（VOCs）的净化。有机废气经过催化净化装置净化后可以被彻底地分解为二氧化碳和水，无二次污染，且操作方便，使用简单。据统计，目前国内外固定源工业有机废气的净化50%以上是依靠催化净化装置完成的。近年来随着燃烧催化剂性能的不断提高，特别是抗中毒、抗烧结能力的提高，使用寿命的延长，催化燃烧技术的应用范围不断扩大。如在漆包线行业需要高温燃烧（700~800℃）的场合，新型的催化剂的使用寿命可以达到1年以上，又如对某些能够引起催化剂中毒的物质，如氯苯等，目前也可以使用催化法进行净化。

（五）气态污染物热力燃烧

热力燃烧法（包括蓄热燃烧法）净化气态污染物是利用辅助燃料燃烧产生的热能、废气本身的燃烧热能，或者利用蓄热装置所贮存的反应热能，将废气加热到着火温度，进行氧化（燃烧）反应。

采用热力燃烧法（有时候被称为"直接燃烧"）净化有机废气是将废气中的有害组分经过充分的燃烧，氧化成为 CO_2 和 H_2O。目前的热力燃烧系统通常使用气体或者液体燃料进行辅助燃烧加热，在蓄热燃烧系统则使用合适的蓄热材料和工艺，以便使系统达到处理废气所必需的反应温度、停留时间、湍流混合度的三个条件。该技术的特点是系统运行能够适合多种难处理的有机废气的净化处理要求，工艺技术可靠，处理效率高，没有二次污染，管理方便。

热力燃烧工艺适用于处理连续、稳定生产工艺产生的有机废气。

进入燃烧室的废气应进行预处理，去除废气中的颗粒物（包括漆雾）。颗粒物去除宜采用过滤及喷淋等方法，进入热力燃烧工艺中的颗粒物质量浓度应低于 50 mg/m3，当有机废气中含有低分子树脂、有机颗粒物、高沸点芳烃和溶剂油等，容易在管道输送过程中形成颗粒物时，应按物质的性质选择合适的喷淋吸收、吸附、静电和过滤等预处理措施。

二、主要气态污染物的治理工艺及选用原则

（一）二氧化硫治理工艺及选用原则

大气污染物中，二氧化硫的最比较大，是酸雨形成的主要成分，对土壤、河流、森林、建筑、农作物等危害较大。二氧化硫治理工艺划分为湿法、干法和半干法，常用工艺包括石灰石／石灰－石膏法、烟气循环流化床法、氨法、镁法、海水法、吸附法、炉内喷钙法、旋转喷雾法、有机胺法、氧化锌法和亚硫酸钠法等。其中石灰石／石灰－石膏法、海水法、循环流化床法、回流式循环流化床法比较成熟，占有脱硫市场的 95% 以上，是常用的主流技术。

二氧化硫治理应执行国家或地方相关的技术政策和排放标准，满足总量控制的要求。

1. 石灰石／石灰－石膏法

采用石灰石、生石灰或消石灰 [Ca（OH）$_2$] 的乳浊液为吸收剂吸收烟气中的 SO_2，吸收生成的 $CaSO_3$ 经空气氧化后可得到石膏。脱硫效率达到 80% 以上，因石灰石来源广、价格低，是应用最为广泛的脱硫技术。

2. 烟气循环流化床工艺

烟气循环流化床与石灰石／石灰－石膏法相比，具有脱硫效率更高（99%）、不产生废水、不受烟气负荷限制、一次性投资低等优点。

3. 氨法工艺

燃用高硫燃料的锅炉，当周围 80km 内有可靠的氨源时，经过技术和安全比较后，宜使用氨法工艺，并对副产物进行深加工利用。

4. 海水法

燃用低硫燃料的海边电厂，经过技术经济比较和海洋环保论证，可使用海水法脱硫或以海水为工艺水的钙法脱硫。

5. 工艺选用原则

工业锅炉／炉窑应因地制宜、因物制宜、因炉制宜选择适宜的脱硫工艺，采用湿法

脱硫工艺应符合相关环境保护产品技术要求的规定。

钢铁行业根据烟气流量和二氧化硫体积分数，结合吸收剂的供应情况，应选用半干法、氨法、石灰石／石灰－石膏法脱硫工艺。

有色冶金工业中硫化矿冶炼烟气中二氧化硫体积分数大于 3.5% 时，应以生产硫酸为主。烟气制造硫酸后，其尾气二氧化硫体积分数仍不能达标时，应经脱硫或其他方法处理达标后排放。

（二）氮氧化物控制措施及选用原则

大气污染物中，氮氧化物的量比较大，次于二氧化硫，能促进酸雨的形成，对动物的呼吸系统危害较大。煤燃烧是主要的工业生产中氮氧化物形成源。煤燃烧过程中，主要通过低氮燃烧技术从根本上减少氮氧化物的排放，当采用低氮燃烧器后氮氧化物的排放仍不达标的情况下，燃煤烟气还须采用非选择性催化还原技术 SNCR 和选择性催化还原技术 SCR 脱硝装置来控制氮氧化物的排放。SNCR 和 SCR 技术主要是在有或没有催化剂时，将氮氧化物选择性地还原为水和氮气，前者的效率较低，一般在 40% 以下，后者可以达到 90% 以上的效率。燃煤电厂燃用烟煤、褐煤时，宜采用低氮燃烧技术；燃用贫煤、无烟煤以及环境敏感地区不能达到环保要求时，应增设烟气脱硝系统。

1. 低氮燃烧技术

低氮燃烧技术一直是应用最广泛、经济实用的措施。它是通过改变燃烧设备的燃烧条件来降低 NO_x 的形成，具体来说，是通过调节燃烧温度、烟气中的氧的浓度、烟气在高温区的停留时间等方法来抑制 NO_x 的生成或破坏已生成的 NO_x。低氮燃烧技术的方法很多，这里介绍两种常用的方法。

（1）排烟再循环法

利用一部分温度较低的烟气返回燃烧区，含氧量较低，从而降低燃烧区的温度和氧浓度，抑制氮氧化物的生成，此法对温度型 NOX 比较有效，对燃烧型 NOX 基本上没有效果。

（2）二段燃烧法

该法是目前应用最广泛的分段燃烧技术，将燃料的燃烧过程分阶段来完成。第一阶段燃烧中，只将总燃烧空气量的 70% ~ 75%（理论空气量的 80%）供入炉膛，使燃料在缺氧的富燃料条件下燃烧，能抑制 NOX 的生成；第二阶段通过足量的空气，使剩余燃料燃尽，此段中氧气过量，但温度低，生成的 NOX 也较少。这种方法可使烟气中的 NO_x 减少 25% ~ 50%。

2. 选择性催化还原技术 SCR

SCR 过程是以氨为还原剂，在催化剂作用下将 NO，还原为 N_2 和水。催化剂的活性材料通常由贵金属、碱性金属氧化物、沸石等组成。

在脱硝反应过程中温度对其效率有显著的影响。铂、钯等贵金属催化剂的最佳反应温度为 175 ~ 290℃；金属氧化物如以二氧化钛为载体的五氧化二钒催化剂，在

260 ～ 450℃下效果更好。工业实践表明，SCR 系统对 NO_x 的转化率为 60% ～ 90%。

催化剂失活和烟气中残留的氨是与 SCR 工艺操作相关的两个关键因素。长期操作过程中催化剂中毒是主要失活因素，减低烟气的含尘量可有效延长催化剂寿命。由于三氧化硫的存在，所有未反应的 NH3 都将转化为硫酸盐。

生成的硫酸铵为亚微米级的微粒，多附着在催化转化器内或者下游的空气预热器以及引风机中。随着 SCR 系统运行时间的增加，催化剂活性逐渐丧失，烟气中残留的氨也将随之增加。

（三）挥发性有机化合物（VOCs）治理工艺及选用原则

挥发性有机化合物废气主要包括低沸点的烃类、卤代烃类、醇类、酮类、醛类、醚类、酸类和胺类等。应当重点控制在石油化工、制药、印刷、造纸、涂料装饰、表面防腐、交通运输、金属电镀和纺织等行业排放废气中的挥发性有机化合物。

国内外，挥发性有机化合物的基本处理技术主要有两类：一是回收类方法，主要有吸附法、吸收法、冷凝法和膜分离法等；二是消除类方法，主要有燃烧法、生物法、低温等离子体法和催化氧化法等。应依据达标排放要求，选择单一方法或联合方法处理挥发性有机化合物废气。

1. 吸附法

适用于低浓度挥发性有机化合物废气的有效分离与去除，是目前使用最为广泛的 VOCs 回收法，该法已经在制鞋、喷漆、印刷、电子行业得到广泛应用。颗粒活性炭和活性炭纤维在工业上应用最广泛。由于每单元吸附容量有限，宜与其他方法联合使用。

2. 吸收法

适用于废气流量较大、浓度较高、温度较低和压力较高的挥发性有机化合物废气的处理。工艺流程简单，可用于喷漆、绝缘材料、黏结、金属清洗和化工等行业应用。但对于大多数有机废气，其水溶性不太好，应用不太普遍。目前主要用吸收法来处理苯类有机废气。

3. 冷凝法

适用于高浓度的挥发性有机化合物废气回收和处理，属高效处理工艺，可作为降低废气有机负荷的前处理方法，与吸附法、燃烧法等其他方法联合使用，回收有价值的产品。挥发性有机化合物废气体积分数在 0.5% 以上时优先采用冷凝法处理。

4. 膜分离法

适用于较高浓度挥发性有机化合物废气的分离与回收，属高效处理工艺。挥发性有机化合物废气体积分数在 0.1% 以上时优先采用膜分离法处理，应采取防止膜堵塞的措施。

5. 燃烧法

适用于处理可燃、在高温下可分解和在目前技术条件下还不能回收的挥发性有机化合物废气，燃烧法应回收燃烧反应热量，提高经济效益。采用燃烧法处理挥发性有机化合物废气时应重点避免二次污染。如废气中含有硫、氮和卤素等成分时，燃烧产物应按照相关标准处理处置，如采用催化燃烧后的催化剂。

6. 生物法

适用于在常温、处理低浓度、生物降解性好的各类挥发性有机化合物废气，对其他方法难处理的含硫、氮、苯酚和氰等的废气可采用特定微生物氧化分解的生物法。挥发性有机化合物废气体积分数在 0.1% 以下时优先采用生物法处理，但含氯较多的挥发性有机化合物废气不应采用生物降解。采用生物法处理时，对于难氧化的恶臭物质应后续采取其他工艺去除，避免二次污染。

生物过滤法：适用于处理气量大、浓度低和浓度波动较大的挥发性有机化合物废气，可实现对各类挥发性有机化合物的同步去除，工业应用较为广泛。

生物洗涤法：适用于处理气量小、浓度高、水溶性较好和生物代谢速率较低的挥发性有机化合物废气。

生物滴滤法：适用于处理气量大、浓度低，降解过程中产酸的挥发性有机化合物废气，不宜处理入口浓度高和气量波动大的废气。

（四）恶臭治理工艺及选用原则

恶臭气体的种类主要有五类：含硫的化合物，如硫化氢、二氧化硫、硫醇、硫醚类等；含氮的化合物，如胺、氨、酸胺、吲哚类等；卤素及衍生物，如卤代烃等；氧的有机物，如醇、酚、醛、酮、酸、酯等；烃类，如烷、烯、炔烃以及芳香烃等。

恶臭气体的基础及处理技术主要有三类：一是物理学方法，主要有水洗法、物理吸附法、稀释法和掩蔽法；二是化学方法，主要有药液吸收（氧化吸收、酸碱液吸收）法、化学吸附（离子交换树脂、碱性气体吸附剂和酸性气体吸附剂）法和燃烧（直接燃烧和催化氧化燃烧）法；三是生物学方法，主要有生物过滤法、生物吸收法和生物滴滤法。

当难以用单一方法处理以达到恶臭气体排放标准时，应采用联合脱臭法。

1. 物理类方法

物理类的处理方法作为化学或生物处理的预处理，在达到排放标准要求的前提下也可作为唯一的处理工艺。

2. 化学吸收

此类处理方法用于处理大气量、高中浓度的恶臭气体。在处理大气量气体方面工艺成熟，净化效率相对不高，处理成本相对较低。采用化学吸收类处理方法时应重点控制二次污染，依据不同的恶臭气体组分选择合适的吸收剂。

3. 化学吸附

此类处理方法用于处理低浓度、多组分的恶臭气体，属常用的脱臭方法之一，净化效果好，但吸附剂的再生较困难，处理成本相对较高。采用化学吸附类的处理方法应选择与恶臭气体组分相匹配的吸附剂。

4. 化学燃烧

此类的处理方法用于处理连续排气、高浓度的可燃性恶臭气体，净化效率高，处理费用高。采用化学燃烧类的处理方法时应注意控制末端形成的二次污染。

5. 化学氧化

此类的处理方法用于处理高中浓度的恶臭气体，净化效率高，处理费用高。采用化学氧化类的处理方法，应依据不同的恶臭气体组分选择合适的氧化媒介及工艺条件。

6. 生物类方法

此类方法用于气体浓度波动不大、浓度较低或复杂组分的恶臭气体处理，净化效率较高。采用生物类处理方法时应依据实际恶臭气体性质筛选，驯化微生物，实时监测微生物代谢活动的各种信息。

（五）卤化物气体治理工艺及选用原则

在大气污染治理方面，卤化物主要包括无机卤化物气体和有机卤化物气体。有机卤化物（卤代烃类）气体属挥发性有机化合物，为重点关注的气态污染物质。有机卤化物气体治理技术参照挥发性有机化合物（VOCs）和恶臭的要求。重点控制的无机卤化物废气包括：氟化氢、四氟化硅、氯气、溴气、溴化氢和氯化氢（盐酸酸雾）等。重点控制在化工、橡胶、制药、水泥、化肥、印刷、造纸、玻璃和纺织等行业排放废气中的无机卤化物。

卤化物气体的基本处理技术主要有物理化学类方法和生物学方法两类。物理化学类方法有固相（干法）吸附法、液相（湿法）吸收法和化学氧化脱卤法。生物学方法有生物过滤法，生物吸收法和生物滴滤法。

在对无机卤化物废气处理时应首先考虑其回收利用价值。如氯化氢气体可回收制盐酸，含氟废气能生产无机氟化物和白炭黑等。吸收和吸附等物理化学方法在资源回收利用和卤化物深度处理上工艺技术相对成熟，优先使用物理化学类方法处理卤化物气体。吸收法治理含氯或氯化氢（盐酸酸雾）废气时，适合采用碱液吸收法。垃圾焚烧尾气中的含氯废气适合采用碱液或碳酸钠溶液吸收处理。吸收法治理含氟废气，吸收剂应采用水、碱液或硅酸钠。对于低浓度氟化氢废气，适合采用石灰水洗涤。

（六）重金属治理工艺及选用原则

大气中应重点控制的重金属污染物有：汞、铅、砷、镉、铬及其化合物。

重金属废气的基本处理方法包括：过滤法、吸收法、吸附法、冷凝法和燃烧法。考虑重金属不能被降解的特性，大气污染物中重金属的治理应重点关注。

物理形态：应从气态转化为液态或固态，达到重金属污染物从气相中脱离的目的。

化学形态：应控制重金属元素价态朝利于稳定化、固定化和降低生物毒性的方向进行，如在富含氯离子和氢离子的废气中，Cd（元素铜）易生成挥发性更强的 $CdCl$，不利于将废气中的镉去除，应控制反应体系中氯离子和氢离子的浓度。

二次污染：应按照相关标准要求处理重金属废气治理中使用过的洗脱剂、吸附剂和吸收液，避免二次污染。

石油化工、金属冶炼、垃圾焚烧、电镀电解、电池、钢铁、涂料、表面防腐、机械制造和交通运输等行业排放废气中的重金属污染物是控制重点。

1. 汞及其化合物废气处理

汞及其化合物废气一般处理方法是：吸收法、吸附法、冷凝法和燃烧法。

（1）冷凝法

适用于净化回收高浓度的汞蒸气，可采取常压和加压两种方式，常作为吸收法和吸附法净化汞蒸气的前处理。

（2）吸收法

针对不同的工业生产工艺，较为成熟的吸收法处理工艺有：①高锰酸钾溶液吸收法适用于处理仪表电器厂的含汞蒸气，循环吸收液宜为 0.3% ~ 0.6% 的 $KMnO_4$ 溶液，$KMnO4$ 利用率较低，应考虑吸收液的及时补充；②次氯酸钠溶液吸收法适用于处理水银法氯碱厂含汞氢气，吸收液宜为 $NaCl$ 与 $NaC10$ 的混合水溶液，此吸收液来源广，但此工艺流程复杂，操作条件不易控制；③硫酸—软锰矿吸收法适用于处理炼汞尾气以及含汞蒸气，吸收液为硫酸—软锰矿的悬浊液；④氯化法处理汞蒸气：烟气进入脱汞塔，在塔内与喷淋的 $HgCl_2$ 溶液逆流洗涤，烟气中的汞蒸气被 $HgCl_2$ 溶液氧化生成 Hg_2Cl_2 沉淀，从而将汞去除。Hg_2Cl_2 沉淀剧毒，生产过程中须加强管理和操作；⑤氨液吸收法适用于筑化汞生产废气的净化。

（3）吸附法

充氯活性炭吸附法适用于含汞废气处理。活性炭层须预先充氯，含汞蒸气须预除尘，汞与活性炭表面的 Cl_2 反应生成 $HgCl_2$，达到除汞目的。

活性炭吸附法适用于氯乙烯合成气中氯化汞的净化。消化吸附法适用于雷汞的处理。

（4）燃烧法

适用于燃煤电厂含汞烟气的处理。采用循环流化床燃煤锅炉，燃烧过程中投加石灰石，烟气采用静电除尘器或袋除尘器净化。

2. 铅及其化合物废气处理

铅及其化合物废气适合用吸收法处理。

酸液吸收法适用于净化氧化铅和蓄电池生产中产生的含铅烟气，也可用于净化熔化铅时所产生的含铅烟气。宜采用二级净化工艺：第一级用袋滤器除去较大颗粒；第二级用化学吸收。吸收剂（醋酸）的腐蚀性强，应选用防腐蚀性能高的设备。

碱液吸收法适用于净化铅锅、冶炼炉产生的含铅烟气。含铅烟气进入冲击式净化器进行除尘及吸收。吸收剂 $NaOH$ 溶液腐蚀性强，应选用防腐蚀性能高的设备。

3. 砷、镉、铬及其化合物废气处理

砷、镉、铬及其化合物废气通常采用吸收法和过滤法处理。

含砷烟气应采用冷凝—除尘—石灰乳吸收法处理工艺。含砷烟气经冷却至 200T 以下，蒸气状态的氧化砷迅速冷凝为微粒，经袋除尘器净化后，尾气进入喷雾塔，用石灰

乳洗涤，净化后，尾气除雾，经引风机排空。含砷烟气亦可在塑料板（或管）制成的吸收器内装入强酸性饱和高锰酸钾溶液，进行多级串联鼓泡吸收。

镉、铬及其化合物废气宜采用袋式除生器在风速小于 1m/min 时过滤处理。烟气温度较高需要采取保温措施。

第三节　环境噪声与振动污染防治

一、确定环境噪声与振动污染防治对策的一般原则

（一）以声音的三要素为出发点控制环境噪声的影响

以从声源上或从传播途径上降低噪声为主，以受体保护作为最后不得已的选择。这一原则体现出环境噪声污染防治按照法律要求应当是区域环境噪声达标，即室外环境符合相应的声环境功能区的环境质量要求。但室内环境并非环境保护要求，而是人群生活的健康与安宁的基本需求。

（二）以城市规划为先，避免产生环境噪声污染影响

这也是体现《环境噪声污染防治法》有关规定的原则。合理的城市规划有明确的环境功能分区和噪声控制距离要求，而且严格控制各类建设布局，避免产生新的环境噪声污染。无论是新建项目还是改扩建项目，都应当符合城市规划布局的相关规定。

（三）关注环境敏感人群的保护，体现"以人为本"

国家制定声环境质量标准和相应的环境噪声排放标准，都是为了保护不同生活环境条件下的人群免受环境噪声影响。因此，凡是有人群生活的地方就有环境噪声需要达标的要求，若超过相应标准就须要采取环境噪声污染防治措施，以保护人类生存的环境权益。

（四）以管理手段和技术手段相结合控制环境噪声污染

应当说，控制环境噪声污染并不仅仅依靠工程措施来实现，有力的和有效的环境管理手段同样可以起到很好效果。它包括行政管理和监督、合理规划布局、企业环境管理和对相关人员的宣传教育等。将有效的管理手段和有针对性的工程技术手段有机结合起来，是采取防治对策的一项重要原则。

（五）针对性、具体性、经济合理、技术可行原则

《环境影响评价技术导则声环境》确定的这一原则是一条普遍适用的原则。不管采取哪种环境噪声污染防治对策措施，最终都是为了达到需要的降噪目标。因此，要保证对策措施必须针对实际情况且具体可行，符合经济合理性和技术可行性。

二、噪声与振动控制方案设计

噪声与振动控制的基本原则是优先源强控制；其次应尽可能靠近污染源采取传输途径的控制技术措施；必要时再考虑敏感点防护措施。

源强控制：应根据各种设备噪声、振动的产生机理，合理采用各种针对性的降噪减振技术，尽可能选用低噪声设备和减振材料，以减少或抑制噪声与振动的产生。

传输途径控制：若声源降噪受到很大局限甚至无法实施，应在传播途径上采取隔声、吸声、消声、隔振、阻尼处理等有效技术手段及综合治理措施，以抑制噪声与振动的扩散。

敏感点防护：在对噪声源或传播途径均难以采用有效噪声与振动控制措施的情况下，应对敏感点进行防护。

三、防治环境噪声与振动污染的工程措施

防治环境噪声污染的技术措施是以声学原理和声波传播规律为基础提出的。它自然与噪声产生的机理和传播形式有关。一般来说，噪声防治很少有成套或者说成型的供直接选择的设备或设施。原因是噪声源类型繁多、安装使用形式不同，周边环境状况不一，没有或者很难找到某种标准化设计成型的设备或者设施来适用各种不同的情况。因此，大多数治理噪声的技术措施都需要现场调查并根据实际进行现场设计，即非标化设计。这也是从事该项工作的艰难之处。

当然，也有一些发出噪声的设备配有固定的降噪声设施，如机动车排气管消声器、某种大型设备的隔声罩和一些可以振动发声的设备的减振垫等。这些一般是随设备一起配套安装使用的，属于设备噪声性能的一部分，评价时已经在工程分析的设备噪声源强中给出了。如汽车整车噪声包括发动机噪声、排气噪声和轮胎噪声等，城市轨道交通系统的减振扣件已经对列车运行产生的轮轨噪声源强起了应有作用。于是，在预测评价时，若对超标须采取环境噪声污染防治措施，则只要针对如何降低噪声源强或者在传播途径上如何降低噪声采取适当的对策。这时，除了必要的行政管理手段，还要采取必要的技术措施。

降低噪声的常用工程措施大致包括隔声、吸声、消声、隔振等几种，需要针对不同发声对象综合考虑使用。

（一）隔声

应根据污染源的性质、传播形式及其与环境敏感点的位置关系，采用不同的隔声处理方案。

对固定声源进行隔声处理时，应尽可能靠近噪声源设置隔声措施，如各种设备隔声罩、风机隔声箱以及空压机和柴油发电机的隔声机房等建筑隔声结构。隔声设施应充分密闭，避免缝隙孔洞造成的漏声（特别是低频漏声）；其内壁应采用足够量的吸声处理。

对敏感点采取隔声防护措施时，应采用隔声间（室）的结构形式，如隔声值班室、隔声观察窗等；对临街居民建筑可安装隔声窗或适风隔声窗。

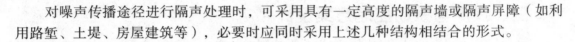

对噪声传播途径进行隔声处理时，可采用具有一定高度的隔声墙或隔声屏障（如利用路堑、土堤、房屋建筑等），必要时应同时采用上述几种结构相结合的形式。

（二）吸声

吸声技术主要适用于降低因室内表面反射而产生的混响噪声，其降噪量一般不超过10dB；故在声源附近，以降低直达声为主的噪声控制工程不能单纯采用吸声处理的方法。

（三）消声

消声器设计或选用应满足以下要求：①应根据噪声源的特点，在所需要消声的频率范围内有足够大的消声量；②消声器的附加阻力损失必须控制在设备运行的允许范围内；③良好的消声器结构应设计科学、小型高效、造型美观、坚固耐用、维护方便、使用寿命长；④对于降噪要求较高的管道系统，应通过合理控制管道和消声器截面尺寸及介质流速，使流体再生噪声得到合理控制。

（四）隔振

隔振设计既适用于防护机器设备振动或冲击对操作者、其他设备或周围环境的有害影响，也适用于防止外界振动对敏感目标的干扰。当机器设备产生的振动可以引起固体声传导并引发结构噪声时，也应进行隔振降噪处理。

若布局条件允许时，应使对隔振要求较高的敏感点或精密设备尽可能远离振动较强的机器设备或其他振动源（如铁路、公路干线）。

隔振装置及其支承结构，应根据机器设备的类型、振动强弱、扰动频率、安装和检修形式等特点，以及建筑、环境和操作者对噪声与振动的要求等因素统筹确定。

（五）工程措施的选用

对以振动、摩擦、撞击等引发的机械噪声，一般采取隔振、隔声措施。如对设备加装减振垫、隔声罩等。有条件进行设备改造或工艺设计时，可以采用先进工艺技术，如将某些设备传动的硬连接改为软连接等，使高噪声设备改变为低噪声设备，将高噪声的工艺改革为低噪声的工艺等。

对于大型工业高噪声生产车间以及高噪声动力站房，如空压机房、风机房、冷冻机房、水泵房、锅炉房、真空泵房等，一般采用吸声、消声措施。一方面，在其内部墙面、地面以及顶棚采取涂布吸声涂料，吊装吸声板等消声措施；另一方面，通过从围护结构如墙体、门窗设计上使用隔声效果好的建筑材料，或是减少门窗面积以减低透声量等措施，来降低车间厂房内的噪声对外部的影响。对于各类机器设备的隔声罩、隔声室、集控室、值班室、隔声屏障等，可在内壁安装吸声材料提高其降噪效果。

一般材料隔声效果可以达到15～40dB，可以根据不同材料的隔声性能选用。

对由空气柱振动引发的空气动力性噪声的治理，一般采用安装消声器的措施。该措施效果是增加阻尼，改变声波振动幅度、振动频率，当声波通过消声器后减弱能量，达到减低噪声的目的。须针对空气动力性噪声的强度、频率，是直接排放还是经过一定长度、直径的通风管道以及排放出口影响的方位，进行消声器设计。这种设计应当既不使正常排气能力受到影响，又能使排气口产生的噪声级满足环境要求。

一般消声器可以实现 10 ～ 25dB 降噪量，若减少通风量还能提高设计的消声效果。

对某些用电设备产生的电磁噪声，一般是尽量使设备安装远离人群，一是保障电磁安全，二是利用距离衰减降低噪声。当距离受到限制，则应考虑对设备采取隔声措施，或对设备本身，或对设备安装的房间，做隔声设计，以符合环境要求。

针对环境保护目标采取的环境噪声污染防治技术工程措施，主要是以隔声、吸声为主的屏蔽性措施，以使保护目标免受噪声影响。如对临街居民建筑可安装隔声窗或通风隔声窗，常用的隔声窗的隔声能力一般在 25 ～ 40dB。同时，可采用具有一定高度的隔声墙或隔声屏障对噪声传播途径进行隔声处理。如可利用天然地形、地物作为噪声源和保护对象之间的屏障，或是依靠已有的建筑物或构筑物（应是非噪声敏感的）做隔离屏蔽，或是根据噪声对保护目标影响的程度设计声屏障等。这些措施对声波产生了阻隔、屏蔽效应，使声波经过后声级明显降低，敏感目标处的声环境需求得到满足。

一般人工设计的声屏障可以达到 5 ～ 12dB 实际降噪效果。这是指在屏障后一定距离内的效果，近距离效果好，远距离效果差，因为声波有绕射作用。

声屏障可以选用的材料有多种，如墙砖、木板、金属板、透明板、水泥混凝土板等是以隔声为主的；微穿孔板、吸声材料（如加气砖、泡沫陶瓷、石棉）以及废旧轮胎等是以消声、吸声为主的；或是隔声、吸声材料结合使用，经过设计都可以达到预期降噪效果。

声屏障外观形式也有多种，它不仅考虑美观实用，更重要的是要保证实际降噪量。如直立型声屏障，可以设计成下半部吸声、上半部隔声，这样可以达到更好的效果。又如直立声屏障顶部改为半折角式，可以提高屏障有效高度，增加声影区的覆盖面积，扩大声屏障保护的距离和范围。当交通噪声超标较多或敏感点为高层建筑等情况下，可采用半封闭或全封闭型声屏障。这一类的声屏障隔声降噪效果可达到 20 ～ 30dB，但外观应当与周围环境景观协调一致。

（六）降噪水平检测

工程验收前应检测降噪减振设备和元件的降噪技术参数是否达到设计要求。噪声与振动控制工程的性能通常可以采用插入损失、传递损失或声压级降低量来检测。

四、典型工程噪声的防治对策和措施

（一）工业噪声的防治对策和措施

工业噪声防治以固定的工业设备噪声源为主。对项目整体来说，可以从工程选址、总图布置、设备选型、操作工艺变更等方面考虑尽量减少声源可能对环境产生的影响。对声源已经产生的噪声，则根据主要声源影响情况，在传播途径上分别采用隔声、隔振、消声、吸声以及增加阻尼等措施降低噪声影响，必要时须采用声屏障等工程措施降低和减轻噪声对周围环境和居民的影响。而直接对敏感建筑物采取隔声窗等噪声防护措施，则是最后的选择。

在考虑降噪措施时，首先应该关注工程项目周围居民区等敏感目标分布情况和项目邻近区域的声环境功能需求。若项目噪声影响范围内无人群生活，按照国家现行法规和标准规定，原则上不要求采取噪声防治措施。但若工程项目所处地区的地方政府或地方环境保护主管部门对项目周边有土地使用规划功能要求或环境质量要求的，则应采取必要措施保证达标或者给出相应噪声控制要求，例如噪声控制距离或者规划土地使用功能等要求。

在符合《城乡规划法》中规定的可对城乡规划进行修改的前提下，提出厂界（或场界、边界）与敏感建筑物之间的规划调整建议；提出噪声监测计划等对策建议。

在此类工程项目报批的环境影响评价文件中，应当将项目选址结果、总图布置、声源降噪措施、须建造的声屏障及必要的敏感点建筑物噪声防治措施等分项给出，并分别说明项目选址的优化方案及其论证原因、总图布置调整的方案情况及其对项目边界和受影响敏感点的降噪效果。分项给出主要声源各部分的降噪措施、效果和投资，声屏障以及敏感建筑物本身防护措施的方案、降噪效果及投资等情况。

（二）公路、城市道路交通噪声的防治对策和措施

公路、城市道路交通噪声影响主要对象是线路两侧的以人群生活（包括居住、学习等）为主的环境敏感目标。其防治对策和措施主要有：线路优化比选，进行线路和敏感建筑物之间距离的调整；线路路面结构、路面材料改变；道路和敏感建筑物之间的土地利用规划以及临街建筑物使用功能的变更、声屏障和敏感建筑物本身的防护或拆迁安置等；优化运行方式（包括车辆选型、速度控制、鸣笛控制和运行计划变更等）以降低和减轻公路和城市道路交通产生的噪声对周围环境和居民的影响。

在符合《城乡规划法》中规定的可对城乡规划进行修改的前提下，提出城镇规划区段线路与敏感建筑物之间的规划调整建议；给出车辆行驶规定及噪声监测计划等对策建议。

（三）铁路、城市轨道交通噪声的防治对策和措施

通过不同选线方案声环境影响预测结果，分析敏感目标受影响的程度，提出优化的选线方案建议；根据工程与环境特征，给出局部线路和站场调整，敏感目标搬迁或功能置换，轨道、列车、路基（桥梁）、道床的优选，列车运行方式、运行速度、鸣笛方式的调设置声屏障和对敏感建筑物进行噪声防护等具体的措施方案及其降噪效果，并进行经济、技术可行性论证；在符合《城乡规划法》中明确的可对城乡规划进行修改的前提下，提出城镇规划区段铁路（或城市轨道交通）与敏感建筑物之间的规划调整建议；给出车辆行驶规定及噪声监测计划等对策建议。

（四）机场飞机噪声的防治对策和措施

机场飞机噪声影响与其他类别工程项目噪声影响形式不同，主要是非连续的单个飞行事件的噪声影响，而且使用的评价量和标准也不同。可通过机场位置选择，跑道方位

和位置的调整，飞行程序的变更，机型选择，昼间、晚上、夜间飞行架次比例的变化，起降程序的优化，敏感建筑物本身的噪声防护或使用功能更改、拆迁，噪声影响范围内土地利用规划或土地使用功能的变更等措施减少和降低飞机噪声对周围环境和居民的影响。在符合《城乡规划法》中明确的可对城乡规划进行修改的前提下，提出机场噪声影响范围内的规划调整建议；给出飞机噪声监测计划等对策建议。

参考文献

[1] 殷丽萍，张东飞，范志强．环境监测和环境保护 [M]．长春：吉林人民出版社，2022.07.

[2] 李向东．环境监测与生态环境保护 [M]．北京：北京工业大学出版社，2022.07.

[3] 金民，倪洁，徐葳．环境监测与环境影响评价技术 [M]．长春：吉林科学技术出版社，2022.04.

[4] 张艳．环境监测技术与方法优化研究 [M]．北京：北京工业大学出版社，2022.01.

[5] 盛梅，蒋晓凤．环境分析与监测实验 [M]．上海：华东理工大学出版社，2022.02.

[6] 韩芸，聂麦茜．环境监测技术及应用 [M]．北京：化学工业出版社，2022.08.

[7] 田园．水质环境监测存在的问题与优化方法 [J]．皮革制作与环保科技，2022，（第 3 期）：58-60.

[8] 蒲慧晓．大气环境监测布点方法及优化研究 [J]．皮革制作与环保科技，2022，（第 20 期）：36-38.

[9] 唐星涵，付永尧．浅析环境监测的影响因素与优化策略 [J]．商品与质量，2022，（第 21 期）：151-153.

[10] 高晓霞．水环境监测的质量控制及优化策略 [J]．中国高新科技，2022，（第 20 期）：126-128.

[11] 尤辰汀．大气环境监测布点优化研析 [J]．中文科技期刊数据库（全文版）工程技术，2022，（第 1 期）：86-89.

[12] 袁晓清．改善环境监测技术水平的优化途径探索 [J]．中国战略新兴产业，2022，（第 33 期）：50-52.

[13] 马静．大气环境监测存在的问题及优化策略分析 [J]．区域治理，2022，（第 31 期）：167-170.

[14] 唐萍．新形势下环境监测科技发展现状与优化策略 [J]．科技资讯，2022，（第 17 期）：136-138.

[15] 霍红娜．分析环境监测质量控制的问题及优化措施 [J]．皮革制作与环保科技，2022，（第 14 期）：40-42.

[16] 王海萍，彭娟莹．环境监测 [M]．北京：北京理工大学出版社，2021.12.

[17] 李冰冰，匡旭，朱涛．生态环境监测技术与实践研究 [M]．哈尔滨：东北林业大学出版社，2021.12.

[18] 代玉欣，李明，郁寒梅 . 环境监测与水资源保护 [M]. 长春：吉林科学技术出版社，2021.06.

[19] 隋鲁智，吴庆东，郝文 . 环境监测技术与实践应用研究 [M]. 北京：北京工业大学出版社，2021.10.

[20] 崔虹 . 基于水环境污染的水质监测及其相应技术体系研究 [M]. 中国原子能出版传媒有限公司，2021.04.

[21] 李军栋，李爱兵，呼东峰 . 水文地质勘查与生态环境监测 [M]. 汕头：汕头大学出版社，2021.05.

[22] 吴文强，陈学凯，彭文启 . 基于无人水面船的水环境监测系统研究 [M]. 郑州：黄河水利出版社，2021.09.

[23] 周滨 . 水环境无人监测技术发展与应用 [M]. 中国环境出版集团，2021.

[24] 唐婷，刘玲梅 . 大气环境监测优化布点探究 [J]. 皮革制作与环保科技，2021，（第22期）：86-88.

[25] 鲁其龙 . 季节因素对大气环境监测优化布点的作用研究 [J]. 工程技术与管理，2021，（第21期）.

[26] 周洋 . 地表水环境监测现状及优化措施研究 [J]. 建筑工程技术与设计，2021，（第19期）：54.

[27] 雷勇 . 水环境质量监测中存在的问题与优化方法探讨 [J]. 华东科技（综合），2021，（第3期）：199.

[28] 王秀敏 . 新时期环境监测管理中的问题及优化策略研究 [J]. 中文科技期刊数据库（引文版）工程技术，2021，（第2期）：192-193.

[29] 段静 . 环境监测质量优化策略 [J]. 百科论坛电子杂志，2021，（第18期）：253.

[30] 张清爽 . 大气环境监测布点方法及优化探讨 [J]. 区域治理，2021，（第34期）：64-65.

[31] 蒋凯 . 论大气环境监测布点方法及优化 [J]. 科海故事博览，2021，（第22期）：30-31.

[32] 路鹏 . 提高环境监测技术水平的优化策略 [J]. 中国科技投资，2021，（第20期）：119-120.

[33] 聂文杰 . 环境监测实验教程 [M]. 徐州：中国矿业大学出版社，2020.11.

[34] 王森，杨波 . 环境监测在线分析技术 [M]. 重庆：重庆大学出版社，2020.06.

[35] 李秀红 . 生态环境监测系统 [M]. 中国环境出版集团，2020.06.

[36] 白义杰，潘昭，李丰庆 . 环境监测与水污染防治研究 [M]. 北京：九州出版社，2020.11.

[37] 乔仙蓉 . 环境监测 [M]. 郑州：黄河水利出版社，2020.05.

[38] 曾斌，周建伟，柴波 . 地质环境监测技术与设计 [M]. 武汉：中国地质大学出版社，2020.09.

[39] 隋聚艳，郭青芳 . 水环境监测与评价 [M]. 郑州：黄河水利出版社，2020.05.

[40] 韩莉 . 环境监测和环境保护研究 [M]. 长春：吉林科学技术出版社，2020.09.

[41] 程玉彬，周艳辉，齐鑫 . 水利工程技术与生态环境监测 [M]. 长春：吉林科学技术出版社，2020.08.

[42] 王灿 . 环境分析与监测 [M]. 北京：科学出版社，2020.01.